Hinterberger
Materialbedarfsplanung bei variantenreicher Produktion

GABLER EDITION WISSENSCHAFT

Gerhard Hinterberger

Materialbedarfsplanung bei variantenreicher Produktion

Innovative Ansätze zur Bestimmung von Sicherheitsbeständen

Mit einem Geleitwort
von Prof. Dr. Hubert Missbauer

Springer Fachmedien Wiesbaden GmbH

Die Deutsche Bibliothek - CIP-Einheitsaufnahme

Hinterberger, Gerhard:
Materialbedarfsplanung bei variantenreicher Produktion : Innovative Ansätze zur Bestimmung von Sicherheitsbeständen / Gerhard Hinterberger.
Mit einem Geleitw. von Hubert Missbauer. - 1. Aufl..
- Wiesbaden : Dt. Univ.-Verl., 2002
(Gabler Edition Wissenschaft)
Zugl.: Innsbruck, Univ., Diss., 2001

1. Auflage Februar 2002

Ursprünglich erschienen bei Deutscher Universitäts-Verlag 2002

Lektorat: Brigitte Siegel / Jutta Hinrichsen

Der Deutsche Universitäts-Verlag ist ein Unternehmen der Fachverlagsgruppe BertelsmannSpringer.

www.duv.de

Gedruckt auf säurefreiem und chlorfrei gebleichtem Papier.

ISBN 978-3-8244-7575-9 ISBN 978-3-663-07941-5 (eBook)
DOI 10.1007/978-3-663-07941-5

Geleitwort

Die zunehmende Individualisierung von Kundenwünschen muss als ein Charakteristikum der sozio-ökonomischen Entwicklung in den westlichen Industriestaaten betrachtet werden. Für produzierende Unternehmen bedeutet dies den Zwang zu variantenreicher und gleichzeitig kostengünstiger Produktion. Bei der Umsetzung dieser Forderung kommt dem operativen Produktions- und Logistikmanagement, also der primär kurzfristig orientierten Planung und Regelung der Material- und Warenströme durch die Produktion bzw. umfassender durch die gesamte logistische Kette, eine Schlüsselrolle zu, was sich auch aus den zahlreichen Versuchen zur Verbesserung der entsprechenden Planungskonzepte, -methoden und -software ablesen lässt.

Thema der vorliegenden Arbeit ist ein wichtiges Teilproblem der Produktionsplanung und –steuerung bei variantenreicher Fertigung, nämlich die Bestimmung des Bedarfs an vorzufertigenden Produktkomponenten für den Fall, dass die Fertigstellung der Produkte kurzfristig nach Eingang der Kundenaufträge erfolgt. Dieses prägnant als kundenauftragsbezogene Montage (assemble-to-order) bezeichnete Vorgehen bringt für die Materialbedarfsplanung erhebliche Unsicherheiten mit sich, die im Konzept angelegt und nicht eliminierbar sind. Aufgrund der äußerst komplexen Struktur des Problems sind in Forschung und Praxis eine Reihe von Vorgehensweisen entwickelt worden, um eine Handhabung dieser Unsicherheit bei Verwendung der MRP-Logik heutiger PPS-Systeme innerhalb gewisser Grenzen zu ermöglichen.

Gerhard Hinterberger zeigt in der vorliegenden Arbeit anhand einer realen Fallstudie sowie der relevanten Literatur, dass diese Vorgehensweise vor allem angesichts der Gleichteileproblematik nur begrenzt erfolgversprechend ist und Planungsdefizite in Form zu hoher Sicherheitsbestände bzw. mangelhafter Lieferbereitschaft leicht auftreten können. Aufbauend auf einigen Vorläuferarbeiten entwickelt der Autor stochastische Optimierungsmodelle, die eine bessere Handhabung der bei der Materialbedarfsplanung auftretenden Unsicherheit erlauben.

Die Handhabung von Unsicherheit ist tendenziell ein Schwachpunkt in heutigen PPS-Systemen und Advanced Planning Systems. Ohne Zweifel besteht hier von Seiten der Produktionswirtschaft noch erheblicher Forschungsbedarf. Unter diesem Aspekt wünsche ich der Arbeit eine weite Verbreitung, und zwar sowohl im Hinblick auf den konkreten Einsatz der entwickelten Modelle zur Materialbedarfsplanung als auch wegen ihres Potentials, weitergehende Forschungen zu stimulieren und zu einer verbesserten Handhabung der Unsicherheit bei der Lenkung von Material- und Warenflüssen beizutragen.

Hubert Missbauer

Vorwort

Die vorliegende Arbeit entstand während meiner Tätigkeit als Vertrags- bzw. Universitätsassistent am Institut für Industrie und Fertigungswirtschaft bzw. Institut für Wertprozessmanagement der Universität Innsbruck.

Mein Dank gilt in erster Linie meinem Betreuer, Herrn o. Univ.-Prof. Dr. Hubert Missbauer, für seine fachliche und persönliche Unterstützung bei der Anfertigung dieser wissenschaftlichen Arbeit.

Weiters bedanke ich mich bei Herrn o. Univ.-Prof. Dr. Friedrich Roithmayr für die Bereitschaft, sich als Zweitbegutachter zur Verfügung zu stellen, und für zahlreiche Anregungen, die ich vor allem in seinen Dissertantenseminaren erhalten habe.

Ein besonderer Dank gebührt auch meiner Lebensgefährtin, Maria Windischbauer, und unseren beiden Kindern, Gerhard Clemens und Hennes Georg, die mir die Motivation gaben, so manch schwierige Phase zu überwinden, die während der dreijährigen Bearbeitungsdauer auftrat.

Gerhard Hinterberger

Inhaltsverzeichnis

Tabellenverzeichnis

Abbildungsverzeichnis

Verzeichnis der verwendeten Symbole

Das folgende Symbolverzeichnis bezieht sich auf Abschnitt 4, den Hauptteil der Arbeit. Wenngleich auf eine Konsistenz zu den "lokalen Definitionen" in den anderen Abschnitten geachtet wurde, sind kleine Bedeutungsunterschiede nicht ausgeschlossen.

Operationen:

$\lceil \ldots \rceil$	Aufrundung auf die nächst größere ganze Zahl
$\lvert \mathbf{x} \rvert$	Determinante der Matrix **x**
$\mathbf{x}^T$	heißt die zur Matrix **x** transponierte Matrix, die man durch Vertauschen der Zeilen und Spalten erhält

Griechische Buchstaben:

α_r	Gewichtungsfaktor für Realisation bzw. Szenario $\mathbf{z}_r$
γ	Sicherheitswahrscheinlichkeit, mit der das Konfidenzintervall den unbekannten Wert von Φ_d überdeckt
$\boldsymbol{\mu}$	Erwartungswertvektor mit der Dimension d für die Bedarfe der d Bevorratungsmaterialien
μ_i	Erwartungswert für den Bedarf von Bevorratungsmaterial i
Ω	Hilfsvariable für Algorithmus (4.79); Menge der noch produzierbaren Endprodukte
σ_{ij}	Kovarianz zwischen den Bedarfen der Bevorratungsmaterialien i und j
Φ_1	Verteilungsfunktion der eindimensionalen Normalverteilung
Φ_d	Verteilungsfunktion von **B**
$\hat{\Phi}_d$	Schätzwert für Φ_d
$\boldsymbol{\Sigma}$	Kovarianzmatrix mit d Zeilen und d Spalten für **B**

Lateinische Buchstaben:

a	Anteil vom modifizierten Periodenbedarf $\max\{D_k, 0\}$, der für jedes Endprodukt k befriedigt wurde
$\mathbf{b}$	Matrix mit m Spalten und d Zeilen, die alle $d \cdot m$ b_{ik} enthält
b_{ik}	Menge von Bevorratungsmaterial i, die für eine Mengeneinheit von Endprodukt k benötigt wird
$\mathbf{B}$	d-dimensionale normalverteilte Zufallsvariable für die Bedarfe der Bevorratungsmaterialien; $\mathbf{B} = (B_1, \ldots, B_d)$
B_i	Zufallsvariable für den Bedarf von Bevorratungsmaterial i
c	Index für die Kundenaufträge
Cov($\mathbf{X}$)	Kovarianzmatrix der mehrdimensionalen Zufallsvariablen $\mathbf{X}$
Cov(X,Y)	Kovarianz zwischen den Zufallsvariablen X und Y
d	Anzahl der Bevorratungsmaterialien
$\mathbf{D}$	m-dimensionale normalverteilte Zufallsvariable für die Bedarfe der Endprodukte der betrachteten Produktfamilie; $\mathbf{D} = (D_1, \ldots, D_m)$
D_k	Zufallsvariable für den Bedarf von Endprodukt k
$\mathbf{e}$	Vektor mit Dimension m für die Bedarfsprognose der Endprodukte
e_k	Bedarfsprognose für das Endprodukt k
eü	Erlösüberschuß
E(X)	Erwartungswert der Zufallsvariable X
$\hat{\mathrm{E}}(X)$	Schätzwert für den Erwartungswert der Zufallsvariable X
f	Wahrscheinlichkeitsdichte von $\mathbf{B}$
$f_c(k)$	Wahrscheinlichkeitsfunktion von K_c, die die Wahrscheinlichkeit angibt, daß sich der Kundenauftrag c auf das Endprodukt k bezieht, und die Kenntnis der Kundenaufträge 1 bis c-1 voraussetzt
$\mathbf{F}$	m-dimensionale normalverteilte Zufallsvariable für die Prognosefehler der Endprodukte der betrachteten Produktfamilie; $\mathbf{F} = (F_1, \ldots, F_m)$

F_k	normalverteilte Zufallsvariable für den Prognosefehler von Endprodukt k
g	maximales Gesamtbudget für die variablen Herstellkosten der Planbedarfe aller d Bevorratungsmaterialien
$gü$	benötigtes Gesamtbudget für die variablen Herstellkosten der Planbedarfe aller d Bevorratungsmaterialien, die sich aus der Überplanungstechnik ergeben
h	Hilfsvariable
h_r	indizierte Hilfsvariable
i	Index für Bevorratungsmaterialien
j	Index für Bevorratungsmaterialien
k	Index für die Endprodukte der betrachteten Produktfamilie
ka_c	Menge von Kundenauftrag c, für die genügend Bevorratungsmaterialien allokiert werden können
kb_c	Bestellmenge von Kundenauftrag c
kz	Gesamtanzahl der Kundenaufträge in der betrachteten Periode
kz_k	Kundenauftragsanzahl für Endprodukt k in der betrachteten Periode
K_c	diskrete Zufallsvariable für Kundenauftrag c, die das Endprodukt k angibt, auf den sich der Kundenauftrag c bezieht
l	Index für die Endprodukte der betrachteten Produktfamilie
lk	Länge eines Konfidenzintervalls
lkr	Kenngröße für die Genauigkeit der Schätzung des aggregierten Servicelevels bzw. des Erwartungswertes des Erlösüberschusses - siehe Gleichung (4.51)
m	Anzahl der Endprodukte der betrachteten Produktfamilie
n	Stichprobengröße
$\mathcal{N}_m$	m-dimensionale Normalverteilung
$\mathbf{o}$	Vektor mit Dimension m, der die Bestellmengen pro Kundenauftrag für die m Endprodukte angibt

o_k	Bestellmenge pro Kundenauftrag von Endprodukt k
$\mathbf{p}$	Vektor mit Dimension d für die Planbedarfe (vorproduzierten Mengen) der d Bevorratungsmaterialien
$\mathbf{p}_{\max}$	jener Vektor $\mathbf{p}$, der für das jeweilige Optimierungsmodell die Zielfunktion maximiert
p_i	Planbedarf (vorproduzierte Menge) von Bevorratungsmaterial i
$\breve{p}_i$	Hilfsvariable für Algorithmus (4.79); noch nicht verbrauchte (allokierte) Menge von Bevorratungsmaterial i
ps	%-Satz vom notwendigen Budget für den erwarteten Bevorratungsmaterialbedarf, den man bereit ist, in Sicherheitsmengen zu investieren
$P(X = x)$	Wahrscheinlichkeit, daß die Zufallsvariable X den Wert x annimmt
$\mathbf{q}$	Vektor mit Dimension d für die Lagerhaltungskosten q_i der d Bevorratungsmaterialien
q_i	Lagerhaltungskosten pro Einheit von Bevorratungsmaterial i, die anfallen, wenn der Planbedarf den tatsächlichen Bedarf in der betrachteten Periode übersteigt
r	Index für die Realisationen einer Zufallsvariablen
$\mathbf{s}$	Vektor mit Dimension m für die Verkaufsmengen der m Endprodukte
$\mathbf{s}_r$	Vektor mit Dimension m, der die Verkaufsmengen der m Endprodukte für die r-te Realisation $\mathbf{z}_r$ der Zufallsvariablen $\mathbf{D}$ enthält
s_k	verkaufte Menge von Endprodukt k
s_{kr}	k-tes Element des Vektors $\mathbf{s}_r$ = Variable für die Verkaufsmenge vom k-ten Endprodukt der r-ten Bedarfsrealisation von $\mathbf{D}$
S^m	Lösungsraum von $\mathbf{s}$, der sich durch die Restriktionen (4.56), (4.57) und (4.58) ergibt
$\mathbf{u}$	Vektor mit Dimension m für die Erlöse der m Endprodukte
u_k	Erlös von Endprodukt k
$üps$	ein für alle Endprodukte gleicher Überplanungsprozentsatz

$üps_k$	Überplanungsprozentsatz für Endprodukt k
$\mathbf{v}$	Vektor mit Dimension d für die variablen Herstellkosten pro Mengeneinheit der d Bevorratungsmaterialien
v_i	variable Herstellkosten für eine Mengeneinheit von Bevorratungsmaterial i
vk	Variationskoeffizient der Endproduktbedarfe in %
$\mathrm{Var}(X)$	Varianz der Zufallsvariable X
$\mathbf{w}$	Vektor mit Dimension m für die variablen Herstellkosten der m Endprodukte
w_k	variable Herstellkosten von Endprodukt k
$\mathbf{x}$	Realisationsvektor mit Dimension d für die Zufallsvariable $\mathbf{B}$
$\mathbf{x}_r$	Vektor mit Dimension d, der die r-te Realisation der Zufallsvariablen $\mathbf{B}$ enthält
$\hat{\mathbf{x}}_r$	Vektor mit Dimension m, der die r-te modifizierte Realisation der Zufallsvariablen $\mathbf{B}$ enthält; $\hat{\mathbf{x}}_r = \mathbf{b} \cdot \hat{\mathbf{z}}_r$
x_i	Realisationsvariable für den Bedarf von Bevorratungsmaterial i der Zufallsvariablen $\mathbf{B}$
$\breve{x}_i$	Hilfsvariable für Algorithmus (4.79); Bedarf an Bevorratungsmaterial i für die noch nicht befriedigte Menge der noch produzierbaren Endprodukte
$\hat{x}_{ir}$	i-tes Element des r-ten modifizierten Realisationsvektors $\hat{\mathbf{x}}_r$ von $\mathbf{B}$ = Variable für die r-te modifizierte Bedarfsrealisation des i-ten Bevorratungsmaterials
y	Index für die Kundenaufträge
$\mathbf{z}$	Realisationsvektor mit Dimension m für die Zufallsvariable $\mathbf{D}$
$\mathbf{z}_r$	Vektor mit Dimension m, der die r-te Realisation der Zufallsvariablen $\mathbf{D}$ enthält
$\hat{\mathbf{z}}_r$	Vektor mit Dimension m, der die r-te modifizierte Realisation der Zufallsvariablen $\mathbf{D}$ enthält; die Modifikation erfolgt mit Formel (4.61)

z_k	Realisationsvariable für den Bedarf von Endprodukt k der Zufallsvariablen **D**
$\breve{z}_k$	Hilfsvariable für Algorithmus (4.79); Bedarfsmenge von Endprodukt k, die noch nicht befriedigt wurde
z_{kr}	k-tes Element des r-ten Realisationsvektors $\mathbf{z}_r$ von **D** = Variable für die r-te Bedarfsrealisation des k-ten Endproduktes
$\hat{z}_{kr}$	k-tes Element des r-ten modifizierten Realisationsvektors $\hat{\mathbf{z}}_r$ von **D** = Variable für die r-te modifizierte Bedarfsrealisation des k-ten Endproduktes; die Modifikation erfolgt aufgrund von Formel (4.61)
zz_c	Realisation der Zufallsvariablen K_c
$z_D(\gamma)$	Funktion, die die obere Intervallgrenze eines symmetrischen Intervalls um den Wert 0 liefert, innerhalb dessen der Wert einer normalverteilten Zufallsvariable mit dem Mittelwert 0 und der Varianz 1 mit der Wahrscheinlichkeit γ liegt

Definition wichtiger Begriffe

Allokationsregel = Regel, nach der die vorproduzierten Bevorratungsmaterialien den Kundenaufträgen zugeordnet werden, wenn die vorproduzierten Bevorratungsmaterialien nicht für die Befriedigung aller Kundenaufträge ausreichen

ASL = aggregierter Servicelevel = die Wahrscheinlichkeit für eine 100-%-ige Befriedigung aller Endproduktbedarfe

ATO = assemble-to-order

ATO-Typ I: Beim ATO-Typ I werden standardisierte Endprodukte gefertigt, die durch ihre Stückliste genau definiert sind. Teilmengen dieser standardisierten Endprodukte, die jeweils auf einem gemeinsamen Baukasten basieren, werden als **Produktfamilie** bezeichnet. Die Anzahl der Varianten ist bzw. kann in diesem Fall nur relativ gering sein.

ATO-Typ II: Beim ATO-Typ II ist die Anzahl der Varianten so hoch, daß es nicht möglich bzw. sinnvoll ist, für alle theoretisch möglichen Endprodukte eine Stückliste im voraus anzufertigen. Statt dessen wird nur eine (Maximal-)Stückliste pro Produkttyp geführt. Ein **Produkttyp** umfaßt die Menge aller Endprodukte, die sich aus der Kombination von Komponenten des zugehörigen Baukastens ergibt. Zu jedem Produkttyp gibt es also einen Baukasten und eine Maximalstückliste, die alle Baukastenelemente anführt. Eine Menge von Produkttypen mit ähnlichen Baukästen (mit vielen gleichen Baukastenelementen) wird als **Produktfamilie** bezeichnet. Man könnte auch sagen, daß eine Klasse von ähnlichen Endprodukten einen Produkttyp bildet und eine Klasse von ähnlichen Produkttypen eine Produktfamilie (vgl. Glaser et al., 1991; S. 286).

Bauteilvariante: Ein Baukastenelement wird als Bauteilvariante bezeichnet, wenn es zu einer Menge von Elementen gehört, aus der für jedes Endprodukt eines Produkttyps genau ein Element ausgewählt werden muß.

Bevorratungsmaterialien sind jene Baugruppen, Einzelteile oder Rohstoffe, die erwartungsbezogen disponiert werden müssen, weil ihre Wiederbeschaffungszeit länger ist, als die Lieferzeit, die die Kunden für die Endprodukte einräumen.

Erlösüberschuß = Erlöse minus die variablen Kosten der verkauften Endprodukte minus die Lagerhaltungskosten für die vorausproduzierten, aber nicht in der betrachteten Periode benötigten Bevorratungsmaterialien (mathematische Formulierung siehe Gleichung (4.55) auf Seite 167)

erwarteter Bedarf = prognostizierter Bedarf

EVO/SIM/FIFO = Heuristik für Optimierungsmodell 2, die auf einem evolutionären Optimierungsalgorithmus ("EVO") und Simulation ("SIM") des Zielfunktionswertes E(*eü*) - unter der Annahme einer FIFO-Allokation der Bevorratungsmaterialien - beruht (siehe Abschnitt 4.4.3.2.3).

EVO/SIM/PRIO = Heuristik für Optimierungsmodell 2, die auf einem evolutionären Optimierungsalgorithmus ("EVO") und Simulation ("SIM") des Zielfunktionswertes E(*eü*) - unter der Annahme einer Allokation der Bevorratungsmaterialien nach Endproduktprioritäten - beruht (siehe Abschnitt 4.4.4.2.3).

FIFO-Allokation = Allokationsregel, die die vorproduzierten Bevorratungsmaterialien den Kundenaufträgen in der Reihenfolge ihres Eintreffens (nach dem **F**irst-**I**n-**F**irst-**O**ut-Prinzip) zuordnet

LP/UBB/gleicheW = Heuristik für Optimierungsmodell 1, die unter der Annahme von unabhängigen Bevorratungsmaterial-Bedarfen ("UBB") mit Algorithmen zur linearen Programmierung ("LP") eine möglichst hohe, für jedes Bevorratungsmaterial gleiche Bedarfsdeckungswahrscheinlichkeit ("gleicheW") einstellt (siehe Abschnitt 4.3.3.3).

MTO = make-to-order

MTS = make-to-stock

NLP/SIM/ASL = Heuristik für Optimierungsmodell 1, die auf einer Kombination von nichtlinearer Programmierung ("NLP") und Simulation ("SIM") des Zielfunktionswertes ("ASL") beruht (siehe Abschnitt 4.3.3.1).

NLP/SIM/ASL-vN = Variante ("v") von Heuristik NLP/SIM/ASL, die einen NLP-Algorithmus der Numerical Algorithms Group Ltd ("N") einsetzt (siehe Abschnitt 4.3.3.1.1).

NLP/SIM/ASL-vS = Variante ("v") von Heuristik NLP/SIM/ASL, die einen NLP-Algorithmus des Solvers ("S") der Frontline Systems Inc. einsetzt (siehe Abschnitt 4.3.3.1.2).

NLP/SIM/FIFO = Heuristik für Optimierungsmodell 2, die auf einer Kombination von nichtlinearer Programmierung ("NLP") und Simulation ("SIM") des Zielfunktionswertes E(*eü*) - unter der Annahme einer FIFO-Allokation der Bevorratungsmaterialien - beruht.

NLP/SIM/FIFO-vN = Variante ("v") von Heuristik NLP/SIM/FIFO, die einen NLP-Algorithmus der Numerical Algorithms Group Ltd ("N") einsetzt (siehe Abschnitt 4.4.3.2.1).

NLP/SIM/FIFO-vS = Variante ("v") von Heuristik NLP/SIM/FIFO, die einen NLP-Algorithmus des Solvers ("S") der Frontline Systems Inc. einsetzt (siehe Abschnitt 4.4.3.2.2).

NLP/SIM/PRIO = Heuristik für Optimierungsmodell 2, die auf einer Kombination von nichtlinearer Programmierung ("NLP") und Simulation ("SIM") des Zielfunktionswertes E(*eü*) - unter der Annahme einer Allokation der Bevorratungsmaterialien nach Endproduktprioritäten - beruht.

NLP/SIM/PRIO-vN = Variante ("v") von Heuristik NLP/SIM/PRIO, die einen NLP-Algorithmus der Numerical Algorithms Group Ltd ("N") einsetzt (siehe Abschnitt 4.4.4.2.1).

NLP/SIM/PRIO-vS = Variante ("v") von Heuristik NLP/SIM/PRIO, die einen NLP-Algorithmus des Solvers ("S") der Frontline Systems Inc. einsetzt (siehe Abschnitt 4.4.4.2.2).

NLP/UBB/ASL = Heuristik für Optimierungsmodell 1, die unter der Annahme von unabhängigen Bevorratungsmaterial-Bedarfen ("UBB") mit Algorithmen zur nichtlinearen Programmierung ("NLP") den Zielfunktionswert ("ASL") maximiert (siehe Abschnitt 4.3.3.2).

optionales Bauteil: Ein Baukastenelement wird als optionales Bauteil bezeichnet, wenn es zu einer Menge von Elementen gehört, aus der für jedes Endprodukt eines Produkttyps genau ein Element oder keines ausgewählt werden muß.

OSATO-I = Computerprogramm zur Evaluierung der entwickelten Heuristiken mit Hilfe der Simulation von Zufallszahlen; der Name setzt sich aus **O**ptimierung, **S**imulation und **ATO-I** zusammen.

Planbedarfe = erwarteter Bedarf + Sicherheitsmenge

Produktfamilie: siehe Definition von ATO-Typ I bzw. ATO-Typ II

Produkttyp: siehe Definition von ATO-Typ II

relativer Sicherheitsbestand = Sicherheitsbestand / erwarteter Bedarf

relative Sicherheitsmenge = Sicherheitsmenge / erwarteter Bedarf

Sicherheitsmenge = Planbedarf - erwarteter Bedarf

Simulation des Zielfunktionswertes = Schätzung des Zielfunktionswertes aufgrund einer Stichprobe, die man mit Hilfe der Simulation der Zufallsvariablen erhält.

Standardbauteile werden für jedes Endprodukt eines Produkttyps in der gleichen Menge benötigt.

Überplanungsmenge: siehe Definition von Überplanungstechnik

Überplanungstechnik: Bei der Überplanungstechnik wird die Prognose der Endproduktbedarfe bzw. Produkttypen um eine Sicherheitsmenge (= Überplanungsmenge) erhöht (Planbedarf = Prognose + Sicherheitsmenge). Die Planbedarfe bzw. Sicherheitsmengen der eingehenden Materialien ergeben sich durch die Auflösung der Stücklisten bzw. Planungsstücklisten.

1 Einführung

1.1 Das Problem der Variantenvielfalt

Der Wandel vom Anbieter- zum Käufermarkt und der damit verbundene erhöhte Wettbewerbsdruck führte zu einer immer weitergehenden Anpassung der Güter an die Wünsche der Abnehmer und damit zu einer größer werdenden Vielfalt von Gütern. Denn je besser ein Unternehmen seine erstellten Güter auf die differenzierten Bedürfnisse der Konsumenten ausrichtet, um so größer ist auch die Wahrscheinlichkeit, daß die Konsumenten die Güter des Unternehmens den alternativ von den Konkurrenten angebotenen Gütern vorziehen. Diese Tendenz der zunehmenden Gütervielfalt zur Befriedigung des gleichen oder eines ähnlichen Bedürfnisses ist für Produkte als materielle Güter und ebenso Dienstleistungen als immaterielle Güter feststellbar. (vgl. Rosenberg, 1996)

Bereits in den 50er und 60er Jahren war die Variantenvielfalt Gegenstand betriebswirtschaftlicher Untersuchungen. Die Erkenntnisse aus diesen Analysen, daß die Variantenvielfalt zusätzliche Kosten verursacht und zu Schwierigkeiten in vielen Bereichen des Unternehmens führt, sind auch noch heute gültig. In den 70er und 80er Jahren hat die Variantenvielfalt durch die Wandlung vom Anbieter- zum Käufermarkt explosionsartig zugenommen. (vgl. Kestel, 1995; S. 1)

Ende der 80er Jahre tauchte der Begriff des "Mass Customization" auf, der die eigentlich gegensätzlichen Begriffe "Mass Production" und "Customization" verbindet und zunehmend an Popularität gewinnt.

"Mass Customization (kundenindividuelle Massenproduktion) ist die Produktion von Gütern und Leistungen für einen (relativ) großen Absatzmarkt, welche die unterschiedlichen Bedürfnisse jedes einzelnen Nachfragers dieser Produkte treffen, zu Kosten, die ungefähr denen einer massenhaften Fertigung vergleichbarer Standardgüter entsprechen. Die Informationen, die im Zuge des Individualisierungsprozesses erhoben werden, dienen dem Aufbau einer dauerhaften, individuellen Beziehung zu jedem Abnehmer." (Piller, 1998; S. 65)

Mit dem Konzept (der Strategie) der "Mass Customization" setzt sich also die Zunahme der Vielfalt fort, die im Extremfall die erzeugten Güter zu Unikaten werden läßt.

Für einen aktuellen Überblick zum "Mass Customization" sei auf Da Silveira et al. (2001) verwiesen.

Mit der Zunahme der Variantenvielfalt steigt die Anzahl der unterschiedlichen Endprodukte, Baugruppen, Einzelteile und Rohmaterialien und dies hat weitreichende Konsequenzen auf nahezu alle betrieblichen Teilbereiche. Es verschlechtert sich die Möglichkeit einer genauen Prognose des periodenbezogenen Primärbedarfs. Dies steht im Mittelpunkt der Arbeit und wird später umfassend behandelt. Bei einer Werkstättenfertigung sinkt die Losgröße und die Rüstkosten steigen. Der geringere Wiederholungsgrad führt zu eingeschränkter Wirksamkeit des Lernkurveneffekts, zu Qualitätseinbußen und zur Zunahme von Nacharbeit und Ausschuß. Die Komplexität des Produktionssystems steigt und gleichzeitig nimmt die Transparenz ab. Damit steigt auch der Planungs- und Steuerungsaufwand. Bei einer Fließfertigung sind meist in Abhängigkeit von der jeweiligen Variante unterschiedlich umfangreiche Arbeitsinhalte zu bewältigen. Damit erschwert sich das Problem der Leistungsabstimmung. Es müssen entweder vermehrt Springer eingesetzt werden, Leerzeiten in Kauf genommen werden oder die Puffer zwischen den Stationen erhöht werden. Diese Nachteile versucht man durch eine gute Modellmixplanung in Grenzen zu halten. Die Zunahme der Varianten erhöht auch den Aufwand in fast allen indirekten Bereichen. Jede Variante ist zu entwickeln und zu konstruieren, für jede Variante müssen Arbeitspläne, Stücklisten, CNC-Programme erstellt, Fertigungszeiten ermittelt, Kalkulationen erstellt, Vorrichtungen und Werkzeuge konstruiert und gefertigt werden. Die Anzahl der Einkaufsartikel steigt bei geringerer Stückzahl pro Artikel, die Anzahl der Lagerpositionen und der Lagerplatzbedarf steigt, der Handlings- und Kommissionieraufwand wird größer. Der Schulungsaufwand für Vertriebspersonal, Kundendienst usw. nimmt zu. Der Aufwand zur Informationserfassung, -aufbereitung und -verwaltung steigt in allen Bereichen. (vgl. Rosenberg, 1996)

Mit einem systematischen Variantenmanagement versucht man heute, die Vielfalt auf ein notwendiges Maß zu reduzieren, und die verbleibende Vielfalt möglichst gut zu beherrschen. Im Mittelpunkt dieser Arbeit steht nicht die Variantenreduzierung oder Variantenvermeidung, sondern die Variantenbeherrschung. Wir gehen also davon aus, daß alle Maßnahmen zur Reduzierung der Endprodukte, Baugruppen, Einzelteile und Rohstoffe auf das notwendige Maß bereits erfolgt sind (z. B. durch Normung, Modularisierung, Materialvereinheitlichung und dgl.).

1.2 Der betrachtete Betriebstyp - die ATO-Fertigung

Wir beschränken uns auf die Betrachtung der Materialbedarfsplanung von Sachleistungsbetrieben, die mehrere Endprodukte herstellen, die aus vielen unterschiedlichen Komponenten (Baugruppen, Teile oder Rohmaterialien) bestehen. Im Gegensatz zur einteiligen Produktion, wo Varianten nur durch eine Veränderung des Materials, der Geometrie, der Farbe oder der Funktion des Einzelteils entstehen, entstehen bei einer mehrteiligen Produktion die Varianten typischerweise nicht nur aus einer Variation der Einzelteile, sondern durch die unterschiedliche Kombination der Einzelteile zu Baugruppen und durch unterschiedliche Kombination von Einzelteilen und Baugruppen zu Endprodukten (vgl. Rosenberg, 1996).

Weiters gehen wir davon aus, das die Montage der Endprodukte und evtl. Teile der Vormontage und Teilefertigung durch Kundenaufträge ausgelöst werden. Der Großteil der Materialbeschaffung und Teilefertigung erfolgt jedoch aufgrund von Prognosen, weil die Wiederbeschaffungszeiten und Fertigungsdurchlaufzeiten meist ein Vielfaches der Lieferzeit, die die Kunden einräumen, betragen.

Es liegt also weder eine rein kundenauftragsbezogene noch eine rein erwartungsbezogene Fertigung vor, sondern eine Mischform beider Extremfälle, die wir als *"kundenauftragsbezogene Montage"* bezeichnen.

Obwohl aus der Bezeichnung kundenauftragsbezogene Montage nicht direkt hervorgeht, daß evtl. Teile der Vormontage und Teilefertigung auch kundenauftragsbezogen ausgelöst werden, wird diese Bezeichnung trotzdem aus Gründen der Kürze und damit besseren Lesbarkeit gewählt.

Eine rein kundenauftragsbezogene Fertigung ist dadurch charakterisiert, daß alle Beschaffungs- und Fertigungsprozesse erst nach Vorliegen des Kundenauftrags angestoßen werden. Dies ist in der betrachteten Situation jedoch aufgrund des Verhältnisses zwischen Lieferzeit zu den Kunden und Summe aus Wiederbeschaffungs- und Durchlaufzeit nicht möglich.

Eine rein erwartungsbezogene Fertigung liegt dann vor, wenn alle Beschaffungs- und Fertigungsprozesse (also auch die Montage der Endprodukte) aufgrund von Prognosen erfolgen. Dies wäre in der betrachteten Situation aufgrund der Variantenvielfalt nicht sinnvoll bzw. überhaupt nicht möglich.

In der englischsprachigen Literatur spricht man von *"make-to-stock"* (MTS), *"make-to-order"* (MTO) bzw. *"assemble-to-order" (ATO)* manufacturing für die erwartungsbezogene Fertigung, kundenauftragsbezogene Fertigung bzw. kundenauftragsbezogene Montage. In der vorliegenden Arbeit werden oft die englischsprachigen Begriffe verwendet, weil die deutschsprachigen Begriffe oft unterschiedlich verwendet werden und es auch eine ganze Reihe von Synonymen dafür gibt (z. B. Lagerfertigung, kundenauftragsanonyme Fertigung und dgl. für die erwartungsbezogene Fertigung).

Wemmerlöv hat sich bereits 1984 in einem Aufsatz mit den verschiedenen Aspekten der Materialbedarfsplanung bei einer ATO-Fertigung auseinandergesetzt (Produktionsprogrammplanung, Stücklistenstrukturierung, Auftragsannahme, Endmontagesteuerung und Sicherheitsbestände gegen Bedarfsschwankungen). In den folgenden Jahren setzten sich unterschiedliche Autoren mit den verschiedensten Aspekten der ATO-Fertigung in einer Vielzahl von Aufsätzen auseinander.

Es besteht ein anhaltender Trend zur ATO-Fertigung, weil einerseits klassische MTO-Fertiger ihre Produkte standardisieren und modularisieren müssen, um Lieferzeiten und Produktions- und Entwicklungskosten zu senken, und andererseits MTS-Fertiger aufgrund der steigenden Variantenvielfalt sich in Richtung ATO-Fertigung bewegen müssen (vgl. Bottema/Tang, 1992; S. 72).

Daß die ATO-Fertigung nach wie vor von großem Interesse für Wissenschaft und Praxis ist, sieht man auch, wenn man die Literatur zum Mass Customization näher betrachtet. Piller (1998) bezeichnet die *Modularisierung* (das *Baukastensystem*), bei der (dem) aus einer begrenzten Anzahl standardisierter, untereinander kompatibler Bauteile ein kundenspezifisches Endprodukt erstellt werden kann, als eine der leistungsfähigsten Mass-Customization-Konzeptionen. Ziel ist es, mit einer möglichst geringen internen (für betriebliche Prozesse relevante) Varietät eine hohe externe (vom Kunden wahrgenommene) Varietät zu erreichen. Die Modularisierung bzw. Baukastenbildung ist der Grundpfeiler für die ATO-Fertigung, denn klarerweise ist der Nutzen einer ATO-Fertigung nur sehr beschränkt, wenn es keine Komponenten gibt, die in mehreren Endprodukten verwendet werden. Eigentlich beschreibt Piller mit der Mass-Customization-Konzeption Modularisierung im wesentlichen die klassische ATO-Fertigung.

1.3 Die Grundtypen der ATO-Fertigung

In der vorliegenden Arbeit unterscheiden wir zwei *Grundtypen der ATO-Fertigung*:

- Beim *ATO-Typ I* werden *standardisierte Endprodukte* gefertigt, die durch ihre Stückliste genau definiert sind. Teilmengen dieser standardisierten Endprodukte, die jeweils auf einem gemeinsamen Baukasten basieren, werden als *Produktfamilie* bezeichnet. Die Anzahl der Varianten ist bzw. kann in diesem Fall nur relativ gering sein.
- Beim *ATO-Typ II* ist die Anzahl der Varianten so hoch, daß es nicht möglich bzw. sinnvoll ist, für alle theoretisch möglichen Endprodukte eine Stückliste im voraus anzufertigen. Statt dessen wird nur eine (Maximal-)Stückliste pro Produkttyp geführt. Ein *Produkttyp* umfaßt die Menge aller Endprodukte, die sich aus der Kombination von Komponenten des zugehörigen Baukastens ergibt. Zu jedem Produkttyp gibt es also einen Baukasten und eine Maximalstückliste, die alle Baukastenelemente anführt. Eine Menge von Produkttypen mit ähnlichen Baukästen (mit vielen gleichen Baukastenelementen) wird als *Produktfamilie* bezeichnet. Man könnte auch sagen, daß eine Klasse von ähnlichen Endprodukten einen Produkttyp bildet und eine Klasse von ähnlichen Produkttypen eine Produktfamilie (vgl. Glaser et al., 1991; S. 286).

Zu beachten ist, daß die Bedeutung des Begriffs der Produktfamilie davon abhängt, welcher ATO-Typ vorliegt.

Wie aus der obigen Definition der ATO-Grundtypen ersichtlich bzw. bereits angesprochen ist die Modularisierung (Baukastensystem) der Grundpfeiler der ATO-Fertigung. Mit einer möglichst geringen Anzahl standardisierter, untereinander kompatibler Bauteile kann man eine Vielzahl von unterschiedlichen Endproduktvarianten herstellen. Somit ist die Modularisierung (das Baukastensystem) ein wesentlicher Beitrag zur Variantenreduzierung oder -vermeidung im Bereich der Baugruppen, Einzelteile und Rohmaterialien bei gleichzeitiger Erhaltung einer großen Variantenvielfalt in bezug auf die Endprodukte.

Neben diesem Beitrag zur Variantenreduzierung oder -vermeidung liefert die ATO-Fertigung im Rahmen der Materialbedarfsplanung einen wichtigen Beitrag zur Bewältigung der Variantenvielfalt.

1.4 Materialbedarfsplanung für eine ATO-Fertigung

Wie bereits mehrfach erwähnt, müssen die Materialbeschaffung und Teilefertigung für die meisten Baukastenelemente aufgrund der langen Wiederbeschaffungs- und Fertigungsdurchlaufzeiten mit Hilfe von Prognosen ausgelöst werden. Im Rahmen der Variantenbeherrschung müssen wir also für die Baukastenelemente Bedarfsprognosen erstellen und schlußendlich Planbedarfe fixieren. Diese *Planbedarfe* sind der Ausgangspunkt für die weiteren Berechnungen (Stücklistenauflösung) und können sich von den *Prognosen*, die den *erwarteten Bedarf* darstellen, durchaus unterscheiden (z. B. aufgrund von *Sicherheitsüberlegungen*). Folgende Methoden kommen für die Ermittlung des Planbedarfs in Betracht:

(1) Die Planbedarfe der Baukastenelement werden von den Endprodukt- bzw. Produkttypenplanbedarfen abgeleitet (programmgebundene Bedarfsermittlung).

(2) Man kann die Planbedarfe für die Baukastenelemente als unabhängige Bedarfe betrachten und völlig isoliert voneinander und von den Endprodukten bzw. Produkttypen mit Hilfe von Prognosemodellen festlegen.

(3) Es könnten aber auch einfache Lagerhaltungsmodelle zur Disposition der Baukastenelemente eingesetzt werden. In diesem Fall ist eine Bedarfsprognose zur Ermittlung der Parameter der Lagerhaltungsmodelle erforderlich.

Bei den Methoden (2) und (3) geht der Bezug zum Endprodukt bzw. Produkttyp und damit oft sehr viel Information verloren (Substitutionseffekte zwischen Endprodukten, Auswirkungen von eigenen Produktneuentwicklungen oder jenen der Konkurrenz, Veränderung der eigenen Preisgestaltung oder jener der Konkurrenz usw.). Vergleiche dazu auch Wight (1984).

Welche der obigen drei Methoden sinnvoller ist, hängt vom konkreten Anwendungsfall ab. Sehr oft wird auch eine Kombination geeignet sein - z. B. wertvolle, teure (A-)Teile mit Methode (1), die restlichen Teile mit Methode (2) oder (3).

In der vorliegenden Arbeit steht Methode (1) im Mittelpunkt der Betrachtung. Wir gehen also davon aus, daß die programmgebundene Bedarfsermittlung zumindest für die wichtigsten Baukastenelemente am geeignetsten ist und betrachten nun das Vorgehen in Abhängigkeit vom Grundtyp der ATO-Fertigung.

1.4.1 Materialbedarfsplanung für den ATO-Typ I

Nach der Bedarfsprognose und Fixierung der Planbedarfe für jedes Endprodukt werden mit Hilfe der Stücklistenauflösung die Planbedarfe für die Baukastenelemente ermittelt. Dieses Vorgehen ist durchaus naheliegend und wird meist in der Praxis eingesetzt. Manchmal wird zuerst eine Prognose für die gesamte Produktfamilie gemacht und dann auf die Endprodukte heruntergebrochen. Dieses Vorgehen wird von moderner PPS-Software (wie die entsprechenden Module von SAP R/3 oder BAAN IV), die auf dem MRP-II-Konzept beruht, unterstützt.

Das oben beschriebene Vorgehen unterscheidet sich um nichts vom Vorgehen bei einer MTS-Fertigung. Deshalb drängt sich hier ein Vergleich mit der MTS-Fertigung nahezu auf. Welche Vorteile bietet die ATO-Fertigung vom Typ I nun im Vergleich zu einer MTS-Fertigung?

Bei der ATO-Fertigung basieren die Endprodukte auf einem Baukastensystem und damit gibt es im Vergleich zum Nicht-Einsatz des Baukastenprinzips bei gleicher Endproduktvielfalt weniger Baugruppen, Teile und Rohstoffe und folgedessen geringere Kosten im Fertigungs- und Beschaffungsbereich.

Für jene Wertschöpfungsstufen, die bei der ATO-Fertigung nach Kundenaufträgen gesteuert werden, erfolgt die Kapitalbindung später. Weiters sinkt bei der ATO-Fertigung das Risiko der Nichtverwertbarkeit. Die Verwertung eines bereits fertig montierten aber vom Kunden nicht gewünschten Endprodukts ist meist schwierig bzw. kostenintensiv. Einen nicht eingebauten Teil (z. B. eine Normschraube) kann man hingegen leicht in ein anderes Endprodukt einbauen, weiterveräußern oder als Ersatzteil verwenden. Das geringere Risiko der Nichtverwertbarkeit bei der ATO-Fertigung ergibt sich also, weil die Bevorratungsebene tiefer in der Stücklistenstruktur liegt.

Nehmen wir folgende Situation an: Für die Landmaschinen A und B planen wir einen Absatz von jeweils 100 Stück für nächstes Frühjahr. Es wird jeweils 1 Stück Bauteil C zur Montage von A und B benötigt. Aufgrund einer Unterlieferung oder durch Fertigungsausschuß können nur 190 Stück von Bauteil C bereitgestellt werden. Bei der MTS-Fertigung kann es nun durchaus passieren, daß wir uns dafür entscheiden, 100 Stück A und 90 Stück B zu montieren, obwohl sich später herausstellt, daß der tatsächliche Kundenbedarf bei 90 Stück A und 100 Stück B liegt und wir somit nur jeweils 90 Stück verkaufen können. Bei einer ATO-Fertigung kann man hingegen den gesamten Kundenbedarf befriedigen!

Die Erkenntnisse, die man aus dem obigen Beispiel ziehen kann, sind keinesfalls neu. Es ist naheliegend bzw. bereits nachgewiesen worden, daß man Bestände bzw. die Bevorratungsebene eher dort ansiedeln soll, wo der Materialfluß divergiert (vgl. Chu/Hayya, 1988).

Aus dem obigen Beispiel sehen wir auch, daß die Planbedarfe für die Endprodukte eben nur geplant sind und der tatsächliche Bedarf anders sein kann oder besser gesagt auch mit ziemlicher Sicherheit anders sein wird. Man kann also nur hoffen, daß die Ist-Werte den erwarteten Werten und damit den Planwerten sehr nahe kommen.

Es ist eine bekannte Tatsache, daß wir aggregierte Werte leichter prognostizieren können als die in die Aggregation eingehenden Einzelwerte (vgl. dazu etwa Mather (1986, S. 95), van Donselaar/Wijngaard (1987, S. 197) oder Missbauer (1998; S. 13)). Dies läßt sich unter bestimmten Annahmen mit dem Summensatz für Varianzen aus der Statistik erklären. Leichter heißt in diesem Fall, daß die mittlere Prognose-Ist-Abweichung relativ (prozentuell) gesehen kleiner ist. Die relative Prognose-Ist-Abweichung in % ergibt sich aus Prognose-Ist-Abweichung/Prognosewert x 100. Legen wir das nun auf unsere konkrete Problemstellung um. Dies bedeutet nämlich, daß der Gesamtbedarf der Produktfamilie leichter prognostiziert werden kann als die Bedarfe der Endprodukte der betrachteten Produktfamilie. Die mittlere relative Prognose-Ist-Abweichung ist also bei der Produktfamilie kleiner als bei den zugehörigen Endprodukten. Dies bedeutet aber auch, daß die mittleren relativen Prognose-Ist-Abweichungen bei Baukastenelementen, die in sehr viele Endprodukte einer Produktfamilie eingehen, kleiner sind, als bei solchen, die nur in wenige Endprodukte eingehen. Es liegt nun nahe anzunehmen, daß man bei Baukastenelementen, die in viele Endprodukte einer Produktfamilie eingehen, mit weniger relativem Sicherheitsbestand (=Sicherheitsbestand/erwarteter Bedarf) auskommt. Im Gegensatz zur MTS-Fertigung kann man diesen Umstand beim ATO-Fall ausnutzen, weil der Sicherheitsbestand nicht in Form von Endprodukten, sondern in Form von Baukastenelementen (bzw. in der Stücklistenstruktur noch tieferliegenderen Bauteilen) vorliegt. Der Sicherheitsbestand ist somit bei der ATO-Fertigung flexibler einsetzbar und das Risiko der Nichtverwertbarkeit ist kleiner als bei der MTS-Fertigung.

Natürlich hat die ATO-Fertigung im Vergleich zur MTS-Fertigung nicht nur Vorteile. Neben den prinzipiellen Nachteilen des Baukastenprinzips wie zum Beispiel, daß ein Bauteil auf die Höchstanforderungen innerhalb der Produktfamilie ausgelegt sein muß und daher für manche Endprodukte überdimensioniert ist (vgl. Zäpfel, 1982; S. 61f) und dgl., muß die Montage bei der ATO-Fertigung wesentlich flexibler sein als bei der MTS-Fertigung. Wenn die Kundenaufträge sehr unregelmäßig eintreffen, ist bei jenen Kapazitäten, die die kundenauftragsbezogenen Arbeitsgänge ausführen, eine hohe Kapazitätsreserve vorzuhalten, um kurze Lieferzeiten garantieren zu können. In der Praxis versucht man oft eine Glättung des Kapazitätsbedarfs vorzunehmen, indem man in auftragsschwachen Zeiten die gängigsten Endproduktvarianten, die "sicher" verkauft werden können, vorausproduziert. Damit liegt aber schon wieder eine Mischform zwischen ATO- und MTS-Fertigung vor.

Betrachten wir nun den Sicherheitsbestand bei der ATO-Fertigung näher. Was bedeutet eigentlich Sicherheitsbestand? Warum wird er angelegt? Mit welchen Methoden kann er festgelegt werden? Der Sicherheitsbestand wird angelegt, um die negativen Auswirkungen von Prognose-Ist-Abweichungen in Grenzen zu halten. Wie die Prognose könnte man auch den Sicherheitsbestand für die Baukastenelemente völlig isoliert voneinander und von den Endprodukten festlegen. Wie bereits gesagt, geht durch den Verlust des Bezugs zum Endprodukt auch sehr viel Information verloren. Um dies zu vermeiden, können wir auch einfach die Prognose der Endproduktbedarfe erhöhen (Planbedarf = Prognose + Sicherheitsmenge). Diese Technik wird als "Überplanung" ("overplanning") bezeichnet und in der Praxis oft angewandt (vgl. Murthy/ Ma, 1991). Die Sicherheitsmenge bezeichnen wir auch als Überplanungsmenge und sie ist definiert als Differenz zwischen Planbedarf und Prognose. Die Sicherheitsmenge der Baukastenelemente ergibt sich bei der Überplanung dann automatisch durch die Stücklistenauflösung. Die Vorgehensweise bei der Überplanungstechnik und deren Konsequenzen werden nun anhand eines sehr einfachen Beispiels demonstriert.

Wir nehmen eine ATO-I-Fertigung an, bei der zwei Endprodukte (EP1 und EP2) aus drei Bauteilen (BT1, BT2 und BT3) gefertigt werden. Zur Montage von einer Einheit von EP1 wird eine Einheit von BT1 und eine Einheit von BT2 benötigt, für EP2 eine Einheit von BT2 und eine Einheit von BT3. Die Endproduktbedarfe sind stochastisch unabhängig und folgen jeweils einer Normalverteilung. Die Erwartungswerte (μ_{EP1} und μ_{EP2}) bzw. Standardabweichungen (σ_{EP1} und σ_{EP2}) der normalverteilten Endproduktbedarfe betragen jeweils 100 bzw. 10 Einheiten. Die Planbedarfe der Endprodukte (p_{EP1} und p_{EP2}) wurden mit jeweils 110 Einheiten festgelegt - die Sicherheitsmenge beträgt also jeweils 10 Einheiten, die relative Sicherheitsmenge (bezogen auf den Erwartungswert) 10 %. In Abbildung 1.1 ist ersichtlich, zu welchen Ergebnissen die Überplanungstechnik führt.

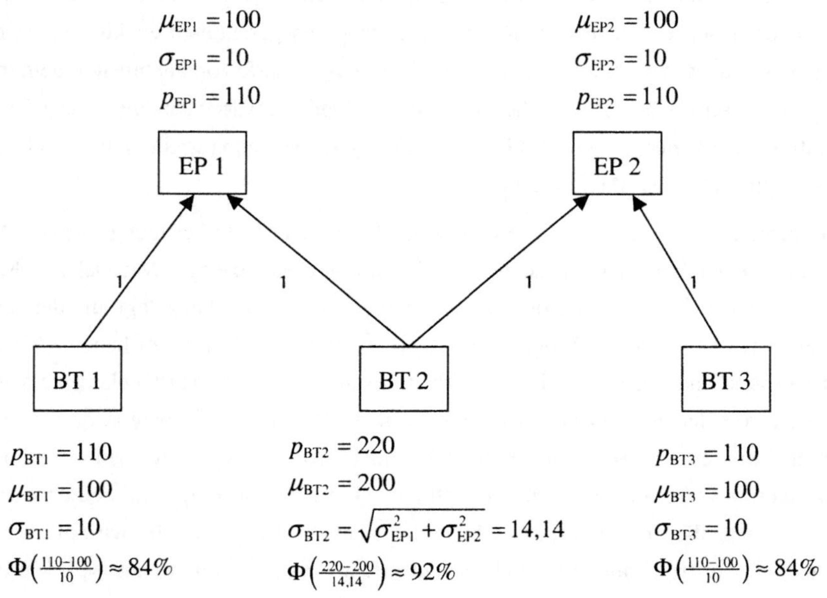

Abbildung 1.1: Ergebnisse der Überplanungstechnik in einem sehr einfachen Beispiel

Die Planbedarfe der Bauteile (p_{BT1}, p_{BT2} und p_{BT3}) bzw. erwarteten Bauteilbedarfe (μ_{BT1}, μ_{BT2} und μ_{BT3}) ergeben sich aus der Stücklistenauflösung auf Basis der Planbedarfe bzw. erwarteten Bedarfe der Endprodukte. Aus den Planbedarfen und erwarteten Bedarfen ergeben sich auch Sicherheitsmengen für die Bauteile, die 10 Einheiten für BT1 und BT3 bzw. 20 Einheiten für BT2 betragen. Die relative Sicherheitsmenge beträgt für alle Bauteile 10 %. Bei der Berechnung der Standardabweichung der Bauteilbedarfe (σ_{BT1}, σ_{BT2} und σ_{BT3}) muß man bei BT2 aufpassen, weil bei einer Addition von unabhängigen Verteilungen aufgrund des Additionssatzes für Varianzen (vgl. z.B. Kreyszig, 1982; S. 155) nicht ihre Standardabweichungen, sondern ihre Varianzen zu addieren sind. Die Wahrscheinlichkeit für eine 100-%-ige Bedarfsdeckung der Bauteilbedarfe durch die entsprechenden Planbedarfe kann mit Hilfe der Verteilungsfunktion Φ der standardisierten Normalverteilung (Erwartungswert eins und Varianz null) berechnet werden und beträgt für BT1 und BT3 ca. 84 % und für BT2 ca. 92 %. Es liegt jedoch nahe anzunehmen, daß es nicht optimal sein kann, für BT2 eine größere Bedarfsdeckungswahrscheinlichkeit einzuplanen, wenn für die Montage eines Endproduktes auch BT1 bzw. BT2 benötigt wird.

Das obige Beispiel zeigt uns auf eindrucksvolle Art, daß bei der Überplanungstechnik die Festlegung der relativen Sicherheitsmenge (=Sicherheitsmenge/erwarteter Bedarf) eines Bauteiles unabhängig davon ist, ob dieser in viele oder wenige Endprodukte eingeht. Dieses Vorgehen führte in dem obigen Beispielen zu unterschiedlichen Bedarfsdeckungswahrscheinlichkeiten für die Bauteile und dies bestätigt unsere vorherige Vermutung, daß man bei Baukastenelementen, die in viele Endprodukte eingehen, mit weniger relativem Sicherheitsbestand auskommt. Der Nachteil der Überplanungstechnik ist also, daß für sogenannte Gleichteile, die in mehreren Endprodukten vorkommen, eine höhere Sicherheit eingeplant wird, als für sogenannte Spezialteile, die in nur einem Endprodukt vorkommen.

Wie soll man nun das Planungsproblem lösen? Einerseits geht bei der isolierten Festlegung der Sicherheitsbestände für die Baukastenelemente der Bezug zum Endprodukt und damit sehr viel Information verloren, andererseits liefert die Überplanungstechnik offensichtlich auch keine optimalen Ergebnisse, weil die positiven Effekte von Gleichteilen nicht genutzt werden kann.

Die Lösung bringt ein stochastisches Optimierungsmodell, das die Planbedarfe und damit die Sicherheitsmengen der Baukastenelemente einer Produktfamilie in Abhängigkeit von der statistischen Verteilung des Prognosefehlers der Endproduktbedarfe dieser Produktfamilie festlegt.

Im Gegensatz zur klassischen Überplanungstechnik werden die Planbedarfe an Baukastenelementen jetzt nicht mehr pro Endprodukt isoliert, sondern pro Produktfamilie gemeinsam festgelegt. Bei der Überplanungstechnik tut man demgegenüber so, als hätten die Endprodukte einer Produktfamilie keine gleichen Baukastenelemente (Gleichteile), obwohl sie auf einem gemeinsamen Baukasten basieren. Ein wohl sehr starker Widerspruch!

Warum werden im vorgeschlagenen stochastischen Optimierungsmodell nicht alle Produktfamilien gemeinsam betrachtet? Die Antwort ist relativ einfach - aus Komplexitätsgründen.

Wie wir im weiteren Verlauf der Arbeit (im Abschnitt 2 und insbesondere im Abschnitt 4) noch sehen werden, ist im vorgeschlagenen stochastischen Optimierungsmodell, in dem wir nur eine Produktfamilie betrachten, unabhängig von der konkreten Zielfunktion und den konkreten Restriktionen bei praxisrelevanten Problemgrößen bereits keine optimale Lösung mehr ermittelbar. Als kleinen Vorgeschmack auf die mathematische Komplexität der im Abschnitt 4 entwickelten Modelle könnte der Leser versuchen, für das obige sehr kleine Beispiel mit zwei Endprodukten und drei Bauteilen die Wahrscheinlichkeit einer 100-%-igen Deckung beider Endproduktbedarfe zu berechnen. Es sei angemerkt, daß es hierzu nicht ausreichend ist, einfach die Bedarfsdeckungswahrscheinlichkeiten der drei Bauteile zu multiplizieren, denn zwischen den Bedarfen der Bauteilen gibt es stochastische Abhängigkeiten.

Weiters ist die isolierte Betrachtung einer Produktfamilie auch damit begründet bzw. gerechtfertigt, daß im Regelfall (bei gut durchdachter Produktfamilienbildung bzw. Konstruktion) die Anzahl der gemeinsamen Teile zwischen den Endprodukten einer Produktfamilie hoch und zwischen den Endprodukten von unterschiedlichen Produktfamilien gering ist.

1.4.2 Materialbedarfsplanung für den ATO-Typ II

Beim ATO-Typ II haben wir aufgrund der Variantenvielfalt keine Stückliste mehr für jedes theoretisch mögliche Endprodukt, sondern nur mehr eine Stückliste pro Produkttyp. Im Rahmen der programmgebundenen Bedarfsermittlung hat sich hier in Theorie und Praxis eine zweistufiges Vorgehen durchgesetzt, das in der englischsprachigen Literatur als "Two-Level Master Production Scheduling" bezeichnet (vgl. dazu etwa Landvater/Gray (1989) oder Wemmerlöv (1984)), von moderner PPS-Software (wie die entsprechenden Module von SAP R/3 oder BAAN IV), die auf dem MRP-II-Konzept beruht, unterstützt und meist mit der Überplanungstechnik kombiniert wird. Zuerst werden für die Produkttypen Bedarfsprognosen erstellt und Planbedarfe fixiert. Wie beim ATO-Typ I wird manchmal zuerst eine Prognose für die gesamte Produktfamilie erstellt, die dann später auf die Produkttypen heruntergebrochen wird. Im zweiten Schritt werden aus den Planbedarfen der Produkttypen die Planbedarfe der Baukastenelemente abgeleitet. Dazu reicht eine "normale" Stücklistenauflösung jedoch nicht mehr aus, weil ja nicht jedes Baukastenelement in der gleichen Menge in jedes Endprodukt vom betrachteten Produkttyp eingeht. Wir können in der Stückliste für einen Produkttyp als Mengenrelationen eigentlich nur mehr Durchschnittswerte angeben - z. B. kommt ein Bauteil X in einem Endprodukt vom Produkttyp Y im Durchschnitt 0,6 mal vor oder für ein Endprodukt vom Produkttyp Y werden im Durchschnitt 7 kg vom Rohmaterial Z benötigt. Diese Durchschnittswerte können aus Vergangenheitswerten mit Hilfe von Prognosemodellen berechnet oder einfach durch einen Disponenten geschätzt werden. In der Praxis findet man oft eine Kombination davon, d.h., daß von einem PPS-System aufgrund von Vergangenheitswerten ein Vorschlag für die Mengenrelationen erstellt wird, der vom Disponenten noch abgeändert werden kann. Es können somit zusätzliche Informationen einfließen, die in einem Prognosemodell nicht erfaßt werden können (z. B. Substitutionseffekte durch neue Baukastenelemente, Änderung gesetzlicher Vorschriften und dgl.). Man kann zu den geschätzten bzw. prognostizierten Durchschnittswerten (den erwarteten Werten) für die Mengenrelationen noch einen Sicherheitsaufschlag geben. Somit spricht man besser von Planwerten (Planwert = erwarteter Wert + Sicherheitsaufschlag) für die Mengenrelationen in der Stückliste. Solche Stücklisten mit Planwerten werden häufig als *Planungsstücklisten* bezeichnet. Aus den Planbedarfen der Produkttypen kann man nun in Verbindung mit den Planungsstücklisten die Planbedarfe für die Baukastenelemente errechnen.

Im Gegensatz zum ATO-Typ I ist bei einer ATO-Fertigung vom Typ II die MTS-Fertigung keine Alternative mehr. Zur Verdeutlichung wird nun ein kleines Beispiel angeführt.

Nehmen wir an, daß ein Unternehmen PC's herstellt, die aus sieben Hauptmodulen bestehen - Mainboard (10 Varianten), Prozessor (15 Varianten), Hauptspeicher (10 Varianten), Grafikkarte (5 Varianten), Festplatte (10 Varianten), Netzteil (2 Varianten) und Gehäuse (3 Varianten). Die monatlichen Absatzmengen betragen ca. 1000 Stück. Das Unternehmen montiert die PC's erst nach Vorliegen von konkreten Kundenaufträgen. Alle Hauptmodule und sonstigen Teile werden zugekauft. Da die Lieferzeit der Hauptmodule wesentlich länger ist als die vom Endkunden geforderte Lieferzeit, müssen die Hauptmodule erwartungsbezogen (aufgrund von Prognosen) beschafft werden. Die sonstigen Teile werden aufgrund des geringen Wertes mit Hilfe von Lagerhaltungsmodellen disponiert und bleiben daher außer Betracht. Abgesehen von den sonstigen Teilen hat der Produkttyp PC also 10 + 15 + 10 + 5 + 10+ 2 + 3 = 55 Baukastenelemente, aus denen sich 10 x 15 x 10 x 5 x 10 x 2 x 3 = 450.000 verschiedene Endprodukte montieren lassen, wenn die einzelnen Varianten aller Hauptmodule beliebig kombinierbar sind. Eine monatliche Prognose für 450.000 verschiedene Endprodukte durchzuführen, deren Gesamtabsatz 1000 Stück beträgt, wäre wohl ein sehr aufwendiges und völlig unzweckmäßiges Vorgehen. Auch der Aufwand für die Stücklistenerstellung wäre nicht gerade gering. Es kommt also nur eine ATO-Fertigung vom Typ II und keine ATO-Fertigung vom Typ I oder eine MTS-Fertigung in Frage (außer es sollen nur wenige Konfigurationen aus den 450.000 Möglichkeiten angeboten werden). Ausgehend von der Fixierung der Planbedarfe für den Produkttyp PC wird man also die Planbedarfe für die 55 Baukastenelemente mit Hilfe von Planungsstücklisten festlegen. Dies ist mit einem vergleichsweise geringen Aufwand verbunden. Natürlich könnte man neben der ATO-Fertigung vom Typ II für Konfigurationen, die immer wieder nachgefragt werden (Standardprodukte), auch eine MTS-Strategie verfolgen und versuchen, damit eine Kapazitätsglättung in der Montage zu bewirken.

Bisher hatten wir nur einen Produkttyp. Wenn sich jedoch im Laufe der Zeit herausstellt, daß man die verkauften PC's im wesentlichen in vier Klassen einteilen kann, weil sich die PC's innerhalb der Klasse nur geringfügig unterscheiden, jede PC-Klasse vielleicht auch unterschiedliche Kundensegmente anspricht (z. B. private Anwender, Schüler/Studenten, Firmenkunden und Power-User) und noch dazu durch eine unterschiedliche Absatzentwicklung gekennzeichnet ist (z. B. sehr große Absatzsteigerungen im Bereich Schüler/Studenten und dgl.), liegt es sehr nahe, diese vier Klassen plus evtl. einer Klasse "Diverse PC's" als eigene Produkttypen zu führen, dafür eigene Planungsstücklisten anzulegen und pro Produkttyp zu disponieren, um die Prognosequalität zu verbessern. Diese vier bzw. fünf Produkttypen bilden dann die Produktfamilie PC.

Wie wir in dem obigen Beispiel gesehen haben, gibt es abgesehen von der Beschränkung auf wenige der möglichen Varianten oft keine Alternative zur ATO-Fertigung vom Typ II. Es sei noch angemerkt, daß das angeführte Beispiel durchaus keinen Extremfall schildert. Rosenberg (1996) errechnete etwa aus einem Prospekt für einen PKW der Mittelklasse, „daß sich ein Käufer sein Auto aus theoretisch 8,9 Mrd. Varianten aussuchen kann".

Die bereits genannten Vorteile der ATO-Fertigung vom Typ I im Vergleich zu einer MTS-Fertigung (Vorteile des Baukastensystems, spätere Kapitalbindung bei den kundenauftragsbezogenen Wertschöpfungsstufen, größere Flexibilität und geringeres Risiko der Nichtverwertbarkeit bei den Lagerbeständen, Sicherheitsbestände auf Bauteil- und nicht auf Endproduktebene) und die Ausführungen zur Prognose und Festlegung der Sicherheitsbestände beim ATO-Typ I gelten bei der ATO-Fertigung vom Typ II analog.

In Analogie zum ATO-Typ I sollte also beim ATO-Typ II die relative Sicherheitsmenge eines Bauteils davon abhängig sein, ob dieser in viele oder wenige Produkttypen einer Produktfamilie eingeht. Ein stochastisches Optimierungsmodell, das die Planbedarfe und damit auch die Sicherheitsmengen der Bauteile einer Produktfamilie festlegt, ist für den ATO-Typ II jedoch noch komplexer, weil neben den Produkttypenbedarfen auch die Mengenrelationen in der Planungsstückliste keine deterministischen Größen, sondern vielmehr stochastischer Natur sind. Somit wird wie beim ATO-Typ I auch beim ATO-Typ II das Auffinden einer optimalen Lösung für praxisrelevante Problemgrößen nicht möglich sein.

Zwischen dem ATO-Typ I und II gibt es einen wichtigen Zusammenhang, den man auf den ersten Blick vielleicht nicht erkennt. Um diesen Zusammenhang herzuleiten bzw. besser erklären zu können, klassifizieren wir die Baukastenelemente eines Produkttyps einer ATO-II-Fertigung folgendermaßen:

- *Standardbauteile* werden für jedes Endprodukt eines Produkttyps in der gleichen Menge benötigt.
- Ein Baukastenelement wird als *Bauteilvariante* bezeichnet, wenn es zu einer Menge von Elementen gehört, aus der für jedes Endprodukt eines Produkttyps genau ein Element ausgewählt werden muß.
- Ein Baukastenelement wird als *optionales Bauteil* bezeichnet, wenn es zu einer Menge von Elementen gehört, aus der für jedes Endprodukt eines Produkttyps genau ein Element oder keines ausgewählt werden muß.

In der Literatur findet man eine Vielzahl von unterschiedlichen, aber meist sehr ähnlichen Klassifizierungen. So könnte man die Standardbauteile und Bauteilvarianten auch als Ausprägungen eines obligatorischen Merkmals und die optionalen Bauteile als Ausprägungen eines optionalen Merkmals eines Produkttyps betrachten (vgl. Rosenberg, 1996). Zum Unterschied zu den Bauteilvarianten gibt es bei den Standardbauteilen eben nur eine Merkmalsausprägung.

Im obigen PC-Beispiel hatten wir bei den sieben Hauptmodulen vorerst nur Bauteilvarianten. Beispiele für Standardbauteile wären etwa Netzkabel, Diskettenlaufwerk und dgl., für optionale Bauteile CD-ROM-, ZIP-Laufwerk usw. Wenn wir jedoch mehrere Produkttypen innerhalb der Produktfamilie PC differenzieren, können die ursprünglichen Bauteilvarianten zu Standardbauteilen werden - z. B. wenn der Produkttyp Schüler/Studenten-PC immer das gleiche Mainboard und den gleichen Prozessor aufweist.

Wenn bei einer ATO-Fertigung vom Typ II die Standardbauteile nun den wertmäßigen Hauptanteil stellen, könnte man die stochastischen Optimierungsmodelle für den ATO-Typ I als Näherung verwenden, indem man die Produkttypen mit ihren Standardbauteilen als Endprodukte betrachtet und die Planbedarfe für die Bauteilvarianten und optionalen Bauteile außerhalb des Optimierungsmodells fixiert (z. B. mit Lagerhaltungsmodellen oder mit der Überplanungstechnik in Verbindung mit einer relativ hohen Sicherheitsmenge).

Genaugenommen ist der ATO-Typ I ja nur ein Spezialfall vom ATO-Typ II, bei dem es nur Standardbauteile gibt und somit die Produkttypen zu Endprodukten werden, die durch ihre Stückliste genau definiert sind.

1.5 Betrachtetes Planungsproblem und Ziele der Arbeit

Aus den bisherigen Ausführungen kann man entnehmen, daß im Mittelpunkt der Arbeit ein Planungsproblem bzw. Entscheidungsproblem steht, das man als "Bestimmung der Planbedarfe der Baukastenelemente einer Produktfamilie bei einer ATO-Fertigung unter Berücksichtigung von Bedarfsunsicherheiten und der positiven Effekte von Gleichteilen" umschreiben kann. Dieses Planungsproblem wird im folgenden oft als "unser Planungsproblem" bezeichnet. Zu beachten ist, daß unser Planungsproblem nur ein relativ kleines (wenn auch sehr bedeutendes) Teilproblem der gesamten Materialbedarfsplanung einer ATO-Fertigung darstellt - dies wird uns vor allem in den Abschnitten 2 und 3 bewußt werden.

Wie bereits erwähnt, wollen wir unser Planungsproblem mit stochastischen Optimierungsmodellen unterstützen, die die Planbedarfe und damit die Sicherheitsmengen der Baukastenelemente einer Produktfamilie in Abhängigkeit von der statistischen Verteilung des Prognosefehlers der Endproduktbedarfe bzw. Produkttypen dieser Produktfamilie festlegen. Weiters haben wir gesagt, daß für solche Modelle aufgrund ihrer mathematischen Komplexität keine optimalen Lösungen ermittelt werden können. Wenn man für solche stochastischen Optimierungsmodelle schon kein theoretisches Optimum ermitteln kann, dann wollen wir zumindest möglichst gute Lösungen ermitteln.

Das Hauptziel der vorliegenden Arbeit ist deshalb die Entwicklung von solchen stochastischen Optimierungsmodellen und die Entwicklung von Näherungsverfahren (Heuristiken) zur Ermittlung von möglichst guten Lösungen für diese Modelle. Weiters soll die Effizienz der entwickelten Heuristiken unter unterschiedlichen Rahmenbedingungen (Unsicherheit der Bedarfsprognosen, Art der Zielfunktion und dgl.) untersucht werden.

Bei der Entwicklung der oben genannten Modelle und Heuristiken beschränken wir uns auf den ATO-Typ I - "Rom wurde auch nicht an einem Tag erbaut". Eine genaue Betrachtung vom ATO-Typ II würde den Umfang der Arbeit sprengen. Außerdem kann man, wie bereits gesagt, unter gewissen Voraussetzungen (Standardbauteile stellen den wertmäßigen Hauptanteil) Modelle bzw. Heuristiken für den ATO-Typ I auch als Näherung für den ATO-Typ II einsetzen.

Weil wir insb. bei praxisrelevanten Problemgrößen kein theoretisches Optimum für unsere Modelle ermitteln können, müssen wir uns mit dem Vergleich der Heuristiken untereinander und dem Vergleich mit dem Ergebnis der Überplanungstechnik begnügen.

Es sei bereits hier kurz angemerkt, daß es bei praxisrelevanten Problemgrößen im Rahmen der entwickelten Modelle nicht einmal für bestimmte Werte für die Planbedarfe der Baukastenelemente möglich ist, den Wert der Zielfunktion des Optimierungsmodells exakt zu bestimmen oder auch nur numerisch (mit einem vertretbaren Zeitaufwand) zu approximieren! Die einzige praktikable Möglichkeit besteht in der Schätzung der Zielfunktionswerte aufgrund einer Stichprobe, die man mit Hilfe der Simulation der Zufallsvariablen für die Endproduktbedarfe erhält. Wenn in der Arbeit von Simulation die Rede ist, dann ist damit immer die Simulation von Zufallsvariablen zur Schätzung des Zielfunktionswertes gemeint und nicht die Analyse des Verhaltens eines Systems im Zeitablauf.

1.6 Der aktuelle Stand der Forschung im Überblick

Wie bereits gesagt, liegt es nahe anzunehmen, daß man bei Baukastenelementen, die in viele Endprodukte bzw. Produkttypen einer Produktfamilie eingehen, mit weniger relativem Sicherheitsbestand auskommt. Im Gegensatz zu den vorhin vorgeschlagenen stochastischen Optimierungsmodellen wird diesem Umstand in der Praxis im Rahmen der programmgebundenen Bedarfsermittlung kaum Rechnung getragen. Bei der Überplanungstechnik wird nach der Festlegung der Planbedarfe (=erwarteter Bedarf + Sicherheitsmenge) für die Endprodukte bzw. Produkttypen einfach so getan, als ob es sich um deterministische Werte handeln würde, und eine Bedarfsauflösung mit Stücklisten bzw. Planungsstücklisten gemacht. Bei der Festlegung der Planbedarfe bzw. Sicherheitsmengen der Baukastenelemente mit der Überplanungstechnik tut man also so, als hätten die Endprodukte bzw. Produkttypen einer Produktfamilie keine gleichen Baukastenelemente, obwohl sie auf einem gemeinsamen Baukasten basieren. Ein wohl sehr starker Widerspruch, der dazu führt, daß die positiven Effekte von Gleichteilen in bezug auf Sicherheitsbestände nicht genutzt werden können. Dem Praktiker kann man jedoch daraus keinen "Vorwurf" machen, denn er muß sich mehr oder minder mit den in der PPS-Software implementierten Methoden abfinden, seine Aufgabe kann es nicht sein, "stochastische Bedarfsermittlungsmethoden" zu erfinden und softwaremäßig umzusetzen. Hier ist vielmehr die Wissenschaft gefordert.

Unser Planungsproblem bzw. die vorgeschlagenen stochastischen Optimierungsmodelle zur Unterstützung desselben behandelt bzw. behandeln einen Aspekt eines wissenschaftlichen Spezialgebietes, das man als Gleichteileproblematik bzw. Gleichteileproblem bezeichnen könnte. Dieses Spezialgebiet beschäftigt sich, wie dessen Bezeichnung schon vermuten läßt, mit den Auswirkungen von Gleichteilen, d.h. wie wirkt es sich aus (z. B. auf den Sicherheitsbestand, Lieferbereitschaftsgrad, die Entwicklungs- und Produktionskosten und dgl.), wenn ein Teil (ein Baukastenelement) in mehrere Endprodukte bzw. Produkttypen eingeht. In der englischsprachigen Literatur findet man unter Begriffen wie "part commonality", "component commonality", "common parts", "commonality problem" und dgl. Veröffentlichungen zum Gleichteileproblem. Meistens wird mit relativ kleinen Modellen die Wirkungsweise von Gleichteilen unter unterschiedlichen Aspekten untersucht. Arbeiten über Methoden zur Unterstützung unseres Planungsproblems, die bei praxisrelevanten Problemgrößen einsetzbar sind, findet man jedoch kaum. Die vorliegende Arbeit soll ein Schritt in diese Richtung sein.

Lingnau (1994; S. 2) vertritt die Ansicht, daß die Beschäftigung mit dem Problem der Variantenvielfalt aus produktionsplanerischer Sicht im Gegensatz zur produktionstechnisch orientierten Sichtweise erst im Anfang begriffen ist. Dies könnte man als Bestätigung der in dieser Arbeit vertretenen Meinung betrachten, daß ein Forschungsdefizit im Bereich Materialbedarfsplanung bei einer ATO-Fertigung bzw. im Bereich unseres Planungsproblems vorliegt, weil ja die Materialbedarfsplanung bzw. unser Planungsproblem ein wesentlicher Teil der Produktionsplanung ist.

In Abschnitt 2 erfolgt eine wesentlich umfangreichere Betrachtung des aktuellen Standes der Forschung zum betrachteten Planungsproblem.

1.7 Bemerkungen

Bevor wir die Problemstellung, Ziele und Inhalte der Arbeit zusammenfassen, werden noch einige Bemerkungen zu den bisherigen Ausführungen gemacht.

Zur Darstellung der Produktstruktur beim ATO-Typ II gibt es schon wesentlich leistungsfähigere Konzepte wie einfache Maximalstücklisten. Der aktuelle Stand der Technik sind hier sogenannte Varianten- oder Produktkonfiguratoren (vgl. dazu etwa Arnold, 1996; S. 110ff).

Man verwendet zur Prognoseerstellung manchmal mehr als zwei Hierarchieebenen, d.h. man zieht noch zusätzliche Ebenen zwischen Produktfamilien und Endprodukten bzw. Produkttypen ein.

Die Festlegung der Produktstruktur und der Produkttypen bzw. der gesamten Produkthierarchie ist ein schwieriges Problem, insbesondere weil sie sehr viele betriebliche Teilbereiche betrifft (vgl. Erens/Verhulst, 1997). Sie beeinflußt nicht nur die Prognosequalität (operative Produktionsplanung), sondern auch die Arbeit in Konstruktion, Arbeitsvorbereitung, Vertrieb usw. Die Anforderungen der einzelnen Bereiche sind meist nicht leicht "unter einen Hut" zu bringen, weil sie sich auch widersprechen können. Manchmal werden für die einzelnen Aufgabenbereiche auch unterschiedliche Produktstrukturen und Produkttypen bzw. Produkthierarchien verwendet. Dies ist mit einem mehrfachen Aufwand zur Datenverwaltung verbunden und die redundante Datenhaltung kann leicht zu Konsistenzproblemen führen.

Wir haben mehrmals gesagt, daß es naheliegt anzunehmen, daß man bei Baukastenelementen, die in viele Endprodukte einer Produktfamilie eingehen, mit weniger relativem Sicherheitsbestand auskommt. Genaugenommen muß dies nicht immer stimmen, sondern hängt auch von den verfolgten Zielen und der Kostenstruktur ab (vgl. Gerchak et al., 1988) - dies werden wir im weiteren Verlauf der Arbeit (Abschnitt 2.4.1) noch sehen.

1.8 Zusammenfassung

Es folgt eine Zusammenfassung der Problemstellung, Ziele und Inhalte der vorliegenden Arbeit.

Wir beschränken uns also auf die Betrachtung der Materialbedarfsplanung von Sachleistungsbetrieben, die durch folgende Merkmale charakterisiert sind:

- Es werden mehrere Endprodukte hergestellt, die aus vielen unterschiedlichen Komponenten (Baugruppen, Teile oder Rohmaterialien) bestehen.
- Die Konstruktion der Endprodukte basiert auf dem Prinzip der Modularisierung (Baukastenprinzip). Mit einer möglichst geringen Anzahl standardisierter, untereinander kompatibler Bauteile kann eine Vielzahl von unterschiedlichen Endproduktvarianten hergestellt werden.
- Die Variantenvielfalt entsteht also durch die unterschiedliche Kombination der Einzelteile zu Baugruppen und durch unterschiedliche Kombination von Einzelteilen und Baugruppen zu Endprodukten.
- Die Montage der Endprodukte und evtl. Teile der Vormontage und Teilefertigung wird durch Kundenaufträge ausgelöst. Der Großteil der Materialbeschaffung und Teilefertigung erfolgt jedoch aufgrund von Prognosen, weil die Wiederbeschaffungszeiten und Fertigungsdurchlaufzeiten meist ein Vielfaches der Lieferzeit, die die Kunden einräumen, betragen.

Die obige Fertigungssituation bezeichnen wir als *"kundenauftragsbezogene Montage"* bzw. *"assemble-to-order"-Fertigung (ATO-Fertigung).* Wir unterscheiden zwei Grundtypen der ATO-Fertigung:

- Beim *ATO-Typ I* werden *standardisierte Endprodukte* gefertigt, die durch ihre Stückliste genau definiert sind. Teilmengen dieser standardisierten Endprodukte, die jeweils auf einem gemeinsamen Baukasten basieren, werden als *Produktfamilie* bezeichnet. Die Anzahl der Varianten ist bzw. kann in diesem Fall nur relativ gering sein.

- Beim *ATO-Typ II* ist die Anzahl der Varianten so hoch, daß es nicht möglich bzw. sinnvoll ist, für alle theoretisch möglichen Endprodukte eine Stückliste im voraus anzufertigen. Statt dessen wird nur eine (Maximal-)Stückliste pro Produkttyp geführt. Ein *Produkttyp* umfaßt die Menge aller Endprodukte, die sich aus der Kombination von Komponenten des zugehörigen Baukastens ergibt. Zu jedem Produkttyp gibt es also einen Baukasten und eine Maximalstückliste, die alle Baukastenelemente anführt. Eine Menge von Produkttypen mit ähnlichen Baukästen (mit vielen gleichen Baukastenelementen) wird als *Produktfamilie* bezeichnet. Man könnte auch sagen, daß eine Klasse von ähnlichen Endprodukten einen Produkttyp bildet und eine Klasse von ähnlichen Produkttypen eine Produktfamilie.

Für die Materialbedarfsplanung wird meist die *Überplanungstechnik* eingesetzt, bei der sich die Planbedarfe der Endprodukte bzw. Produkttypen durch eine Erhöhung der Bedarfsprognose (der erwarteten Bedarfe) um eine Sicherheitsmenge (Überplanungsmenge) ergeben. Die Planbedarfe und damit auch die Sicherheitsmengen der Baukastenelemente einer Produktfamilie und der in diese Baukastenelemente eingehenden Materialien ergeben sich automatisch durch die Stücklistenauflösung. Der Nachteil dieser Planungstechnik ist jedoch, daß die relative Sicherheitsmenge der Baukastenelemente unabhängig davon ist, ob diese in viele oder wenige Endprodukte bzw. Produkttypen einer Produktfamilie eingehen. Es liegt jedoch nahe anzunehmen, daß man bei Baukastenelementen, die in viele Endprodukte bzw. Produkttypen einer Produktfamilie eingehen (sogenannte Gleichteile), mit weniger relativem Sicherheitsbestand auskommt. Bei der Überplanungstechnik tut man demgegenüber so, als hätten die Endprodukte bzw. Produkttypen einer Produktfamilie keine gleichen Baukastenelementen (Gleichteile), obwohl sie auf einem gemeinsamen Baukasten bzw. ähnlichen Baukästen basieren. Dies führt dazu, daß die positiven Effekte von Gleichteilen in bezug auf Sicherheitsbestände nicht genutzt werden können.

Eine bessere Lösung würde ein stochastisches Optimierungsmodell bringen, das die Planbedarfe und damit die Sicherheitsmengen der Baukastenelemente einer Produktfamilie in Abhängigkeit von der statistischen Verteilung des Prognosefehlers der Endproduktbedarfe bzw. Produkttypenbedarfe dieser Produktfamilie festlegt. Unabhängig von der konkreten Zielfunktion und den konkreten Restriktionen sind optimale Lösungen für solche stochastischen Optimierungsmodelle für praxisrelevante Problemgrößen leider nicht ermittelbar.

Im Gegensatz zur klassischen Überplanungstechnik werden im vorgeschlagenen stochastischen Optimierungsmodell die Planbedarfe an Baukastenelemente nicht mehr pro Endprodukt bzw. Produkttyp isoliert, sondern pro Produktfamilie gemeinsam festgelegt. Aus Komplexitätsgründen wird jede Produktfamilie getrennt betrachtet. Diese Vereinfachung ist auch darin begründet bzw. gerechtfertigt, daß im Regelfall (bei gut durchdachter Produktfamilienbildung bzw. Konstruktion) die Anzahl der gemeinsamen Baukastenelemente (Gleichteile) zwischen den Endprodukten bzw. Produkttypen einer Produktfamilie hoch und zwischen den Endprodukten bzw. Produkttypen von unterschiedlichen Produktfamilien gering ist.

Aus den obigen Ausführungen kann man entnehmen, daß im Mittelpunkt der Arbeit ein Planungsproblem bzw. Entscheidungsproblem steht, das man als "Bestimmung der Planbedarfe der Baukastenelemente einer Produktfamilie bei einer ATO-Fertigung unter Berücksichtigung von Bedarfsunsicherheiten und der positiven Effekte von Gleichteilen" umschreiben kann. Dieses Planungsproblem wird im folgenden oft als "unser Planungsproblem" bezeichnet. Zu beachten ist, daß unser Planungsproblem nur ein relativ kleines (wenn auch sehr bedeutendes) Teilproblem der gesamten Materialbedarfsplanung einer ATO-Fertigung darstellt.

Weil die vorgeschlagenen stochastischen Optimierungsmodelle zur Unterstützung unseres Planungsproblems nicht optimal gelöst werden können, wollen wir zumindest möglichst gute Lösungen ermitteln.

Das Hauptziel der vorliegenden Arbeit ist deshalb die Entwicklung von stochastischen Optimierungsmodellen zur Bestimmung der Planbedarfe und damit der Sicherheitsmengen der Baukastenelemente einer Produktfamilie in Abhängigkeit von der statistischen Verteilung des Prognosefehlers der Endproduktbedarfe bzw. Produkttypenbedarfe dieser Produktfamilie und die Entwicklung von Näherungsverfahren (Heuristiken) zur Ermittlung von möglichst guten Lösungen für diese Modelle. Weiters soll die Effizienz der entwickelten Heuristiken unter unterschiedlichen Rahmenbedingungen (Unsicherheit der Bedarfsprognosen, Art der Zielfunktion und dgl.) untersucht werden.

Bei der Entwicklung der oben genannten Modelle und Heuristiken beschränken wir uns auf den ATO-Typ I. Unter gewissen Voraussetzungen (Standardbauteile stellen den wertmäßigen Hauptanteil) können die Modelle bzw. Heuristiken für den ATO-Typ I auch als Näherung für den ATO-Typ II eingesetzt werden. Weil wir kein theoretisches Optimum für unsere Modelle ermitteln können, müssen wir uns mit dem Vergleich der Heuristiken untereinander und dem Vergleich mit dem Ergebnis der Überplanungstechnik begnügen. Weil der mit den Heuristiken erreichte Zielfunktionswert bei praxisrelevanten Problemgrößen weder exakt bestimmt noch numerisch (mit einem vertretbaren Zeitaufwand) approximiert werden kann, müssen die Zielfunktionswerte auf Basis einer Stichprobe geschätzt werden, die man mit Hilfe der Simulation der Zufallsvariablen für die Endproduktbedarfe erhält. Wenn in der Arbeit von Simulation die Rede ist, dann ist damit immer die Simulation von Zufallsvariablen zur Schätzung des Zielfunktionswertes gemeint und nicht die Analyse des Verhaltens eines Systems im Zeitablauf.

Unser Planungsproblem bzw. die vorgeschlagenen stochastischen Optimierungsmodelle zur Unterstützung desselben behandelt bzw. behandeln einen Aspekt eines wissenschaftlichen Spezialgebietes, das man als Gleichteileproblematik bzw. Gleichteileproblem bezeichnen könnte. Meistens wird mit relativ kleinen Modellen die Wirkungsweise von Gleichteilen unter unterschiedlichen Aspekten untersucht. Arbeiten über Methoden zur Unterstützung unseres Planungsproblems, die bei praxisrelevanten Problemgrößen einsetzbar sind, findet man jedoch kaum. Die vorliegende Arbeit soll ein Schritt in diese Richtung sein.

Die Praxistauglichkeit der von uns entwickelten Heuristiken liegt uns also besonders am Herzen. Die Arbeit kann somit auch als ein Versuch gesehen werden, die vielzitierte Diskrepanz (vgl. dazu etwa Fleischmann (1988, S. 347) oder Kurbel (1998, S. 45)) zwischen der großen Anzahl von Modellen und Verfahren, die die Unternehmensforschung (das Operations Research) innerhalb der Betriebswirtschaftslehre und speziell der Produktionswirtschaft hervorgebracht haben, und deren sehr bescheidenen Verbreitung in der Praxis (speziell in der PPS-Software) um ein (wenn auch sehr kleines) Stück zu verkleinern.

1.9 Vorgehensweise und Gliederung der Arbeit

Um sicherzustellen, daß "das Rad nicht neu erfunden wird", wurde eine Literaturstudie zur Materialbedarfsplanung bei einer ATO-Fertigung bzw. zu unserem Planungsproblem ("Bestimmung der Planbedarfe der Baukastenelemente einer Produktfamilie bei einer ATO-Fertigung unter Berücksichtigung von Bedarfsunsicherheiten und der positiven Effekte von Gleichteilen") durchgeführt. In Abschnitt 2 sind die wesentlichen Ergebnisse dieser Literaturstudie dokumentiert, die uns zeigen, inwieweit bereits bekannte Konzepte, Modelle oder Methoden zur Unterstützung der Materialbedarfsplanung einer ATO-Fertigung bzw. unseres Planungsproblems geeignet sind, und auch einen wesentlichen Input für unsere Neu- bzw. Weiterentwicklungen darstellten.

Zur Verdeutlichung der Problematik der ATO-Fertigung, Abschätzung der Problemgrößen, die mit den entwickelten Optimierungsmodellen bzw. Heuristiken im Praxisbetrieb bewältigt werden müssen, und zum Test der Heuristiken wurde eine Fallstudie in einem österreichischen Industriebetrieb durchgeführt, auf die während der Arbeit immer wieder Bezug genommen wird. In Abschnitt 3 ist der erste Teil der Fallstudie dokumentiert, in dem nach einem Überblick zum Unternehmen bzw. Unternehmensumfeld die Produktstruktur, das Produktions- und Logistiksystem und das gesamte operative Produktionsplanungs- und Steuerungssystem des betrachteten Industriebetriebs dargestellt ist. Der zweite und dritte Teil der Fallstudie, in dem die entwickelten Heuristiken aufgrund der realen Daten einer ausgewählten Produktfamilie des betrachteten Unternehmens getestet werden, findet sich in Abschnitt 4.

Die Entwicklung der stochastischen Optimierungsmodelle zur Unterstützung unseres Planungsproblems und die Entwicklung und der Test von Näherungsverfahren (Heuristiken) zur Ermittlung von möglichst guten Lösungen für diese Modelle stellt den Mittelpunkt der Arbeit dar und ist in Abschnitt 4 dokumentiert. Nach der Präzisierung unseres Planungs- bzw. Entscheidungsproblems, werden die grundlegenden Prämissen der entwickelten Modelle erläutert und begründet. Es werden zwei Optimierungsmodelle entwickelt, die sich durch ihre Zielfunktion unterscheiden. Für jedes Optimierungsmodell wird ein mathematisches Modell aufgestellt und nach einer Betrachtung von dessen Lösbarkeit werden Heuristiken zur Ermittlung von möglichst guten Lösungen entwickelt. Die entwickelten Heuristiken werden untereinander und mit der Überplanungstechnik anhand realer Betriebsdaten (im zweiten und dritten Teil der Fallstudie) mit Hilfe der Simulation verglichen.

Im Abschnitt 5 werden die Erkenntnisse aus den Simulationsexperimenten zusammengefaßt und zukünftige Forschungsfelder aufgezeigt.

Für den Vergleich der Heuristiken wurde in der Programmiersprache C eine Simulationsumgebung unter Einbindung von mathematischen Bibliotheken (wie z.B. NAG-C-Library) entwickelt, die als OSATO-I bezeichnet wurde. Die prinzipielle Arbeitsweise von OSATO-I wird in Abschnitt 4.3.4.1 erläutert, eine genaue Beschreibung des Ein- und Ausgabeformates von OSATO-I erfolgt im Anhang (Abschnitt 6.1).

Weiters sei nochmals hervorgehoben, daß wir im Hauptteil der Arbeit, der sich mit den entwickelten Modellen und Heuristiken beschäftigt (Abschnitt 4), nur unser Planungsproblem im Falle einer ATO-I-Fertigung betrachten, während wir in den Abschnitten 2 und 3 die Betrachtungsweise nicht so sehr eingrenzen, d.h. auch andere als die in unserem Planungsproblem betrachteten Teilaspekte der Materialbedarfsplanung behandeln und auch den ATO-Typ II berücksichtigen.

Die Arbeit ist so aufgebaut, daß Abschnitt 4 auch ohne Kenntnis der Abschnitte 2 und 3 verständlich ist - der besonders ungeduldige Leser könnte also gleich mit Abschnitt 4 fortsetzen. Dafür war die Einführung etwas umfangreicher und es wurde die eine oder andere Wiederholung kurzer Passagen in Kauf genommen.

2 Bekannte Ansätze zur Materialbedarfsplanung

Die Materialbedarfsplanung für eine ATO-Fertigung bzw. unser in der Einführung enger abgegrenztes Planungsproblem ("Bestimmung der Planbedarfe der Baukastenelemente einer Produktfamilie bei einer ATO-Fertigung unter Berücksichtigung von Bedarfsunsicherheiten und der positiven Effekte von Gleichteilen"), das im Mittelpunkt dieser Arbeit steht, ist ein Teilproblem der Produktionsplanung und -steuerung, die heutzutage fast ausschließlich mit Hilfe von speziellen Softwaresystemen erfolgt, die als PPS-Software bezeichnet werden. PPS steht für **P**roduktions**p**lanung und -**s**teuerung. PPS-Software, die dem "State of the Art" entspricht (wie z.B. die entsprechenden Module von SAP R/3 oder BAAN IV), beruht im wesentlichen auf dem MRPII-Konzept. Daher liegt es nahe uns anzusehen, wie unser Planungsproblem in diesem Konzept gelöst wird bzw. inwieweit sich die vorgeschlagenen stochastischen Modelle in dieses Konzept integrieren lassen.

2.1 Das klassische MRPII-Konzept

Das Kürzel MRPII steht für Manufacturing Resource Planning und ist vom Begriff MRP (Material Requirements Planning) zu unterscheiden. Das MRPII-Konzept wurde in den U.S.A. gestaltet und zeichnet sich insbesondere durch eine Einbeziehung der gesamten logistischen Kette vom Vertrieb bis zur Beschaffung und einer parallelen Planung von Material und Kapazitäten auf mehreren Planungsebenen aus, die in einer hierarchischen Beziehung zueinander stehen und mittels Aggregation und Disaggregation integriert werden (vgl. Heinrich, 1989).

Abbildung 2.1 zeigt die Grundstruktur, Planungsebenen bzw. den Modulaufbau einer modernen, auf dem MRPII-Konzept beruhenden, PPS-Software.

Für eine ausführliche Beschreibung des MRPII-Konzepts sei etwa auf Wight (1984), Landvater/Gray (1989) oder Vollmann et al. (1997) verwiesen. Eine sehr kompakte Darstellung der Entwicklung der PPS-Konzepte bis hin zum MRPII-Konzept und deren Schwachpunkte findet man etwa in Missbauer (1998, S. 11ff).

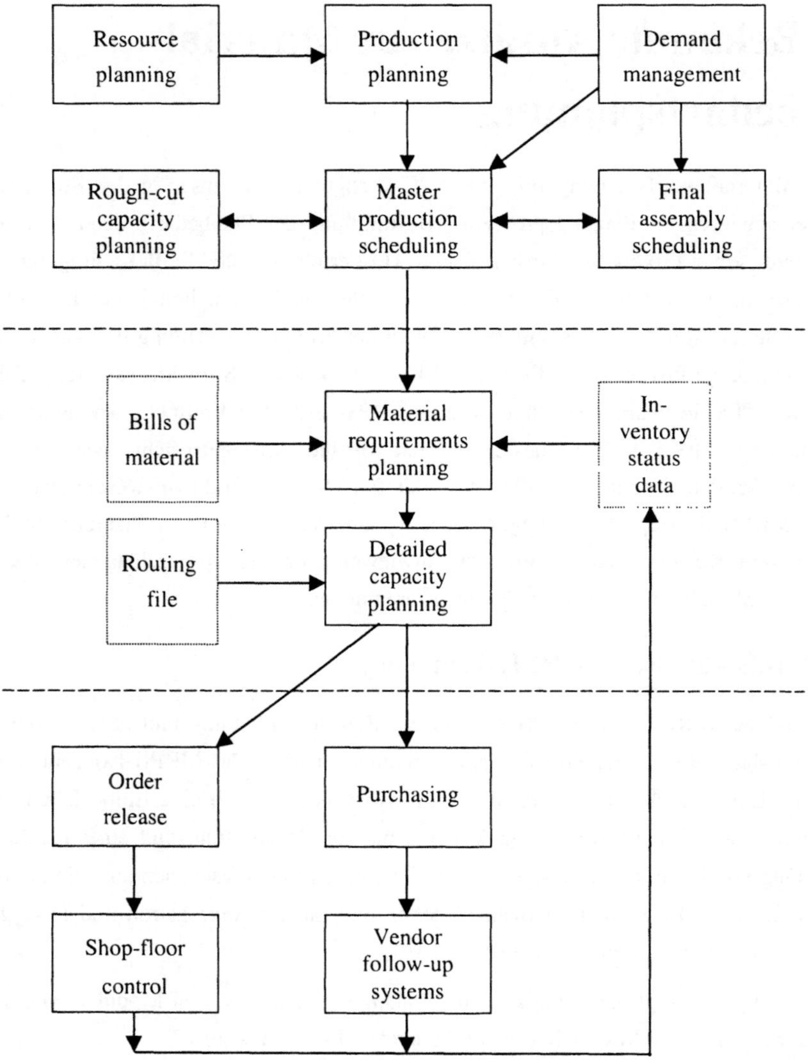

Abbildung 2.1: Grundstruktur (Modulaufbau) einer MRPII-Software (angelehnt an Vollmann et al., 1988; S.35)

Der Begriff MRP wird oft sehr unterschiedlich verwendet - z.B.

(1) als Bezeichnung für ein spezielles Modul des MRPII-Konzepts (siehe Abbildung 2.1),

(2) zur Bezeichnung des Vorgängerkonzeptes von MRPII, in dem im Gegensatz zur weitgehend parallelen Betrachtung von Material und Kapazitäten im MRPII-Konzept die Steuerung des Materialflusses im Vordergrund steht,

(3) oder auch als Oberbegriff für PPS-Konzepte, die auf der programmgebundenen Bedarfsermittlung basieren, und der damit das MRP-Konzept und auch das MRPII-Konzept inkludiert.

Um Verwirrungen vorzubeugen, sprechen wir deshalb im Folgenden im Fall (1) vom MRP-Modul und im Fall (2) vom MRP-Konzept. MRP-Software ist für uns ein auf dem MRP-Konzept beruhendes Softwarepaket. Im Fall (3) schreiben wir einfach MRP/MRPII-Konzepte oder MRP(II)-Konzepte.

2.1.1 Einordnung unseres Planungsproblems

Als erstes wollen wir versuchen, unser Planungsproblem in das MRPII-Konzept einzuordnen. Das MRPII-Konzept beruht auf einer programmgebundenen Bedarfsermittlung, und daher werden zur Unterstützung bzw. Lösung unseres Planungsproblems unabhängig davon, welcher Typ der ATO-Fertigung vorliegt, ausgehend von einer Prognose der Bedarfsmengen der Endprodukte bzw. Produkttypen einer Produktfamilie die Planbedarfe (=erwarteter Bedarf + Sicherheitsmenge) der Baukastenelemente für diese Produktfamilie festgelegt.

Bei einer ATO-I-Fertigung wird im Falle der Anwendung der Überplanungstechnik die Bestimmung der Planbedarfe der Baukastenelemente eindeutig dem Modul "Material requirements planning" (MRP-Modul) zuzuordnen sein, weil sie mit Hilfe der Stücklisten der Endprodukte direkt von den Planbedarfen der Endprodukte berechnet werden können und dies dem Grundprinzip des MRP-Moduls entspricht. Ausgehend von einer Festlegung der Planbedarfe der Endprodukte im Rahmen des "Master Production Scheduling" (MPS) erfolgt also in diesem Fall die Bestimmung der Planbedarfe der Baukastenelemente im MRP-Modul. Bei der Anwendung eines stochastischen Optimierungsmodells für unser Planungsproblem geht die "deterministische Beziehung" zwischen Planbedarfen der Endprodukte und Planbedarfen der Baukastenelemente verloren und daher kann das MRP-Modul nicht zur Lösung unseres Planungsproblems verwendet werden. Vielmehr verlagert sich die Lösung unseres Planungsproblems in das MPS-Modul. Ausgehend von einer Prognose der Bedarfsmengen der Endprodukte im Modul "Demand Management" werden im Modul MPS die Planbedarfe der Baukastenelemente mit einem stochastischen Optimierungsmodell festgelegt. Im Gegensatz zur Überplanungstechnik stellen jetzt nicht mehr die Planbedarfe der Endprodukte, sondern die Planbedarfe der Baukastenelemente den "Master Production Schedule" (das Hauptproduktionsprogramm) dar, der (das) den Ausgangspunkt für die weiteren deterministischen Berechnungen im MRP-Modul bildet.

Bei einer ATO-II-Fertigung haben wir aufgrund der Variantenvielfalt keine Stückliste mehr für jedes theoretisch mögliche Endprodukt, sondern nur mehr eine Planungsstückliste pro Produkttyp. Für die Bestimmung der Planbedarfe der Baukastenelemente hat sich hier in Theorie und Praxis ein zweistufiges Vorgehen durchgesetzt, das in der englischsprachigen Literatur als "Two-Level Master Production Scheduling" bezeichnet (vgl. dazu etwa Landvater/Gray (1989) oder Wemmerlöv (1984)), meist mit der Überplanungstechnik kombiniert und - wie der Name schon sagt - dem MPS-Modul zugeordnet wird. Ausgehend von einer Prognose der Bedarfsmengen der Produkttypen im Modul "Demand Management" werden im MPS-Modul in der ersten Planungsstufe die Planbedarfe für die Produkttypen (="Master Production Schedule" der Produkttypen) festgelegt. In der zweiten Planungsstufe werden im MPS-Modul auf Basis der Ergebnisse der ersten Planungsstufe und der Planungsstücklisten die Planbedarfe der Baukastenelemente (="Master Production Schedule" der Baukastenelemente) bestimmt, die wiederum den Ausgangspunkt für die weiteren deterministischen Berechnungen im MRP-Modul bilden. Bei der Anwendung eines stochastischen Optimierungsmodells für unser Planungsproblem ändert sich an der Zuordnung zum MPS-Modul nichts - die im MPS-Modul (zwar mit einer anderen Methode) ermittelten Planbedarfe der Baukastenelemente sind Ausgangspunkt für die deterministischen Berechnungen im MRP-Modul.

Obwohl die vorgeschlagenen stochastischen Optimierungsmodelle zur Lösung unseres Planungsproblems im Rahmen des MRPII-Konzepts am besten ins MPS-Modul passen, wurde im Titel der Arbeit der Begriff Materialbedarfsplanung und nicht der Begriff Hauptproduktionsprogrammplanung bzw. "Master Production Scheduling" gewählt, weil es in der Arbeit vorwiegend um die Bestimmung der Planbedarfe der Baukastenelemente geht, also um die Materialbedarfsplanung für die Endprodukte bzw. Produkttypen. Die Verwendung des Begriffs Hauptproduktionsprogrammplanung würde vielleicht suggerieren, daß es um die Bestimmung der Planbedarfe der Endprodukte bzw. Produkttypen geht.

Aus den obigen Ausführungen erkennt man, daß eine Lösung unseres Planungsproblems mit der Überplanungstechnik im Rahmen des MRPII-Konzepts möglich bzw. bereits im MRPII-Konzept vorgesehen ist. Der große Vorteil der Überplanungstechnik ist dann, daß in moderner PPS-Software, die ja auf dem MRPII-Konzept beruht, die Anwendung der Überplanungstechnik für unser Planungsproblem mehr oder weniger direkt unterstützt wird. Der große Nachteil der Überplanungstechnik, der in der Einführung (siehe Abschnitt 1.4) diskutiert wurde, ist jedoch, daß der positive Effekt von Gleichteilen auf Sicherheitsmengen im Falle einer ATO-I-Fertigung nicht bzw. - wie wir im Abschnitt 2.1.3 noch sehen werden - bei einer ATO-II-Fertigung nur sehr eingeschränkt genutzt werden kann.

Um diesen Nachteil der Überplanungstechnik bei der Festlegung der Planbedarfe und damit auch Sicherheitsmengen zu überwinden, wurden stochastische Optimierungsmodelle zur Bestimmung der Planbedarfe der Baukastenelemente vorgeschlagen. Wie wir oben gesehen haben, lassen sich solche Modelle zwar relativ einfach ins MRPII-Konzept integrieren, aber in moderner PPS-Software, die auf dem MRPII-Konzept basiert, wird die Anwendung solcher Modelle nicht unterstützt, weil solche PPS-Software bzw. das ihr zugrundeliegende MRPII-Konzept weitgehend eine deterministische Planungssituation unterstellt (vgl. Missbauer, 1998; S. 24).

2.1.2 Die deterministische Betrachtung der Planungssituation

Obwohl die Endproduktbedarfe meist nur prognostiziert werden können, Fertigungsmaschinen ausfallen, Ausschuß auftritt, Personal krank wird, Lieferanten nicht rechtzeitig liefern usw., wird im MRPII-Konzept mit deterministischen Werten für die Endproduktbedarfe, Vorlaufzeiten, Durchlaufzeiten, Wiederbeschaffungszeiten, Kapazitäten und dgl. gerechnet. Der Stochastik der Planungsaufgabe bzw. den oben genannten, real vorhandenen Unsicherheiten versucht man durch die Einplanung von Puffern bzw. einer rollierenden Planung zu begegnen. Um zu verhindern, daß die ständigen Neu- bzw. Umplanungen in Folge einer rollierenden Planung zu einem sehr "nervösen" Planungssystem ("MRP-nervousness") führen, kann das Produktionsprogramm (Master Production Schedule) eine bestimmte Zeitspanne in die Zukunft fixiert bzw. "eingefroren" werden (vgl. Missbauer, 1998; S. 24). Die Bestimmung der optimalen Länge des "frozen interval" ist jedoch keine triviale Aufgabe (vgl. dazu etwa Lin/Krajewski (1992), Zhao/Lee (1993) und Lin et al. (1994)).

Die oben beschriebene, keineswegs optimale Vorgehensweise ist aber nicht willkürlich, sondern in der mathematischen Komplexität von stochastischen Modellen begründet. Wir werden im Abschnitt 4 sehen, wie schwierig es bereits ist, für stochastische Optimierungsmodelle zur Unterstützung unseres Planungsproblems, das ja nur einen sehr kleinen Ausschnitt der gesamten Planungsaufgabe eines PPS-Systems abdeckt, optimale bzw. sogar nur gute Lösungen zu finden.

Wie schwierig die Behandlung der Stochastik (Unsicherheiten) ist, sieht man auch bei den sogenannten "Advanced Planning Systems" (APS), die in den letzten Jahren entwickelt wurden. APS erheben den Anspruch, Defizite des MRPII-Konzepts bzw. der auf diesem Konzept beruhenden PPS-Software insbesondere im Bereich der überbetrieblichen Planung der gesamten Supply Chain, aber auch bei der innerbetrieblichen Planung der Produktion zu beheben (vgl. Stadtler, 1999). Obwohl ein wesentliches Kennzeichen der APS eine Optimierung im mathematischen Sinn (Definition der Alternativen, Restriktionen und Zielfunktion) ist (vgl. Fleischmann et al., 2000; S. 60), sind die APS im Vergleich zum MRPII-Konzept bzw. zur verfügbaren PPS-Software in bezug auf die Stochastik (bzw. Bewältigung von Unsicherheiten) keinen Schritt weitergekommen. Es finden sich in APS keine stochastischen Optimierungsmodelle - es wird hier ebenfalls versucht, durch die Einplanung von Puffern bzw. einer rollierenden Planung den in der Realität vorhandenen Unsicherheiten einigermaßen Rechnung zu tragen (vgl. Fleischmann et al., 2000; S. 59). Für einen kurzen Überblick zu APS sei etwa auf Rohde et al. (2000), für eine detailliertere Beschreibung auf Stadtler/Kilger (2000) und eine eingehende Kritik auf Corsten/Gössinger (2001) verwiesen.

Aus den obigen Ausführungen erkennt man, daß trotz des enormen Fortschrittes im Bereich Hardware und Optimierungstechniken in den letzten Jahrzehnten die Anwendung von stochastischen Optimierungsmodellen zur Unterstützung der Produktionsplanung schwierig ist und wahrscheinlich auch immer schwierig bleiben wird. In der vorliegenden Arbeit wagen wir uns dennoch daran, ein "bißchen mehr Stochastik" in die Produktionsplanung zu bringen, indem wir die Bedarfswerte der Endprodukte bzw. Produkttypen nicht als deterministisch betrachten, sondern erst die Planbedarfe der Baukastenelemente.

Nach der Einordnung unseres Planungsproblems in das MRPII-Konzept und einer kurzen Beschreibung der deterministischen Betrachtungsweise der Produktionsplanung im Rahmen dieses Konzeptes betrachten wir uns die ATO-Fertigung aus der Sicht des MRPII-Ansatzes etwas näher.

2.1.3 Die Spezifika einer ATO-Fertigung

Eine ganze Reihe von Autoren beschäftigten sich mit der ATO-Fertigung aus der Sicht des MRPII-Konzepts. Im Mittelpunkt dieser Betrachtungen steht eigentlich immer die Bewältigung der Planungskomplexität, die bei einer ATO-II-Fertigung aufgrund der großen Variantenvielfalt entsteht. In der Einführung (siehe Abschnitt 1.4.2) haben wir anhand des Beispiels "Produkttyp PC" gesehen, wie man aus nur 55 Komponenten 450.000 unterschiedliche Endprodukte montieren kann und daß es in diesem Fall völlig unzweckmäßig wäre, für jedes theoretisch mögliche Endprodukt Stücklisten anzulegen und Bedarfsprognosen zu machen. Ein praktikabler Weg wäre es, Bedarfsprognosen für die 55 Komponenten zu machen. In der Theorie und Praxis hat sich jedoch das schon mehrfach erwähnte "Two-Level Master Production Scheduling" (auf Basis der Planbedarfe der Produkttypen werden mit Hilfe von Planungsstücklisten die Planbedarfe der Komponenten abgeleitet) durchgesetzt, weil hier bei der Festlegung der Planbedarfe der Komponenten der Bezug zum Produkttyp nicht verloren geht. Der Großteil der Veröffentlichungen zum MRPII-Konzept bei einer ATO-Fertigung beschäftigt sich mit der Gestaltung dieser Planungsstücklisten und ihrem Einsatz im Rahmen des Master Production Scheduling für den ATO-Typ II.

Auch im speziellen Fall der ATO-II-Fertigung basiert der MRPII-Ansatz auf einem deterministischen Vorgehen. Auf Basis einer Prognose der Produkttypenbedarfe werden deren Planbedarfe festgelegt und auch als deterministisch betrachtet. Daraus werden die Planbedarfe der eingehenden Baukastenelemente mit den deterministischen Mengenrelationen in den Planungsstücklisten abgeleitet. Zu beachten ist, das die Mengenrelationen für Bauteilvarianten und optionale Bauteile (siehe Abschnitt 1.4.2) oft nicht deren Erwartungswerten entsprechen, sondern noch um einen Sicherheitsaufschlag erhöht werden. Der Grund ist darin zu sehen, daß man keinen Kundenauftrag verlieren möchte, nur weil eine Bauteilvariante oder ein optionales Bauteil nicht verfügbar ist, obwohl alle Standardbauteile verfügbar sind. Daß diese Form der Überplanungstechnik für Bauteilvarianten unter bestimmten Umständen zu schlechten Planungsergebnissen führt, wird mit einem kleinen Beispiel verdeutlicht. Nehmen wir an, daß in ein Endprodukt vom Produkttyp T entweder die Bauteilvariante X oder Y mit jeweils einem Stück eingeht und für X bzw. Y jeweils ein Stück von Teil Z benötigt wird. Wenn man in der Planungsstückliste von Produkttyp T beide Bauteilvarianten überplant, dann überplant man automatisch auch den Teil Z, obwohl dies völlig nutzlos ist, sofern die Bauteilvarianten kundenauftragsbezogen gefertigt bzw. montiert werden. Diese Ineffizienz der Überplanungstechnik kann dadurch überwunden werden, daß man den Gleichteil Z und alle anderen solche Gleichteile aus den Stücklisten der Bauteilvarianten herausnimmt und in die Stückliste eines virtuelles Bauteils gibt, die in der englischsprachigen Literatur oft als "Common Parts Bill" bzw. der oft als "Common Parts" oder ähnlich bezeichnet wird. Die Planungsstückliste eines Produkttyps, in der ein solcher virtueller Bauteil vorkommt, wird oft als "super bill" bezeichnet (vgl. dazu etwa Kneppelt (1984) oder King/Benton (1987)). Die Verwendung der "super bill"-Technik hat jedoch auch eine ganze Reihe von Nachteilen, wie z.B. daß durch das Herauslösen der Gleichteile die Stücklisten nicht mehr die reale Produktstruktur wiedergeben (vgl. dazu etwa Kneppelt (1984) oder King/Benton (1987)).

Die obigen Ausführungen zeigen, daß durch die "super bill"-Technik das Vorhandensein von Gleichteilen bei der Bestimmung von Sicherheitsmengen zumindest nicht völlig ignoriert wird. Es kann aber nur der positive Effekt von Gleichteilen genutzt werden, die in allen Endprodukten eines Produkttyps in der gleichen Menge enthalten sind, und somit wird nur ein Bruchteil des positiven Effektes von Gleichteilen genutzt.

Es sei angemerkt, daß die "super bill"-Technik nicht nur auf Bauteilvariantenebene, sondern auch auf Endproduktebene bzw. Produkttypenebene zu einer Verbesserung der Überplanungstechnik eingesetzt werden könnte. Bei einer ATO-I-Fertigung muß man dazu für die gesamte Produktfamilie eine "super bill" anlegen, wobei man die Endprodukte als Bauteilvarianten der Produktfamilie betrachtet und alle Bauteile, die in allen Endprodukten einer Produktfamilie in der gleichen Menge enthalten sind, aus den Stücklisten der Endprodukte entfernt und in die "Common Parts" der gesamten Produktfamilie gibt. Damit könnte man zumindest den positiven Effekt von jenen Gleichteilen nutzen, die in alle Endprodukte einer Produktfamilie in der gleichen Menge eingehen. Analog zur ATO-I-Fertigung kann auch bei einer ATO-II-Fertigung, bei der eine Produktfamilie mehrere Produkttypen umfaßt, die "super bill"-Technik zur Verbesserung der Überplanungstechnik auf Produkttypenebene eingesetzt werden.

Obwohl - wie wir oben gesehen haben - sich die "super bill"-Technik neben der Verbesserung der Überplanungstechnik auf der Ebene der Bauteilvarianten, auch zur Verbesserung der Überplanungstechnik auf der Ebene der Endprodukte bzw. Produkttypen eignet, findet man diese Betrachtung in der Literatur nicht. Dies dürfte darin begründet sein, daß die Planbedarfe der Produkttypen bzw. Endprodukte in der MRPII-Planungslogik immer als deterministisch betrachtet werden.

Die Anwendung der "super bill"-Technik beim ATO-Typ II ist eigentlich auch schon das einzige Hilfsmittel zur Nutzung der positiven Effekte von Gleichteilen auf Sicherheitsmengen, die uns die klassische MRPII-Literatur in Verbindung mit einer ATO-Fertigung zu bieten hat. Der ATO-Typ I wird in der klassischen MRPII-Literatur nicht behandelt, weil er aus deren deterministischen Betrachtungsweise im Vergleich zur "make-to-stock"-Fertigung keine Besonderheit darstellt - es gibt nur standardisierte Endprodukte ohne Bauteilvarianten und somit ist wie bei der MTS-Fertigung vorzugehen.

Obwohl die klassische MRPII-Literatur für die Bewältigung unseres Planungsproblems ("Bestimmung der Planbedarfe der Baukastenelemente einer Produktfamilie bei einer ATO-Fertigung unter Berücksichtigung von Bedarfsunsicherheiten und der positiven Effekte von Gleichteilen") in bezug auf die Nutzung der positiven Effekte von Gleichteilen bis auf die "super-bill"-Technik nichts zu bieten hat, werden dennoch einige Veröffentlichungen kurz diskutiert, die sich mit den besonderen Spezifika des MRPII-Ansatzes bei einer ATO-Fertigung beschäftigen, damit wir uns bewußt werden bzw. nicht vergessen, daß das im Mittelpunkt der vorliegenden Arbeit stehende Planungsproblem zwar einen sehr wichtigen, aber eben nur einen Teilaspekt der Materialbedarfsplanung einer ATO-Fertigung darstellt.

Standardwerke bzw. Lehrbücher zum MRPII-Konzept widmen der ATO-Problematik oft ein eigenes Kapitel (vgl. etwa Vollmann et al., 1997; S. 574ff), bzw. es werden die ATO-Spezifika in den einzelnen Kapiteln erwähnt (vgl. etwa Proud, 1994). Den unserer Meinung nach besten Überblick zu den MRPII-Spezifika der ATO-Fertigung liefert immer noch ein Artikel von Wemmerlöv (1984), der sich insb. mit der Materialbedarfsplanung bei einer ATO-Fertigung auseinandersetzt. Nach einer Gegenüberstellung der Grundcharakteristika der ATO-, MTS- und MTO-Fertigung werden die Systemspezifika einer ATO-Fertigung in Hinblick auf die Materialbedarfsplanung herausgearbeitet und mit fünf kurzen Fallbeispielen verdeutlicht. Wemmerlöv (1984), betont, daß eine ATO-Fertigung bzw. ATO-Strategie ein spezielles Systemdesign in folgenden vier Bereichen erfordert:

(1) "Master Scheduling and Bills of Material Structuring": Diesen Begriff kann man am ehesten als Hauptproduktionsprogrammplanung und Stücklistenstrukturierung übersetzten. Es geht hier insb. um die Festlegung der Ebene bzw. Ebenen (z.B. Produktfamilien, Produkttypen, Endprodukte, Komponenten) auf denen laufend Bedarfsprognosen und Hauptproduktionsprogramme erstellt werden, die den Ausgangspunkt für den kundenauftragsneutralen Teil der Materialbedarfsplanung bilden, und um die Strukturierung der Stücklisten, die aber nicht nur das "Master Scheduling" sondern auch das "Final Assembly Scheduling" (die Endmontagesteuerung; siehe unten) unterstützen müssen.

(2) "Order Entry/Order Promising": Bei diesem Aufgabenbereich steht die Kundenauftragsannahme bzw. -ablehnung und die Zusage eines Liefertermins im Vordergrund. Zentrales Instrument für die Unterstützung dieses Aufgabenbereiches sind die sogenannten ATP(Available-To-Promise)-Berechnungen, bei denen die aufgrund des "Master Scheduling" vorproduzierten Mengen mit den Bedarfsmengen, die sich aus den bereits angenommenen Kundenaufträgen ergeben, periodenweise verglichen werden, und schlußendlich periodenweise jene Mengen errechnet werden, die für Kundenaufträge noch frei verfügbar sind. Für ATO-II-Fertigungen erfolgen die ATP-Berechnungen (wie das "Master Scheduling") zumeist auf zwei Ebenen (Produkttypen und Baukastenelemente).

(3) "Final Assembly Scheduling": Dieser Aufgabenkomplex umfaßt nicht nur - wie der Begriff vielleicht suggeriert - die kurzfristige Planung und Steuerung der Endmontage (Konfiguration von Montagearbeitsplänen, Planung der Montagereihenfolge, Erstellung von Kommissionierlisten usw.), sondern alle kundenauftragsbezogenen Produktionsschritte und evtl. auch Beschaffungsaufgaben, weil in manchen Fällen auch ein Teil der Vormontage und vorgelagerter Produktionsstufen bzw. die Beschaffung von besonders wertvollen Materialien kundenauftragsbezogen erfolgt.

(4) "Buffering Techniques": Um den Unsicherheiten bei den Bedarfsprognosen Rechnung zu tragen, müssen Puffer in Form von Sicherheitsbeständen aufgebaut werden. Um nicht unnötig viel Sicherheitsbestände aufzubauen, sollten bei der ATO-Fertigung die Puffer jedoch nicht auf Produkttypenebene, sondern auf der

Ebene der Bauteilvarianten (bei Berücksichtigung der Gleichteile - siehe obige Beschreibung zur "super bill"-Technik) eingeplant werden.

Die obigen vier Aufgabenbereiche stehen in engem Zusammenhang. Die Designentscheidung können nicht isoliert für jeden Bereich getroffen werden, sondern müssen vielmehr für alle vier Bereiche großteils gemeinsam bzw. in enger Abstimmung getroffen werden. Zum Beispiel erfolgt in vielen Fällen der Aufbau von Sicherheitsbeständen im Rahmen des Master Production Scheduling, somit ist der Aufgabenbereich (4) oft integraler Bestandteil von (1).

Zu den obigen Aufgabenkomplexen gibt es in Zusammenhang mit der ATO-Fertigung eine Fülle von Veröffentlichungen, von denen in weiterer Folge einige besonders interessante kurz diskutiert werden.

Everdell (1983) gibt nach einer Beschreibung von unterschiedlichen Typen von Planungsstücklisten ein Schema an, das mit Hilfe von Kriterien (Fragen) bei der Auswahl des Typs bzw. der Kombination von unterschiedlichen Typen zur optimalen Unterstützung einer Planungssituation hilft.

Sari (1982) diskutiert die Vor- und Nachteile von drei unterschiedliche Methoden zur Ableitung der Planbedarfe der Baukastenelemente (die er als Komponenten bezeichnet) von den Planbedarfen der Endproduktbedarfe mit Hilfe von Planungsstücklisten. Die Wirkung der Methoden wird unter dynamischen Gesichtspunkten diskutiert, d.h. es wird nicht nur die einmalige Ableitung der Planbedarfe der Komponenten, sondern insb. die laufende Aktualisierung aufgrund von Prognoseänderungen bzw. Kundenauftragseingängen betrachtet. Besonderes Augenmerk richtet er darauf, inwieweit die Methoden Planungsnervösität (MRP-nervousness bzw. forecast nervousness) erzeugen. Er kommt zum Schluß, daß keine Methode den anderen prinzipiell überlegen ist, sondern die optimale Wahl von zahlreichen Faktoren abhängig ist. Er gibt dazu auch vier Auswahlkriterien an.

Mit dem Aufgabenbereich "Order Entry/Order Promising" setzt sich ein Artikel von Clay (1990) auseinander, in dem "Advanced Available-to-Promise Concepts/ Techniques" vorgestellt werden. Kern/Guerrero (1990) entwickelten ein gemischt-ganzzahliges Optimierungsmodell für die Kundenauftragsannahme bzw. -ablehnung bei einer ATO-Fertigung. Harris/Pinder (1995) beschäftigten sich mit der Übertragung von "revenue management"-Konzepten auf die Kundenauftragsannahme bzw. -ablehnung in der ATO-Fertigung.

Lieberman (1990) klassifiziert die ATO-Fertigung nach der Darstellung der Produkt- und Prozeßstruktur in vier Stufen, von einer rein beschreibenden ATO-Fertigung, bei der es keine formalen Stücklisten und Arbeitspläne gibt, bis zum Einsatz eines Konfigurators.

Solche Konfiguratoren, die meist als Produkt- oder Variantenkonfigurator bezeichnet werden, stellen noch immer den letzten Stand der Stücklisten- bzw. Arbeitsplan-Darstellungstechnik bei großer Variantenvielfalt dar und basieren auf folgendem Grundkonzept:

(1) Für einen Produkttyp werden die Merkmale und deren unterschiedliche Merkmalsausprägungen definiert, die letztlich auch für die Variantenvielfalt verantwortlich sind. Wenn nicht alle theoretisch möglichen Kombinationen der Merkmalsausprägungen erlaubt sind, kann eine Auswahl von nicht erlaubten Kombinationen durch die Definition von Restriktionen verhindert werden.

(2) Es werden Maximalstücklisten bzw. Maximalarbeitspläne angelegt, die alle Komponenten bzw. Arbeitsgänge umfassen, die bei der Montage eines Endproduktes des betrachteten Produkttyps benötigt werden könnten.

(3) Mit Hilfe von Regeln wird angegeben, welche Komponenten bzw. Arbeitsgänge in Abhängigkeit von den Ausprägungen der Merkmale notwendig sind.

(4) Auf Basis der vom Kunden gewünschten Ausprägung für die Merkmale eines Produkttyps und der oben beschriebenen Regeln werden aus den Maximalstücklisten bzw. Maximalarbeitsplänen automatisch kundenauftragsspezifische Stücklisten und Arbeitspläne generiert.

In Arnold (1996; S. 110ff) findet man einen Vergleich der Konfiguratoren der Softwaresysteme SAP R/3 und BAAN. Bottema/Tang (1992) beschreiben den Produktkonfigurator des Softwaresystems TRITON (=Name der Vorgängerversion von BAAN) etwas ausführlicher und berichten über die Erfahrungen, die sie bei der Einführung des Produktkonfigurators in 14 Produktionsbetrieben gemacht haben. Die Bedeutung von Konfiguratoren nahm in der letzten Zeit auch stark zu, weil leicht bedienbare Konfiguratoren für E-Commerce-Projekte bei variantenreichen Produkten oft eine zentrale Bedeutung aufweisen. Entsprechend umfangreich ist auch die Literatur zu Produktkonfiguratoren, die oft auf wissensbasierten Techniken beruhen (vgl. dazu etwa Dinitz (1990), Wright (1993), Pherson et al. (1994), Carson (1996), Reader (1996), Carson (1997), Yu/Skovgaard (1998) und Sabin/Weigel (1998)).

Weiters sei noch das Konzept der "Generic Bill Of Material (GBOM)" erwähnt, das eine redundanzfreie, transparente Beschreibung aller Varianten einer Produktfamilie anstrebt, somit als Konfigurator-Konzept gesehen werden kann und in einer ganzen Reihe von Veröffentlichungen diskutiert wurde (vlg. dazu van Veen/Wortmann (1987), Hegge/Wortmann (1991), Hegge (1992), van Veen (1992), Erens et al. (1992) und Erens/Hegge (1994)).

Die Veröffentlichungen zu Produktkonfiguratoren haben (leider) gemeinsam, daß sie sich meist nur mit der Abbildung der Produktstruktur beschäftigen, aber die Materialbedarfsplanung, die damit sehr eng zusammenhängt, so gut wie nicht behandeln.

In den obigen Ausführungen haben wir gesehen, daß das klassische MRPII-Konzept von einer deterministischen Betrachtung der Planungssituation ausgeht und zur Bewältigung unseres Planungsproblems in bezug auf die Nutzung der positiven Effekte von Gleichteilen nur sehr wenig (die "super bill"-Technik) zu bieten hat. Es gibt aber auch eine ganze Reihe von (wenn auch vergleichsweise geringere Anzahl von) Veröffentlichungen, die sich mit der MRP/MRPII-Planungslogik in Zusammenhang mit Planungsunsicherheiten bzw. Sicherheitsbestände befassen.

2.2 MRP(II) und Planungsunsicherheit bzw. Sicherheitsbestände

Murthy/Ma (1991) liefern einen Literaturüberblick zum Thema "MRP with uncertainty", wobei sie unter dem Begriff MRP das MRP-Konzept verstehen und nicht nur das MRP-Modul des MRPII-Konzepts. Sie klassifizieren die Unsicherheit, mit denen MRP-Systeme (komplexe mehrstufige Produktionssysteme bei denen die operative Produktionsplanung und Steuerung nach dem MRP-Konzept erfolgt) konfrontiert sind, in "environmental uncertainty" und "system uncertainty", die jeweils die "forecasting errors", "uncertainty in customer orders" und "uncertainty in vendor supply" bzw. "variations in product quality", "variations in product structure", "variations in production lead time", "eqipment breakdown" and "dynamic lot sizing" umfassen. Als Oberbegriff für die "forecasting errors" und "uncertainty in customer orders" wird "demand uncertainty" verwendet. Die Ansätze zur Behandlung der Unsicherheit unterteilen sie in "safety stocks", "safety lead times", "hedging and overplanning" und "yield factors". Die Unterschiede zwischen "hedging" und "overplanning" sehen sie darin, daß beim "hedging" die MPS-Mengen gegenüber den Bedarfsprognosen erhöht werden, während beim "overplanning" nicht die MPS-Mengen erhöht werden, sondern mehr produziert wird, als im MPS vorgesehen ist. Die Literatur zu "MRP with uncertainty" klassifizieren sie nach den oben genannten Typen der Unsicherheit, den Ansätzen zur Behandlung der Unsicherheit, der Analysemethode (konzeptionell, Simulation usw.), dem Planungshorizont (rollierend, begrenzt) und der Topologie des Produktionsprozesses (serial/nonserial; single/multi-stage). Auf Basis ihrer Literaturstudie ziehen sie neun Schlüsse, von denen wir jene drei kurz behandeln, die den größten Bezug zur vorliegenden Arbeit haben:

(1) Die meiste Literatur findet man zur Bedarfsunsicherheit (demand uncertainty). Die meisten Modelle nehmen an, daß der Bedarf einer Normalverteilung folgt. Dies ist eine realitätsnahe (gute) Annahme, wenn es sich um große Bedarfsmengen handelt.

(2) Optimierungsprobleme im Rahmen von "MRP with uncertainty" sind sehr komplex. Es bedarf daher heuristischer Methoden, um Lösungen zu finden, die dem Optimum nahe kommen.

(3) Es gibt nur sehr wenige, reale Fallstudien zum Thema "MRP with uncertainty". Diese wären aber nicht nur zur Evaluierung der verschiedenen Ansätze zur Behandlung von Unsicherheit, sondern auch zur Anregung von weiteren theoretischen Forschungen wichtig.

Der große Bezug der obigen drei Schlüsse zu unserer Arbeit liegt darin, daß wir bei den von uns entwickelten Modellen zur Festlegung der Planbedarfe der Baukastenelemente eine Normalverteilung für die Endproduktbedarfe annehmen, mit Heuristiken nach möglichst guten Lösungen suchen und die Effizienz der entwickelten Heuristiken im Rahmen einer Fallstudie mit realen Betriebsdaten untersuchen (siehe Abschnitt 4).

Ein Artikel von Wijngaard/Wortmann (1985) beschäftigt sich mit der Funktion von Lagerbeständen in mehrstufigen Produktionssystemen als Puffer gegen Unsicherheiten, speziell gegen Bedarfsunsicherheiten (demand uncertainty). Die beiden Autoren betonen, daß im Rahmen des MRPII-Konzepts Sicherheitslager schwerpunktmäßig auf Enderzeugnisebene (MPS-Ebene) vorgesehen sind, obwohl sich PPS-Anwender aus Gründen der geringen Kapitalbindung, der leichteren Wiederverwendbarkeit und dgl. oft auch Lagerbestände auf darunterliegenden Produktionsstufen wünschen. Es werden die Möglichkeiten zum Aufbau und zur Nutzung von Sicherheitsbeständen mit PPS-Software diskutiert. Als Methoden zum Aufbau von Sicherheitsbeständen werden "safety stock norms", "safety time norms" und "hedging" angesehen, wobei die Autoren das "overplanning" als spezielle Form des "hedging" betrachten (im Gegensatz zu

Murthy/Ma (1991) - siehe oben). Die Autoren kommen zum Schluß, daß die verfügbaren PPS-Softwarepakete die effektive Nutzung von Sicherheitsbeständen nur sehr schwach unterstützen. Die Autoren haben jedoch keine generellen Regeln zur Verteilung der (Sicherheits-)Bestände über die Produktionsstufen bzw. drei Planungsebenen (MPS, MRP und Shop Floor Control) angegebenen bzw. entwickelt. Dies ist ihrer Meinung kaum möglich, weil eine sinnvolle Verteilung der Sicherheitsbestände sehr stark von der in einem konkreten Fall vorliegenden Unsicherheit und Flexibilität der Produktion abhängig ist.

Büchel (1982) hat ein Konzept entworfen, das durch eine Modifikation der klassischen MRP-Prozedur mehr Stochastik in das MRP-Modul bringt. Durch diese modifizierte MRP-Prozedur wird ausgehend von einer Schätzung bzw. Prognose der Erwartungswerte und Varianzen der Endproduktbedarfe ein für alle Materialien (Rohstoffe, Teile, Baugruppen u. dgl.) gleicher Servicegrad eingestellt, wobei sowohl die Periodenbedarfe der Endprodukte als auch die daraus resultierenden Bedarfe der unterschiedlichen Materialien als stochastisch unabhängig gesehen werden. Das Vorgehen entspricht im Prinzip dem von einfachen Lagerhaltungsmodellen, bei denen für jedes Material isoliert Sicherheitsbestände berechnet werden, die einen bestimmten Servicegrad garantieren sollen. Der große Unterschied zu diesen einfachen Lagerhaltungsmodellen liegt jedoch darin, daß im vorgeschlagenen Konzept die Sicherheitsbestände durch den modifizierten MRP-Lauf eingestellt werden bzw. laufend aktualisiert werden und somit nicht auf Vergangenheitswerten, sondern auf den Prognosewerten der Endprodukte basieren. Auf Grund der isolierten Betrachtung der Materialien bei der Festlegung der Sicherheitsbestände ist das vorgeschlagene Vorgehen auch nur eine mehr oder weniger einfache Heuristik. Eine systematische Begründung für das gewählte Vorgehen bzw. eine Evaluation durch numerische Experimente, eine Fallstudie oder dgl. bleibt der Autor schuldig. In einem Folgeartikel zeigt Büchel (1983), wie das obige Konzept auch für die Materialbedarfsplanung von Bauteilvarianten und optionalen Bauteile verwendet werden kann.

Neben der obigen Literatur, die die Sicherheitsbestände bzw. Unsicherheiten aus dem Blickwinkel der MRP- bzw. MRPII-Planungslogik heraus betrachtet, gibt es eine ganze Reihe von Autoren, die sich mit Sicherheitsbeständen bzw. Materialbedarfsplanung in mehrstufigen Produktions- bzw. Distributionssystemen aus lagerhaltungstheoretischer Sicht beschäftigen.

2.3 Lagerhaltungstheoretische Ansätze

Im Mittelpunkt der Lagerhaltungstheorie steht die ökonomische Steuerung von Nachschubvorgängen für Läger. Mit Hilfe von sogenannten Lagerhaltungsmodellen erfolgt eine formale Analyse und Bewertung von Lagerhaltungsprozessen, um Aussagen über die optimale Struktur von Dispositionsregeln und die optimale Wahl von Dispositionsparametern bei vorgegebener Lagerhaltungspolitik zu machen (vgl. Inderfurth, 1996; S. 1025). Aufgrund der mathematischen Komplexität von stochastischen Lagerhaltungsmodellen werden sehr einfache Produkt- bzw. Prozeßstrukturen unterstellt - die Betrachtung geht meist nicht über die isolierte Behandlung eines Produkts hinaus. Die Erzeugung eines Produktes in mehreren Produktionsstufen, die durch Läger entkoppelt sind (mehrstufiges, serielles System), die Montage eines Produktes aus zwei oder mehreren Komponenten, wobei Läger für das Endprodukt und die Komponenten gehalten werden (zweistufiges Montagesystem), oder die Verteilung eines Produktes über mehrere Lagerhaltungsstufen (mehrstufiges Distributionssystem) sind schon - mathematisch gesehen - sehr komplexe Fälle. Bezüglich Produktionssysteme liefert Graves (1988) einen Literaturüberblick über solche Lagerhaltungsmodelle mit Schwerpunkt "demand uncertainty", in dem er feststellt, daß trotz der substantiellen Fortschritte bei einfachen Produkt- bzw. Prozeßstrukturen in den letzten 30 Jahren bei komplexeren Produktstrukturen kaum Fortschritte erzielt wurden. Ein neuerer Überblick von van Houtum et al. (1996), der neben Produktions- auch mehrstufige Distributionssysteme betrachtet, zeigt ebenfalls die mathematische Komplexität von stochastischen Lagerhaltungsmodellen und den geringen Fortschritt bei komplexeren Produktstrukturen.

Wenngleich uns die bisherigen Betrachtungen zur MRP(II)-Planungslogik in Zusammenhang mit Unsicherheit und zu stochastischen Lagerhaltungsmodellen bei der unmittelbaren Lösung unseres Planungsproblems ("Bestimmung der Planbedarfe der Baukastenelemente einer Produktfamilie bei einer ATO-Fertigung unter Berücksichtigung von Bedarfsunsicherheiten und der positiven Effekte von Gleichteilen") noch nicht weitergebracht haben, dienten sie dennoch zur Erweiterung unseres "Horizontes", in dem wir sahen, daß wir in der vorliegenden Arbeit nur einen kleinen Bereich der Unsicherheit, nämlich die "demand uncertainty", betrachten und daß wir uns auf ein sehr schwieriges (mathematisch komplexes) Gebiet vorwagen. Außerdem sind wir beim Studium dieser Literatur auf ein Spezialgebiet gestoßen, das wir als Gleichteileproblematik bzw. Gleichteileproblem bezeichnen.

2.4 Ansätze im Rahmen der Gleichteileproblematik

Dieses Spezialgebiet beschäftigt sich mit den Auswirkungen von Gleichteilen, d.h. wie wirkt es sich aus (z. B. auf den notwendigen Sicherheitsbestand, den gewünschten Lieferbereitschaftsgrad, die Entwicklungskosten, Produktionskosten und dgl.), wenn ein Teil in mehrere übergeordnete Baugruppen oder auch Endprodukte eingeht. Unser Planungsproblem ("Bestimmung der Planbedarfe der Baukastenelemente einer Produktfamilie bei einer ATO-Fertigung unter Berücksichtigung von Bedarfsunsicherheiten und der positiven Effekte von Gleichteilen") behandelt demnach einen Aspekt der Gleichteileproblematik unter ganz speziellen Rahmenbedingungen (ATO-Fertigung).

In der englischsprachigen Literatur findet man unter Begriffen wie "part commonality", "component commonality", "common parts", "commonality problem" und dgl. Veröffentlichungen zum Gleichteileproblem. Während bereits bei Wijngaard/Wortmann (1985; S. 292) die Gleichteileproblematik beiläufig erwähnt wurde ("It is not in all situations attractive to have the stocks necessary to deal with demand uncertainty at the MPS level only. This is especially far from optimal in cases with a high commonality (so a partly divergent structure)."), wird dieses Spezialgebiet im Literaturüberblick von Murthy/Ma (1991) nicht angesprochen. Auch beim Überblick von van Houtum et al. (1996) wird der Begriff "common parts" nur einmal beiläufig erwähnt. Graves (1988) hingegen widmet in seinem Literaturüberblick dem Gleichteileproblem etwas mehr als eine halbe Seite und stellt zusammenfassend fest, daß im Bereich "component commonality" zwar schon Forschungsfortschritte erzielt wurden, aber hauptsächlich im Sinne des Nachweises der Wichtigkeit und der schwierigen analytischen Behandlung des Gleichteileproblems.

Eine von uns durchgeführte Literaturrecherche zum Gleichteileproblem zeigte uns, daß die oben genannte, zusammenfassende Aussage von Graves (1988) nichts an Aktualität eingebüßt hat. Meistens wird mit relativ kleinen Modellen (z. B. zwei Endprodukte, die aus drei Komponenten gefertigt werden) die Wirkungsweise von Gleichteilen unter unterschiedlichen Aspekten untersucht. Arbeiten über Methoden zur Unterstützung unseres Planungsproblems findet man kaum, schon gar nicht über solche, die für praxisrelevante Problemgrößen geeignet sind.

Im Folgenden wird jene Literatur zum Gleichteileproblem kurz zusammengefaßt, die uns in Zusammenhang mit der vorliegenden Arbeit am interessantesten erscheint bzw. für das Verständnis der von uns im Abschnitt 4 entwickelten Modelle und Heuristiken am wichtigsten ist. Demgemäß erfolgte eine Beschränkung auf Literatur, die sich mit Gleichteilen in Zusammenhang mit der Materialbedarfsplanung auseinandersetzt. Literatur, die sich mit Effekten einer Erhöhung der Anzahl der Gleichteile auf Entwicklungskosten bzw. -zeiten, Produktionskosten (z. B. durch eine größere Stückzahl pro Teil), Wettbewerbsfähigkeit im allgemeinen und dgl. auseinandersetzt, wird nicht betrachtet. Solche Überlegungen findet man etwa in Walleigh (1989), McDermott/ Stock (1994), Tsubone et al. (1994), Kim/Chhajed (2000) und Desai et al. (2001).

2.4.1 Einige ausgewählte Untersuchungen

Baker et al. (1986) zeigten den Effekt von Gleichteilen auf (Sicherheits-)Bestände mit einem sehr einfachen Modell, das wir im Folgenden etwas genauer erläutern, weil es offensichtlich Ausgangspunkt für andere Veröffentlichungen zu dieser Thematik war:

- Es werden die zwei Endprodukte 1 und 2 erzeugt, deren Periodenbedarf jeweils einer stetigen Gleichverteilung mit unterer Grenze Null folgt. Die Bedarfe der beiden Endprodukte sind voneinander stochastisch unabhängig.
- Zur Fertigung von Endprodukt 1 wird jeweils eine Einheit von Komponente 3 und 4 benötigt. Zur Fertigung von Endprodukt 2 wird jeweils eine Einheit von Komponente 5 und 6 benötigt.
- Die Entscheidung über die zu produzierenden Komponentenmengen (=Planbedarfe der Komponenten) muß zu einem Zeitpunkt getroffen werden, zu dem die Endproduktbedarfe noch nicht bekannt sind. Die Montage erfolgt erst nach Kenntnis der Kundenaufträge.
- Die Wahrscheinlichkeit, daß alle Endproduktbedarfe (durch eine Montage der vorproduzierten Komponenten) in einer Periode befriedigt werden, darf einen bestimmten Wert nicht unterschreiten. Diese Wahrscheinlichkeit wird als aggregierter Servicelevel (ASL) bezeichnet.
- Die Gesamtanzahl der produzierten Komponenten ist unter Einhaltung des minimal geforderten ASL zu minimieren.

Für eine Periode ist also der Planbedarf jeder Komponente so zu bestimmen, daß die Gesamtzahl der vorausproduzierten Komponenten minimal ist, wobei ASL einen Mindestwert nicht unterschreiten darf. Um den Effekt von Gleichteilen zu demonstrieren verglichen sie den Fall, daß die vier Komponenten wirklich unterschiedlich sind, mit dem (Gleichteile-)Fall, daß die Komponenten 4 und 5 ident sind (also die Endprodukte aus jeweils einem spezifischen Teil und diesem Gleichteil gefertigt werden). Ein analytisch exakter Vergleich der beiden Fälle ergab, daß unabhängig von den rechten Grenzen der Gleichverteilungen für die Endprodukte und dem Mindestwert für ASL folgende Aussagen gelten:

(1) Die Gesamtzahl der produzierten Komponenten ist im Gleichteilefall geringer.

(2) Die optimale Produktionsmenge für den Gleichteil ist geringer, als die Summe der optimalen Produktionsmengen der Komponenten 4 und 5 (die durch den Gleichteil ersetzt werden) für den Nicht-Gleichteilefall.

(3) Die Summe der optimalen Produktionsmengen für die Spezialteile (Komponente 3 und 6) ist im Gleichteilefall höher als im Nicht-Gleichteilefall.

Weil die Planbedarfe bzw. Produktionsmengen der Komponenten zu Lagerbeständen werden bzw. die Lagerbestände einen Sicherheitsbestand enthalten, der sich aus dem Planbedarf minus dem erwarteten Bedarf ergibt, kann man obige Aussagen auch folgendermaßen interpretieren:

(1) Bei Einführung von Gleichteilen genügt zur Erreichung eines bestimmten Servicelevels ein geringerer Gesamtlagerbestand bzw. Gesamtsicherheitsbestand.

(2) Der optimale Lagerbestand bzw. Sicherheitsbestand von Gleichteilen ist geringer, als die Summe der optimalen Lagerbestände bzw. Sicherheitsbestände der Teile, die durch den Gleichteil ersetzt wurden.

(3) Der optimale Lagerbestand bzw. Sicherheitsbestand von Spezialteilen wird höher, wenn man vermehrt Gleichteile verwendet.

Baker et al. (1986) zogen aus ihren Beobachtungen den Schluß, daß eine Reduktion der Lagerbestände bei den Gleichteilen mit einer Erhöhung der Lagerbestände der Spezialteile einhergehen soll, um die Vorteile von Gleichteilen voll auszunützen.

Leider läßt sich die in Baker et al. (1986) eingesetzte Analysemethode nicht auf größere Problemstrukturen anwenden und kann somit nicht zur Lösung unseres Planungsproblems eingesetzt werden. Baker et al. (1986) betonen auch die Schwierigkeit der Behandlung von größeren Problemstrukturen (mehr als zwei Endprodukte und drei Komponenten).

Zu beachten ist, daß die obigen Aussagen, obwohl sie sehr einsichtig bzw. intuitiv relativ klar sind, keine Allgemeingültigkeit aufweisen, sondern nur für die oben angenommene Problemstruktur gelten. Dies zeigten Gerchak et al. (1988), die die Gültigkeit der obigen drei Aussagen bei unterschiedlichen Problemstrukturen untersuchten. Ihre Untersuchungsergebnisse werden in Tabelle 2.1 kurz zusammengefaßt.

Aussage	Problemstrukur		
	Profitmaximierung ohne Restriktionen	Minimierung der Lagerkosten bei Einhaltung eines Minimalwertes für den Servicelevel der Endprodukte	
		Komponenten haben unterschiedliche Kosten	Kosten aller Komponenten sind gleich
(1)	gültig	gültig	gültig
(2)	ungültig	ungültig	gültig
(3)	gültig	ungültig	gültig

Tabelle 2.1: Gültigkeit der Aussagen von Baker et al. (1986) bei unterschiedlichen Problemstrukturen

Gerchak/Henig (1986 bzw. 1989) beschäftigten sich mit der Problemstruktur der Profitmaximierung ohne Restriktionen und zeigten, daß in Situationen mit vernachlässigbaren beschaffungsfixen Kosten für die Komponenten, stationären Endproduktbedarfen und Weiterverwendung der nicht benötigten Komponenten in den Folgeperioden die optimale Lösung eines Einperiodenproblems auch optimal für das entsprechende Mehrperiodenproblem ist. Im Falle einer Budgetrestriktion für die Beschaffungskosten der Komponenten gilt dies jedoch nicht mehr. Weiters demonstrierten sie für diesen Fall in einem Beispiel, daß der optimale Lagerbestand für endproduktspezifische Komponenten im ATO-Fall auch geringer als im MTS-Fall (bzw. im ATO-Fall ohne Gleichteile) sein kann - dies gibt es bei einer Profitmaximierung ohne Restriktionen nicht.

Jönsson/Silver (1989a) untersuchten die gleiche Produktstruktur wie Baker et al. (1986) - zwei Endprodukte, die aus drei Komponenten gefertigt werden, von denen eine in beide Endprodukte eingeht, also ein Gleichteil ist. Sie haben jedoch angenommen, daß die Endproduktbedarfe zwei voneinander unabhängigen Normalverteilungen folgen, und sie stellten ein Optimierungsmodell auf, das die Planbedarfe jeder Komponente so bestimmt, daß die erwarteten Endproduktfehlmengen bei einer oberen Begrenzung für die Gesamtanzahl der Komponenten minimal sind. Sie zeigten, daß es für dieses Optimierungsproblem keine Lösung in Form einer geschlossenen Formel gibt, und entwickelten einen Algorithmus der optimale Lösungen dafür liefert. Weiters entwickelten sie eine einfache Heuristik, die sehr gute Ergebnisse lieferte, die den Optimalwerten sehr nahe kamen. Den Nachweis, daß der entwickelte Algorithmus optimale Lösungen liefert, blieben sie jedoch schuldig. Dieser wurde erst Jahre später von Fu/Fong (1998) erbracht, die den Konvexitätsnachweis für die Zielfunktion des obigen Optimierungsmodells nicht nur für den Fall von unabhängigen Normalverteilungen für die Endproduktbedarfe erbrachten, sondern auch für beliebige voneinander unabhängige stetige Verteilungen für die Bedarfe der beiden Endprodukte.

Bagchi/Gutierrez (1992) untersuchten eine ebenfalls einfache, aber im Vergleich zu Baker et al. (1986) schon etwas komplexere Problemstruktur - zwei Endprodukte, die aus jeweils vier unterschiedlichen Komponenten bestehen, wobei der Anzahl der Gleichteile (=Anzahl der Komponenten, die in beide Endprodukte eingehen) zwischen eins und drei variiert wurde. Unter der Annahme der gleichen geometrischen Verteilung bzw. Exponentialverteilung für die Bedarfe der beiden Endprodukte ergab sich bei numerischen Experimenten, daß der Grenznutzen einer Erhöhung der Anzahl Gleichteile mit zunehmender Anzahl Gleichteile nicht sinkt. Das Ergebnis war für die Autoren selbst überraschend und nicht vollständig erklärbar. Dieser Effekt stellte sich unabhängig davon ein, ob der aggregierte Servicelevel bei einer Obergrenze für den Lagerbestand maximiert oder der Lagerbestand unter einer Untergrenze für den aggregierten Servicelevel minimiert wurde.

Eynan (1996) erweiterte das Modell von Baker et al. (1986) um die Betrachtung von Abhängigkeiten zwischen den Bedarfen der beiden Endprodukte - Baker et al. (1986) unterstellten ja unabhängige Endproduktbedarfe. Er stellte fest, daß der Einsparungseffekt durch die Einführung eines Gleichteils um so größer ist, je kleiner der Korrelationskoeffizient der Endproduktbedarfe ist. Dies dürfte intuitiv relativ klar sein, wenn man sich die beiden Extremfälle überlegt, daß der Korrelationskoeffizient gegen -1 bzw. +1 strebt. Es sei noch angemerkt, daß die Gültigkeit des obigen Zusammenhangs nicht nur für eine zweidimensionale Gleichverteilung der Endproduktbedarfe, sondern auch für eine zweidimensionale Normalverteilung gezeigt wurde. Eynan (1996) zog aus seiner Analyse den Schluß, wenn Gleichteile einen bedeutenden Aspekt darstellen, dann soll man auch bei Analyse des Effektes von mehr bzw. weniger Gleichteilen die

Korrelation zwischen den Endproduktbedarfen berücksichtigen, weil ansonsten bei einer negativen Korrelation der positive Effekt von Gleichteilen unterschätzt bzw. bei einer positiven Korrelation überschätzt wird.

Die obige Literaturauswahl vermittelt unserer Meinung nach einen guten Eindruck über den Großteil der Forschungsbemühungen, die sich mit dem Effekt von Gleichteilen auf die Materialbedarfsplanung (d.h. (Sicherheits-)Bestände, Servicegrade und dgl.) auseinandersetzt, und zeigte uns sehr schön, daß mit sehr kleinen Modellen die Wirkungsweise von Gleichteilen untersucht wird. Diese Analysen liefern uns zwar interessante Erkenntnisse über unser Planungsproblem bzw. unterstreichen deren Bedeutung, aber nutzen relativ wenig zur unmittelbaren Lösung desselben, weil die in den meist analytisch exakt durchgeführten Analysen eingesetzten Methoden sich für praxisrelevante Problemgrößen nicht eigenen.

Arbeiten, die sich unmittelbar mit der Lösung unseres Planungsproblems bei praxisrelevanten Problemgrößen auseinandersetzten, haben wir bis auf die Veröffentlichungen von Jönsson/Silver (1989b und 1990) nicht gefunden.

2.4.2 Das Modell von Jönsson/Silver

Jönsson/Silver (1989b) stellten ein stochastisches Optimierungsmodell für eine ATO-I-Fertigung auf, bei dem ein fixes Budget so auf die (Planbedarfe der) unterschiedlichen Komponenten (entsprechen den Baukastenelementen) aufgeteilt wird, daß der erwartete Profit aus den verkauften Endprodukten für eine einzelne Periode maximiert wird. Sie entwickelten auch Heuristiken zur Ermittlung von guten Lösungen für das Modell. Weil bei diesem Modell wirklich Methoden zur Bestimmung der Planbedarfe der Komponenten (Baukastenelemente) im Vordergrund stehen und es nicht um eine Verbesserung des Verständnisses der Gleichteileproblematik anhand der analytisch exakten Herleitung von Zusammenhängen bei sehr kleinen Problemstrukturen geht, dieses Modell den von uns entwickelten Modellen in vielen Punkten ähnlich ist bzw. die Entwicklung unser Modelle beeinflußte, wird es im Folgenden detaillierter vorgestellt. Der verbalen Beschreibung der Modellprämissen folgen eine mathematische Modellformulierung, die Betrachtung der Lösbarkeit des Modells und Ansätze (Heuristiken) zur Ermittlung von guten Modellösungen.

2.4.2.1 Modellprämissen

Es wird nur eine Planperiode betrachtet, in der n unterschiedliche Endprodukte aus m unterschiedlichen Komponenten (Baukastenelementen) montiert werden. Einige der Komponenten gehen in zwei oder mehrere Endprodukte ein. Die Zusammensetzung der Endprodukte ist in Stücklisten genau definiert. Die Komponenten müssen beschafft bzw. produziert werden bevor noch die Kundenaufträge (die Endproduktbedarfe) bekannt sind. Der Wert der vorproduzierten bzw. beschafften Komponenten ist durch ein Budget nach oben begrenzt. Wenn die Bedarfsmengen aller Endprodukte befriedigt werden können, entsprechen die Verkaufsmengen den Bedarfsmengen. Wenn die vorausproduzierten bzw. beschafften Komponenten jedoch nicht zur Deckung der gesamten Endproduktbedarfe ausreichen, muß eine Entscheidung darüber getroffen werden, welche Menge von jedem Endprodukt montiert bzw. verkauft wird. Dabei sind folgende Restriktionen zu beachten:

(1) Die verkaufte Menge eines Endproduktes kann nicht größer als sein Bedarf und nicht kleiner als Null sein.

(2) Man kann nicht mehr Endprodukte verkaufen, als man aus den vorproduzierten bzw. beschafften Komponenten montieren kann.

Die Bedarfsmenge eines Kundenauftrages, die nicht in der betrachteten Periode befriedigt werden kann, geht verloren - aber nicht der gesamte Kundenauftrag. Es wird angenommen, daß zum Zeitpunkt der Zuordnung der vorproduzierten bzw. beschafften Komponenten zu Kundenaufträgen alle Endproduktbedarfe (Kundenaufträge) bekannt sind und daß diese Zuordnung so erfolgt, das die Differenz aus Erlös minus Kosten maximal ist. Der Erlös entspricht dem durch die Endproduktverkäufe erzielten Erlös. Die Kosten umfassen die Beschaffungs- bzw. Produktionskosten sowie Lagerhaltungskosten der Komponenten und die Fehlmengenkosten für den unbefriedigten Endproduktbedarf. Gesucht ist jene Aufteilung des fixen Budgets auf die Planbedarfe der Komponenten, die den Erwartungswert der oben genannten Differenz maximiert.

2.4.2.2 Mathematisches Modell

Bevor wir zur Beschreibung des mathematischen Modells kommen, werden die benötigten Variablen bzw. Parameter definiert, für die jedoch aus Konsistenzgründen andere Symbole verwendet wurden als im Originalartikel:

Endprodukte:

m	Anzahl der unterschiedlichen Endprodukte
Z_k	Zufallsvariable für den Bedarf von Endprodukt k während der betrachteten Periode; $k = 1,2,...,m$
$\mathbf{Z}$	Vektor mit Dimension m, der Z_1 bis Z_m enthält
s_k	Verkaufsmenge von Endprodukt k
$\mathbf{s}$	Vektor mit Dimension m, der s_1 bis s_m enthält
u_k	Erlös pro verkaufter Mengeneinheit von Endprodukt k
$\mathbf{u}$	Vektor mit Dimension m, der u_1 bis u_m enthält
f_k	Fehlmengenkosten pro Mengeneinheit des unbefriedigten Bedarfs von Endprodukt k
$\mathbf{f}$	Vektor mit Dimension m, der f_1 bis f_m enthält

Komponenten:

d	Anzahl der unterschiedlichen Komponenten
p_i	vorausproduzierte bzw. beschaffte Menge von Komponente i; $i = 1,2,...,d$
$\mathbf{p}$	Vektor mit Dimension d, der p_1 bis p_d enthält
h_i	Lagerhaltungskosten pro Periode und Mengeneinheit von Komponente i
$\mathbf{h}$	Vektor mit Dimension d, der h_1 bis h_d enthält
v_i	Wert pro Mengeneinheit von Komponente i
$\mathbf{v}$	Vektor mit Dimension d, der v_1 bis v_d enthält
g	verfügbares Budget für den Gesamtwert der vorausproduzierten bzw. beschafften Komponenten
$\mathbf{b}$	(Stücklisten-)Matrix mit m Zeilen und n Spalten; die Matrixelemente b_{ik} geben die Menge von Komponente i an, die für eine Mengeneinheit von Endprodukt k benötigt wird

Jönsson/Silver (1989b) haben das Optimierungsproblem folgendermaßen mathematisch formuliert:

$$\begin{aligned}
&\max_{\mathbf{p}} \mathrm{E}\left[Q(\mathbf{p},\mathbf{Z})\right]-\mathbf{h}^{\mathrm{T}}\cdot\mathbf{p}\\
&\text{s.t.}\quad \mathbf{v}^{\mathrm{T}}\cdot\mathbf{p}\le g\\
&\qquad\ \ \mathbf{p}\ge\mathbf{0}
\end{aligned}\tag{2.1}$$

wobei

$$Q(\mathbf{p},\mathbf{Z})=\max_{\mathbf{s}}\left\{\mathbf{u}^{\mathrm{T}}\cdot\mathbf{s}-\mathbf{f}^{\mathrm{T}}\cdot(\mathbf{Z}-\mathbf{s})\middle|\mathbf{b}\cdot\mathbf{s}\le\mathbf{p},\mathbf{s}\le\mathbf{Z},\mathbf{s}\ge\mathbf{0}\right\}$$

Wenn man die verbale Beschreibung der Modellprämissen mit dem Modell (2.1) vergleicht, fällt auf, daß die Beschaffungs- bzw. Produktionskosten der Komponenten in der Zielfunktion (bei $Q(\mathbf{p},\mathbf{Z})$) nicht aufscheinen bzw. für diese Kostenarten auch keine Parameter definiert wurden. Dies hat aber keine Auswirkungen auf die Struktur des Optimierungsproblems und ist somit in Hinblick auf Betrachtung von Lösbarkeit bzw. Lösungsstrategien nicht von Bedeutung.

Das Optimierungsproblem (2.1) weist trotz seiner Kompaktheit eine äußerst hohe mathematische Komplexität auf. Die Funktion $Q(\mathbf{p},\mathbf{Z})$ ermittelt unter Beachtung der Restriktionen (1) und (2) - siehe oben bei der Beschreibung der Modellprämissen - für ein gegebenes $\mathbf{p}$ und eine gegebene Realisation von $\mathbf{Z}$ jene Kombination von Verkaufsmengen für die Endprodukte, die die Differenz aus Verkaufserlöse minus betrachtete Kosten maximiert. Weil der Vektor $\mathbf{Z}$ m Zufallsvariablen enthält, muß zur Bestimmung des Erwartungswertes von $Q(\mathbf{p},\mathbf{Z})$ für ein bestimmtes $\mathbf{p}$ die Optimierung über $\mathbf{s}$ in der Funktion $Q(\mathbf{p},\mathbf{Z})$ für alle Realisationen von $\mathbf{Z}$ ausgeführt werden. Dies ist jedoch noch immer nicht die Lösung, weil ja nicht $\mathrm{E}\left[Q(\mathbf{p},\mathbf{Z})\right]$ für ein bestimmtes $\mathbf{p}$ gesucht ist , sondern jenes $\mathbf{p}$, das die Zielfunktion $\mathrm{E}\left[Q(\mathbf{p},\mathbf{Z})\right]-\mathbf{h}^{\mathrm{T}}\cdot\mathbf{p}$ unter Einhaltung der Restriktionen $\mathbf{v}^{\mathrm{T}}\cdot\mathbf{p}\le g$ und $\mathbf{p}\ge\mathbf{0}$ maximiert. Es liegen somit gewissermaßen zwei Optimierungsstufen vor (Optimierung über $\mathbf{s}$ bzw. Optimierung über $\mathbf{p}$).

Wenn die Zufallsvariablen von **Z** stetigen Verteilungen folgen, ist zur Lösung von Modell (2.1) eine analytisch exakte Behandlung derselben erforderlich, die jedoch im Regelfall an der mathematischen Komplexität scheitert. Mit Hilfe einer Diskretisierung der stetigen Verteilungen kann man Näherungslösungen ermitteln. Auch wenn die Zufallsvariablen von **Z** diskreten Verteilungen folgen, darf jede Zufallsvariable nur eine relativ geringe Anzahl von Bedarfswerten annehmen können, ansonsten wird - wie wir gleich sehen werden - die Anzahl der möglichen Realisationsvektoren für **Z** extrem groß und damit auch die Problemlösung extrem schwierig.

2.4.2.3 Modellumformung für diskrete Zufallsvariablen

Es wird im Folgenden angenommen, daß die Zufallsvariablen von **Z** diskreten Verteilungen mit jeweils einer endlichen Anzahl von möglichen Bedarfswerten folgen. Unter dieser Annahme kann das Optimierungsproblem (2.1) in das ganzzahlige Optimierungsproblem (2.2) umgeformt werden. Zuvor müssen wir jedoch noch einige Variablen definieren:

$\mathbf{z}_r$	Vektor mit Dimension m für die r-te Bedarfsrealisation der Zufallsvariablen Z_1 bis Z_m ; $r = 1,2,...,n$
z_{kr}	k-tes Element des Vektors $\mathbf{z}_r$ = r-te Bedarfsrealisation der Zufallsvariablen Z_k
α_r	Wahrscheinlichkeit für $\mathbf{z}_r$; $\alpha_r = \prod_{k=1}^{m}$ Wahrscheinlichkeit von z_{kr}
$\mathbf{s}_r$	Vektor mit Dimension m, der die Verkaufsmengen der m Endprodukte für die r-te Bedarfsrealisation $\mathbf{z}_r$ der Zufallsvariablen Z_1 bis Z_m enthält
s_{kr}	k-tes Element des Vektors $\mathbf{s}_r$

$$\max_{\mathbf{p},\mathbf{s}_1 \ldots \mathbf{s}_n} \sum_{r=1}^{n} \alpha_r \cdot \left[\mathbf{u}^{\mathrm{T}} \cdot \mathbf{s}_r - \mathbf{f}^{\mathrm{T}} \cdot (\mathbf{z}_r - \mathbf{s}_r) \right] - \mathbf{h}^{\mathrm{T}} \cdot \mathbf{p}$$

$$\begin{array}{lll} \text{s.t.} & \mathbf{v}^{\mathrm{T}} \cdot \mathbf{p} \le g & \\ & \mathbf{b} \cdot \mathbf{s}_r \le \mathbf{p} & \forall r = 1,\ldots,n \\ & \mathbf{s}_r \le \mathbf{z}_r & \forall r = 1,\ldots,n \\ & s_{kr} \ge 0 & \text{integers } \forall k = 1,\ldots,m \wedge r = 1,\ldots,n \\ & p_i \ge 0 & \text{integers } \forall i = 1,\ldots,d \end{array} \tag{2.2}$$

Um den erwarteten Profit zu maximieren, werden im Modell (2.2) für jede der n möglichen Realisationen der Endproduktbedarfe $\mathbf{z}_r$ jene Verkaufsmengen der Endprodukte $\mathbf{s}_r$ ermittelt, die den Profit jeweils maximieren. Für die Ermittlung des erwarteten Profits werden die Profite jeder Bedarfsrealisation $\mathbf{z}_r$ berechnet (Erlöse aus den Verkaufsmengen $\mathbf{u}^{\mathrm{T}} \cdot \mathbf{s}_r$ minus Fehlmengenkosten der nichtbefriedigten Bedarfe $\mathbf{f}^{\mathrm{T}} \cdot (\mathbf{z}_r - \mathbf{s}_r)$), mit deren Eintrittswahrscheinlichkeit α_r gewichtet und summiert und von dieser Summe werden die Lagerhaltungskosten für die vorproduzierten Komponenten $\mathbf{h}^{\mathrm{T}} \cdot \mathbf{p}$ abgezogen.

Als Restriktionen sind die Obergrenze für das Budget der Komponenten, die Bedingungen, daß die verkauften Endproduktmengen aus den vorproduzierten Komponenten montierbar sein müssen und die Verkaufsmengen nicht größer als die Bedarfsmengen sein können, und die Nichtnegativitäts- und Ganzzahligkeitsbedingungen für die Entscheidungsvariablen $\mathbf{p}$ und $\mathbf{s}_1 \ldots \mathbf{s}_n$ angesetzt.

Optimierungsmodell (2.2) wird für beinahe jede praktische Situation "gigantisch" sein. Nehmen wir an, daß die Zufallsvariablen für die Endproduktbedarfe jeweils N Werte annehmen können, dann ist $n = N^m$, die Anzahl der Variablen $(d + m \cdot n)$, die Anzahl der Restriktionen $(d \cdot n + 1)$ und die Anzahl der oberen Grenzen $(m \cdot n)$. Wenn z.B. N=10, m=5 und d=8, dann hat das Optimierungsmodell (2.2) 500.008 Variablen, 800.001 Restriktionen und 500.000 obere Grenzen. Optimierungsmodelle mit derart vielen ganzzahligen Variablen können mit den heute verfügbaren Methoden nicht gelöst werden. Damit wird klar, daß Optimierungsmodell (2.2) für realistische Problemgrößen nicht lösbar ist, solange alle Variablen ganzzahlig sein müssen.

Wenn man die Ganzzahligkeitsbedingung für die Verkaufsmengen der Endprodukte vernachlässigt, reduziert sich die Anzahl der ganzzahligen Variablen auf *d*. Wenn man auch für die vorausproduzierten bzw. beschafften Mengen der Komponenten die Ganzzahligkeitsbedingung vernachlässigt, liegt ein lineares Optimierungsmodell vor, auf das aufgrund der speziellen Problemstruktur "Benders' decomposition" (vgl. Benders, 1962) zur Problemlösung angewandt werden kann. Dieser Ansatz liefert zumindest Zwischenergebnisse, die oft brauchbare Lösungen sind. Die Vernachlässigung der Ganzzahligkeitsbedingung ist insbesondere vertretbar, wenn die ursprünglich stetige Verteilung der Endproduktbedarfe näherungsweise diskretisiert wurde.

Wir haben oben gesehen, daß auch wenn die Zufallsvariablen von **Z** einer diskreten Verteilung folgen (bzw. näherungsweise diskretisiert wurden), eine optimale Lösung von Optimierungsmodell (2.1) für praxisrelevante Problemgrößen nicht möglich ist. Dies veranlaßte Jönsson/Silver (1989b) drei Heuristiken für den Fall von diskreten Zufallsvariablen zu entwickeln.

2.4.2.3.1 Heuristik 1

Bei Heuristik 1 wird angenommen, daß die Endprodukte auf Lager produziert werden. Diese Heuristik weist eine starke Ähnlichkeit mit der Überplanungstechnik auf, weil auch hier die Vorteile von Gleichteilen in bezug auf Sicherheitsbestände ungenützt bleiben bzw. die Mehrfachverwendbarkeit der Komponenten ignoriert wird. Heuristik 1 liefert eine optimale Lösung für Modell (2.2), wenn es keine Gleichteile gibt (keine Komponente in zwei oder mehrere Endprodukte eingeht). Modell (2.3) zeigt die mathematische Formulierung von Heuristik 1.

z_k	Realisationsvariable für die Zufallsvariable Z_k (für den Bedarf von Endprodukt k)
$P^k(z_k)$	Wahrscheinlichkeitsfunktion für die diskrete Zufallsvariable Z_k = Wahrscheinlichkeit, daß die Zufallsvariable Z_k den Wert z_k annimmt

$$\max_{\mathbf{p},\mathbf{s}} \sum_{k=1}^{m} \left[u_k \cdot \sum_{z_k=0}^{s_k} z_k \cdot \mathrm{P}^k(z_k) + u_k \cdot s_k \cdot \sum_{z_k=s_k+1}^{\infty} \mathrm{P}^k(z_k) - f_k \cdot \sum_{z_k=s_k+1}^{\infty} (z_k - s_k) \cdot \mathrm{P}^k(z_k) \right]$$
$$- \mathbf{h}^{\mathrm{T}} \cdot \mathbf{p}$$

$$\text{s.t.} \quad \mathbf{v}^{\mathrm{T}} \cdot \mathbf{p} \leq g \tag{2.3}$$
$$\mathbf{b} \cdot \mathbf{s} \leq \mathbf{p}$$
$$s_k \geq 0 \qquad \text{integers } \forall k = 1,\ldots,m$$
$$p_i \geq 0 \qquad \text{integers } \forall i = 1,\ldots,d$$

Zu beachten ist, daß im Modell (2.3) der Vektor **s** bzw. alle s_k im Gegensatz zur obigen Definition nicht mehr die verkauften Endproduktmengen darstellen, sondern die zu produzierenden Endproduktmengen! Diese "Umdefinition" wird bei Jönsson/Silver (1989b) nicht erwähnt.

Betrachten wir uns die Zielfunktion von Modell (2.3). Die ersten beiden Terme innerhalb der eckigen Klammern dienen der Berechnung des erwarteten Erlöses aus den Endproduktverkäufen. Dabei muß unterschieden werden, ob die tatsächlichen Endproduktbedarfe z_k nicht größer (erster Term) bzw. größer (zweiter Term) als die produzierten Endproduktmengen s_k sind. Der dritte Term drückt den Erwartungswert der Fehlmengenkosten aus - Fehlmengen entstehen, wenn die tatsächlichen Endproduktbedarfe z_k größer als die produzierten Endproduktmengen s_k sind. Schließlich drückt noch der Term $\mathbf{h}^{\mathrm{T}} \cdot \mathbf{p}$ die Lagerhaltungskosten der Komponenten aus.

Als Restriktionen sind die Obergrenze für das Budget der Komponenten, die Bedingung, daß die produzierten Endproduktmengen aus den vorproduzierten Komponenten montierbar sein müssen, und die Nichtnegativitäts- und Ganzzahligkeitsbedingungen für die Entscheidungsvariablen **p** und **s** angesetzt.

Weil die Endprodukte auf Lager produziert werden, ist $\mathbf{b} \cdot \mathbf{s} = \mathbf{p}$ und damit kann (2.3) zu Modell (2.4), in dem keine Variablen mehr für die Komponenten aufscheinen, vereinfacht werden:

$$\max_{\mathbf{s}} \sum_{k=1}^{m}\left[u_k \cdot \sum_{z_k=0}^{s_k} z_k \cdot \mathrm{P}^k(z_k) + u_k \cdot s_k \cdot \sum_{z_k=s_k+1}^{\infty} \mathrm{P}^k(z_k) - f_k \cdot \sum_{z_k=s_k+1}^{\infty}(z_k - s_k)\cdot \mathrm{P}^k(z_k)\right] - \mathbf{h}^{\mathrm{T}} \cdot \mathbf{b} \cdot \mathbf{s}$$

$$\text{s.t.} \quad \mathbf{v}^{\mathrm{T}} \cdot \mathbf{b} \cdot \mathbf{s} \leq g \qquad s_k \geq 0 \quad \text{integers } \forall k = 1,\dots,m \tag{2.4}$$

Modell (2.4) ist ein nichtlineares (ganzzahliges) Rucksackproblem, das mit dynamischer Programmierung gelöst werden kann. Eine Einführung zum (ganzzahligen) Rucksackproblem geben etwa Neumann/Morlock (1993; S. 406ff).

2.4.2.3.2 Heuristik 2

Bei Heuristik 2 werden von den Wahrscheinlichkeitsverteilungen der Endproduktbedarfe Wahrscheinlichkeitsverteilungen für die Komponentenbedarfe abgeleitet und die wechselseitigen Abhängigkeiten der Komponenten bei der Befriedigung der Endproduktbedarfe vernachlässigt, d.h., es wird angenommen, daß die Komponentenbedarfe voneinander unabhängig sind. Gleichung (2.5) zeigt die Zusammenhänge zwischen den Zufallsvariablen der Endproduktbedarfe und Komponentenbedarfe. Die mathematische Formulierung von Heuristik 2 ist in (2.6) ersichtlich.

B_i	Zufallsvariable für den Bedarf von Komponente i während der betrachteten Periode; $i = 1,2,...,d$
$\mathbf{B}$	Vektor mit Dimension d, der B_1 bis B_d enthält
x_i	Realisationsvariable für die Zufallsvariable B_i
$\mathrm{P}^i(x_i)$	Wahrscheinlichkeitsfunktion für die diskrete Zufallsvariable B_i = Wahrscheinlichkeit, daß die Zufallsvariable B_i den Wert x_i annimmt

$$\mathbf{B} = \mathbf{b} \cdot \mathbf{Z} \quad \text{bzw.} \quad B_i = \sum_{k=1}^{m} b_{ik} \cdot Z_k \quad \forall i = 1,\dots,d \tag{2.5}$$

$$\max_{\mathbf{p}} \sum_{i=1}^{d} \left[\varpi_i \cdot \sum_{x_i=0}^{p_i} x_i \cdot \mathrm{P}^i(x_i) + \varpi_i \cdot p_i \cdot \sum_{x_i=p_i+1}^{\infty} \mathrm{P}^i(x_i) - \psi_i \cdot \sum_{x_i=p_i+1}^{\infty} (x_i - p_i) \cdot \mathrm{P}^i(x_i) \right]$$
$$- \mathbf{h}^{\mathrm{T}} \cdot \mathbf{p}$$

$$\text{s.t.} \quad \mathbf{v}^{\mathrm{T}} \cdot \mathbf{p} \leq g$$
$$p_i \geq 0 \qquad \text{integers } \forall i = 1, \ldots, d$$

wobei (2.6)

$$\varpi_i = \sum_{\substack{k=1,\\ b_{ik}>0}}^{m} \frac{u_k}{b_{ik}} \cdot \mathrm{E}(Z_k) \bigg/ \sum_{\substack{k=1,\\ b_{ik}>0}}^{m} \mathrm{E}(Z_k) \qquad \forall i = 1, \ldots, d$$

$$\psi_i = \sum_{\substack{k=1,\\ b_{ik}>0}}^{m} \frac{f_k}{b_{ik}} \cdot \mathrm{E}(Z_k) \bigg/ \sum_{\substack{k=1,\\ b_{ik}>0}}^{m} \mathrm{E}(Z_k) \qquad \forall i = 1, \ldots, d$$

Im Modell (2.6) werden die Erlöse und Fehlmengenkosten bei den Komponenten in Form der Gewichte ϖ_i und ψ_i berücksichtigt. Die Berechnung von ϖ_i und ψ_i erfolgt auf Basis der Erlöse u_k und Fehlmengenkosten f_k der Endprodukte, wobei die Mengenfaktoren b_{ik} berücksichtigt werden und eine Gewichtung mit den Erwartungswerten der Endproduktbedarfe erfolgt.

Betrachten wir uns die Zielfunktion von Modell (2.6). Die ersten beiden Terme innerhalb der eckigen Klammern dienen der Berechnung der erwarteten Summe der Erlösgewichte der Komponenten, die auf den tatsächlichen Komponentenbedarfen x_i, ihren Eintrittswahrscheinlichkeiten $\mathrm{P}^i(x_i)$, den vorproduzierten Komponentenmengen p_i und den Gewichten ϖ_i basiert. Dabei muß unterschieden werden, ob die tatsächlichen Komponentenbedarfe x_i nicht größer (erster Term) bzw. größer (zweiter Term) als die vorproduzierten Komponentenmengen p_i sind. Der dritte Term drückt die erwartete Summe der Fehlmengengewichte der Komponenten aus - Fehlmengen entstehen, wenn die tatsächlichen Komponentenbedarfe x_i größer als die vorproduzierten Komponentenmengen p_i sind. Schließlich drückt noch der Term $\mathbf{h}^{\mathrm{T}} \cdot \mathbf{p}$ die Lagerhaltungskosten der Komponenten aus.

Als Restriktionen sind die Obergrenze für das Budget der Komponenten und die Nichtnegativitäts- und Ganzzahligkeitsbedingungen für die Entscheidungsvariablen **p** angesetzt. Aufgrund der Vernachlässigung der wechselseitigen Abhängigkeiten der Komponenten bei der Befriedigung der Endproduktbedarfe braucht die Bedingung, daß die verkauften Endproduktmengen aus den vorproduzierten Komponenten montierbar sein müssen, nicht angesetzt werden.

Aufgrund der Berücksichtigung der Erlöse und Fehlmengenkosten bei den Komponenten in Form der Gewichte ϖ_i und ψ_i und der Vernachlässigung der wechselseitigen Abhängigkeiten der Komponenten bei der Befriedigung der Endproduktbedarfe sind keine Variablen für die Endprodukte mehr notwendig. Im Gegensatz zu Heuristik 1, wo die Variablen für die Komponenten verschwinden (siehe Modell (2.4)), verschwinden bei Heuristik 2 (siehe Modell (2.6)) also die Variablen für die Endprodukte.

Modell (2.6) ist ebenfalls ein nichtlineares (ganzzahliges) Rucksackproblem, das mit dynamischer Programmierung gelöst werden kann. Heuristik 2 bzw. die Lösung von (2.6) ergibt im allgemeinen jedoch kein Optimum für Modell (2.2).

2.4.2.3.3 Heuristik 3

Heuristik 3 basiert auf einer näherungsweisen Lösung von Modell (2.2), in dem die Ganzzahligkeitsbedingung für die sehr große Anzahl von Variablen für die Verkaufsmengen der Endprodukte s_{kr} vernachlässigt, für die relativ kleine Anzahl von Variablen für die vorausproduzierten bzw. beschafften Mengen der Komponenten p_i jedoch berücksichtigt wird. Das daraus resultierende gemischt-ganzzahlige Optimierungsproblem kann für kleine Problemgrößen mit Branch-and-Bound-Methoden bzw. "benders' decomposition" gelöst werden, liefert aber im allgemeinen ebenso keine optimale Lösung für Modell (2.2).

2.4.2.3.4 Performancevergleich der Heuristiken

Die Performance der obigen drei Heuristiken für Modell (2.2) (bzw. Modell (2.1) mit diskreten Verteilungen für die Endproduktbedarfe) wurde von Jönsson/Silver (1989b) bei sechs unterschiedlichen Produktstrukturen mit jeweils ein bis drei unterschiedlichen Werten für das Budget der Komponenten g verglichen. Es wurden insgesamt dreizehn Vergleichsfälle betrachtet, bei denen die Endproduktbedarfe als binomialverteilt und voneinander unabhängig angenommen wurden. Die maximale Anzahl unterschiedlicher Endprodukte betrug vier und die der Komponenten fünf. Die maximal mögliche Anzahl von Bedarfswerten für ein Endprodukt betrug vier - es waren maximal die Bedarfswerte 0, 1, 2 und 3 zugelassen. Dies zeigt, daß es sich um wahrlich sehr kleine Vergleichsfälle gehandelt hat. Für jeden Vergleichsfall wurde folgendes berechnet:

(1) Eine obere Grenze für den Zielfunktionswert, in dem für das Modell (2.2) unter Vernachlässigung der Ganzzahligkeitsbedingung für alle Variablen mit "Benders' decomposition" das Optimum ermittelt wurde.

(2) Der Vektor **p** (die vorausproduzierten bzw. beschafften Mengen der Komponenten) wurde mit jeder der drei Heuristiken berechnet. Für Heuristik 1 ergibt sich der Vektor **p** aus der Gleichung $\mathbf{p} = \mathbf{b} \cdot \mathbf{s}$.

(3) Für jeden der drei **p**-Vektoren wurde der damit erreichte Zielfunktionswert ermittelt. Dies ist aufgrund der speziellen Problemstruktur von Modell (2.2) möglich, weil für einen gegebenen **p**-Vektor das Problem in n voneinander unabhängige, kleine Teilprobleme mit jeweils k ganzzahligen Variablen zerfällt. Die Teilprobleme können aufgrund der geringen Anzahl der Endprodukte in den Vergleichsfällen optimal gelöst werden.

Bei den Experimenten hat sich folgendes herausgestellt:

(1) Heuristik 2 lieferte bis auf zwei Ausnahmen immer bessere Ergebnisse als Heuristik 1.

(2) Heuristik 3 lieferte bei allen Vergleichsfällen die besten Ergebnisse und in mindestens vier Fällen wurde das Optimum gefunden, weil in diesen Fällen der erreichte Zielfunktionswert mit der oberen Grenze gleich war.

(3) Heuristik 2 ist meist knapp an die Ergebnisse der wesentlich komplexeren Heuristik 3 herangekommen.

Jönsson/Silver (1989b) zogen aus den obigen Beobachtungen den Schluß, daß sich für Heuristik 2 eine Erweiterung auf realistischere Situationen mit größerem Budget g und stetigen Verteilungen aufdrängt. Für die exaktere Heuristik 3 sahen sie keine vergleichbare, praktikable Erweiterungsmöglichkeit.

2.4.2.4 Erweiterte Heuristik 2 für stetige Zufallsvariablen

Die von Jönsson/Silver (1989b) entwickelte erweiterte Heuristik 2 basiert zwar auf dem Grundgedanken von Heuristik 2, nimmt jedoch eine Normalverteilung für die Bedarfe der Komponenten an. Wie bei Heuristik 2 werden auch hier die wechselseitigen Abhängigkeiten (Korrelationen) zwischen den Bedarfen der Komponenten vernachlässigt. Die mathematische Formulierung der stetigen Version von Heuristik 2 ist in (2.7) zu sehen:

x_i Realisationsvariable für die Zufallsvariable B_i

$f^i(x_i)$ Wahrscheinlichkeitsdichte der <u>*normalverteilten*</u> Zufallsvariable B_i

$$\max_{\mathbf{p}} \sum_{i=1}^{d} \left\{ \varpi_i \cdot \int_0^{p_i} x_i \cdot f^i(x_i) dx_i + \int_{p_i}^{\infty} \left[\varpi_i \cdot p_i - \psi_i \cdot (x_i - p_i) \right] \cdot f^i(x_i) dx_i \right\}$$
$$- \mathbf{h}^{\mathrm{T}} \cdot \mathbf{p}$$

$$\text{s.t.} \quad \mathbf{v}^{\mathrm{T}} \cdot \mathbf{p} \leq g$$
$$\mathbf{p} \geq \mathbf{0}$$

wobei (2.7)

$$\varpi_i = \sum_{\substack{k=1,\\ b_{ik}>0}}^{m} \frac{u_k}{b_{ik}} \cdot \mathrm{E}(Z_k) \Big/ \sum_{\substack{k=1,\\ b_{ik}>0}}^{m} \mathrm{E}(Z_k) \qquad \forall i = 1,\ldots,d$$

$$\psi_i = \sum_{\substack{k=1,\\ b_{ik}>0}}^{m} \frac{f_k}{b_{ik}} \cdot \mathrm{E}(Z_k) \Big/ \sum_{\substack{k=1,\\ b_{ik}>0}}^{m} \mathrm{E}(Z_k) \qquad \forall i = 1,\ldots,d$$

Für eine Erläuterung von Modell (2.7) sei auf die Erklärung von Modell (2.6) verwiesen (siehe Seite 57 und 58) - Modell (2.7) ist bis auf den Wegfall der Ganzzahligkeitsbedingungen für die vorproduzierten Komponentenmengen **p** und die Verwendung der Wahrscheinlichkeitsdichte $f^i(x_i)$ in Verbindung mit der Integration anstatt der Wahrscheinlichkeitsfunktion $P^t(x_t)$ in Verbindung mit der Summierung zur Ermittlung der entsprechenden Erwartungswerte mit Modell (2.6) ident.

Modell (2.7) ist nach Jönsson/Silver (1989b) ein Problem der konvexen Optimierung, für das sie auch einen Lösungsansatz beschreiben.

Die erweiterte Heuristik 2 wurde jedoch nicht mehr getestet, weil im Falle von stetigen Bedarfen für die Endprodukte derzeit noch kein praktikabler Weg bekannt ist, um auch nur eine gute Obergrenze für das theoretische Optimum von Optimierungsmodell (2.1) zu ermitteln. Derzeit muß man sich mit dem Wissen begnügen, daß Heuristik 2 für die durchgeführten dreizehn einfachen Testfälle mit diskreten Verteilungen meist gute Lösungen erzielte.

2.4.2.5 Zusammenfassung der Erkenntnisse von Jönsson/Silver

Im Folgenden werden nochmals die wichtigsten Punkte des Artikels von Jönsson/Silver (1989b) zusammengefaßt:

(1) Das entwickelte zweistufige stochastische Optimierungsmodell (siehe (2.1)) kann im Falle von diskreten Verteilungen für die Endproduktbedarfe in ein ganzzahliges Optimierungsproblem (siehe (2.2)) umgewandelt werden.

(2) Das ganzzahlige Optimierungsproblem (2.2) ist jedoch bereits für sehr kleine Problemgrößen nicht mehr optimal lösbar.

(3) Bei stetigen Verteilungen für die Endproduktbedarfe sieht es mit der optimalen Lösbarkeit von Modell (2.1) noch schlechter aus.

(4) Für den Fall von diskreten Verteilungen für die Endproduktbedarfe (für Modell (2.2)) wurden drei Heuristiken entwickelt und anhand von dreizehn Vergleichsfällen getestet. Heuristik 3 lieferte die besten Ergebnisse. Heuristik 2 (siehe Modell (2.6)) war meist besser als Heuristik 1 (siehe Modell (2.4)) und kam knapp an die Ergebnisse von Heuristik 3 heran. Heuristik 2 bot sich deshalb für eine Erweiterung auf realistischere Situationen mit größerem Budget *g* und stetigen Verteilungen an. Für die exaktere Heuristik 3 gibt es aufgrund ihrer mathematischen Komplexität keine vergleichbare, praktikable Erweiterungsmöglichkeit.

(5) Die erweiterte Heuristik 2 (siehe Modell (2.7)) nimmt eine Normalverteilung für die Bedarfe der Komponenten an und vernachlässigt (wie die ursprüngliche Heuristik 2) die wechselseitigen Abhängigkeiten (Korrelationen) zwischen den Bedar-

fen der Komponenten. Die Performance der erweiterten Heuristik 2 wurde jedoch nicht getestet.

In einem weiteren Artikel zeigten Jönsson/Silver (1990), wie das im Falle von diskreten Verteilungen für die Endproduktbedarfe sich ergebende ganzzahlige Optimierungsproblem (2.2)) mit Hilfe des "scenario aggregation"-Ansatzes näherungsweise gelöst werden kann. Die Grundidee dieses Ansatzes ist die Betrachtung einer kleinen Teilmenge von der typischerweise extrem großen Anzahl von möglichen Realisationen für die Zufallsvariablen eines Optimierungsproblems. Für diese Teilmenge von Realisationen, die als Szenarien bezeichnet werden, ist eine Bestimmung der optimalen Werte für die Entscheidungsvariablen vergleichsweise einfach. Es wurde von guten Testergebnissen für die dreizehn obigen Vergleichsfälle berichtet. Konkrete Testergebnisse wurden jedoch nicht präsentiert. Die Hauptprobleme dieses Ansatzes sind jedoch die Auswahl der betrachteten Szenarios und die Bestimmung ihrer Eintrittswahrscheinlichkeiten.

2.5 Zusammenfassung und Konsequenzen für unsere Neu- bzw. Weiterentwicklungen

Eine Lösung unseres Planungs- bzw. Entscheidungsproblems mit der Überplanungstechnik ist im Rahmen des MRPII-Konzepts möglich bzw. bereits im MRPII-Konzept vorgesehen. Im Mittelpunkt der Literatur, die sich mit der ATO-Fertigung aus der Sicht des MRPII-Konzepts beschäftigt, steht die Bewältigung der Planungskomplexität, die bei einer ATO-II-Fertigung aufgrund der großen Variantenvielfalt entsteht. Den Schwerpunkt bildet dabei die Gestaltung von Planungsstücklisten und ihr Einsatz im Rahmen des "Two-Level Master Production Scheduling" für den ATO-Typ II. Die Anwendung der "super bill"-Technik beim ATO-Typ II ist das einzige Hilfsmittel zur Nutzung der positiven Effekte von Gleichteilen auf Sicherheitsmengen, die uns die klassische MRPII-Literatur in Verbindung mit einer ATO-Fertigung zu bieten hat. Der ATO-Typ I wird in der klassischen MRPII-Literatur nicht behandelt, weil er aus deren deterministischen Betrachtungsweise im Vergleich zur "make-to-stock"-Fertigung keine Besonderheit darstellt - es gibt nur standardisierte Endprodukte ohne Bauteilvarianten und somit ist wie bei der MTS-Fertigung vorzugehen.

Der große Vorteil der Überplanungstechnik ist, daß sie in moderner PPS-Software mehr oder weniger direkt unterstützt wird, weil diese Software ja auf dem MRPII-

Konzept beruht. Der große Nachteil der Überplanungstechnik ist jedoch, daß der positive Effekt von Gleichteilen auf Sicherheitsmengen nicht bzw. mit der "super bill"-Technik nur sehr eingeschränkt genutzt werden kann.

Um diesen Nachteil der Überplanungstechnik bei der Festlegung der Planbedarfe und damit auch Sicherheitsmengen zu überwinden, wurden stochastische Optimierungsmodelle zur Bestimmung der Planbedarfe der Baukastenelemente vorgeschlagen. Solche Modelle lassen sich zwar relativ einfach ins MRPII-Konzept integrieren, aber in moderner PPS-Software, die auf dem MRPII-Konzept basiert, wird die Anwendung solcher Modelle nicht unterstützt, weil solche PPS-Software bzw. das ihr zugrundeliegende MRPII-Konzept weitgehend eine deterministische Planungssituation unterstellt. Der Stochastik der Planungsaufgabe bzw. den real vorhandenen Unsicherheiten versucht man durch die Einplanung von Puffern bzw. einer rollierenden Planung zu begegnen. Um zu verhindern, daß die ständigen Neu- bzw. Umplanungen in Folge einer rollierenden Planung zu einem sehr "nervösen" Planungssystem ("MRP-nervousness") führen, kann das Produktionsprogramm (Master Production Schedule) eine bestimmte Zeitspanne in die Zukunft fixiert bzw. "eingefroren" werden. Diese keineswegs optimale MRPII-Vorgehensweise ist aber nicht willkürlich, sondern in der mathematischen Komplexität von stochastischen Modellen begründet.

Neben der klassischen MRPII-Literatur, die sich durch die deterministische Betrachtung der Planungssituation auszeichnet, gibt es eine ganze Reihe von (wenn auch vergleichsweise geringere Anzahl von) Veröffentlichungen, die sich mit der MRP/MRPII-Planungslogik in Zusammenhang mit Planungsunsicherheiten bzw. Sicherheitsbestände befassen, bzw. eine umfangreiche Literatur zu stochastischen Lagerhaltungsmodellen, die sehr einfache Produkt- bzw. Prozeßstrukturen unterstellen. Diese beiden Ansätze haben gemeinsam, daß sie die Planungssituation nicht mehr deterministisch betrachten, und wir konnten aus ihnen lernen, daß wir in der vorliegenden Arbeit nur einen kleinen Bereich der Unsicherheit, nämlich die "demand uncertainty", betrachten und daß wir uns auf ein sehr schwieriges (mathematisch komplexes) Gebiet vorwagen. Außerdem sind wir beim Studium dieser Literatur auf ein Spezialgebiet gestoßen, das wir als Gleichteileproblematik bzw. Gleichteileproblem bezeichnen.

Dieses Spezialgebiet beschäftigt sich mit den Auswirkungen von Gleichteilen, d.h. wie wirkt es sich aus (z. B. auf den notwendigen Sicherheitsbestand, den gewünschten Lieferbereitschaftsgrad, die Entwicklungskosten, Produktionskosten und dgl.), wenn ein

Teil in mehrere übergeordnete Baugruppen oder auch Endprodukte eingeht. Unser Planungsproblem behandelt einen Aspekt dieser Gleichteileproblematik unter ganz speziellen Rahmenbedingungen (ATO-Fertigung). In Veröffentlichungen zur Gleichteileproblematik wird meist mit relativ kleinen Modellen (z. B. zwei Endprodukte, die aus drei Komponenten gefertigt werden) die Wirkungsweise von Gleichteilen unter unterschiedlichen Aspekten untersucht. Diese Analysen liefern uns zwar interessante Erkenntnisse über unser Planungsproblem bzw. unterstreichen deren Bedeutung, aber nutzen relativ wenig zur unmittelbaren Lösung desselben, weil die in den meist analytisch exakt durchgeführten Analysen eingesetzten Methoden sich für praxisrelevante Problemgrößen nicht eigenen.

Arbeiten, die sich unmittelbar mit Methoden zur Lösung unseres Planungsproblems bei praxisrelevanten Problemgrößen auseinandersetzten, haben wir bis auf die Veröffentlichungen von Jönsson/Silver (1989b und 1990) nicht gefunden.

Jönsson/Silver (1989b) stellten ein zweistufiges stochastisches Optimierungsmodell für eine ATO-I-Fertigung auf, bei dem ein fixes Budget so auf die (Planbedarfe der) unterschiedlichen Komponenten (entsprechen den Baukastenelementen) aufgeteilt wird, daß der erwartete Profit aus den verkauften Endprodukten für eine einzelne Periode maximiert wird. Sie zeigten, daß das zweistufige stochastische Optimierungsmodell im Falle von diskreten Verteilungen für die Endproduktbedarfe in ein ganzzahliges Optimierungsproblem umgeformt werden kann, für dessen näherungsweisen Lösung sie auch drei Heuristiken entwickelten. Diese drei Heuristiken wurden anhand von dreizehn sehr einfachen Testfällen verglichen. Eine dieser drei Heuristiken (die Heuristik 2) wurde für den Fall von normalverteilten Endproduktbedarfen adaptiert und als "erweiterte Heuristik 2" bezeichnet. Die erweiterte Heuristik 2 wurde jedoch nicht mehr getestet, weil im Falle von stetigen Bedarfen für die Endprodukte derzeit noch kein praktikabler Weg bekannt ist, um auch nur eine gute Obergrenze für das theoretische Optimum des Optimierungsmodells zu ermitteln.

Nach dieser kurzen Zusammenfassung, inwieweit bekannte Ansätze zur Materialbedarfsplanung zur Unterstützung unseres Planungsproblems geeignet sind, greifen wir uns jene Punkte nochmals heraus, die unsere im Abschnitt 4 dokumentierten Entwicklungen (stochastische Optimierungsmodelle zur Unterstützung unseres Planungsproblems und Heuristiken zur Ermittlung von möglichst guten Lösungen für diese Modelle) maßgeblich beeinflußten.

Die vorgeschlagenen stochastischen Optimierungsmodelle zur Unterstützung unseres Planungs- bzw. Entscheidungsproblems lassen sich relativ einfach ins MRPII-Konzept integrieren. Wir brauchen daher nicht ein völlig neues PPS-Konzept entwickeln.

Wir greifen die in Abschnitt 2.2, S. 40, genannten Schlüsse auf, die Murthy/Ma (1991) aus einer Literaturstudie zum Thema "MRP with uncertainty" gezogen haben, in dem wir bei den von uns entwickelten stochastischen Optimierungsmodellen eine Normalverteilung für die Endproduktbedarfe annehmen, mit Heuristiken nach möglichst guten Lösungen suchen und die Effizienz der entwickelten Heuristiken im Rahmen einer Fallstudie mit realen Betriebsdaten untersuchen.

Die Untersuchung von Eynan (1996), die den Zusammenhang zwischen Korrelation der Endproduktbedarfe und Einsparungseffekt durch Gleichteile analysiert (siehe Abschnitt 2.4.1, S. 47), veranlaßte uns dazu, stochastische Abhängigkeiten zwischen den Bedarfen der Endprodukte in den von uns entwickelten Optimierungsmodellen vorzusehen, in dem wir annehmen, daß die Endproduktbedarfe einer mehrdimensionalen Normalverteilung folgen. Bei einer mehrdimensionalen Normalverteilung werden die Abhängigkeiten zwischen den Zufallsvariablen mit Hilfe einer Kovarianzmatrix abgebildet.

Den größten Einfluß auf die Entwicklung unserer Modelle, Heuristiken und dessen Vergleich bzw. Evaluierung hatte jedoch die Veröffentlichung von Jönsson/Silver (1989b). Im Folgenden werden die Gemeinsamkeiten zwischen dem Modell von Jönsson/Silver (1989b) und unseren Modellen angeführt:

(1) Es wird nur eine Planperiode betrachtet, in der n unterschiedliche Endprodukte aus m unterschiedlichen Komponenten (Baukastenelementen) montiert werden.

(2) Einige der Komponenten gehen in zwei oder mehrere Endprodukte ein. Die Zusammensetzung der Endprodukte ist in Stücklisten genau definiert.

(3) Die Komponenten müssen beschafft bzw. produziert werden bevor noch die Kundenaufträge (die Endproduktbedarfe) bekannt sind.

(4) Der Wert der vorproduzierten bzw. beschafften Komponenten ist durch ein Budget nach oben begrenzt.

(5) Die verkaufte Menge eines Endproduktes kann nicht größer als sein Bedarf und nicht kleiner als Null sein.

(6) Man kann nicht mehr Endprodukte verkaufen, als man aus den vorproduzierten bzw. beschafften Komponenten montieren kann.

(7) Wenn die vorausproduzierten bzw. beschafften Komponenten nicht zur Deckung der gesamten Endproduktbedarfe ausreichen, muß eine Entscheidung darüber getroffen werden, welche Menge von jedem Endprodukt montiert bzw. verkauft wird, oder anders ausgedrückt, es muß eine Zuordnung (Allokation) der vorausproduzierten bzw. beschafften Komponenten zu Kundenaufträgen (Endproduktbedarfen) erfolgen. Bei dieser Allokationsentscheidung sind die Bedingungen (5) und (6) zu berücksichtigen.

(8) Die Bedarfsmenge eines Kundenauftrages, die nicht in der betrachteten Periode befriedigt werden kann, geht verloren - aber nicht der gesamte Kundenauftrag.

(9) Wenn die Bedarfsmengen aller Endprodukte befriedigt werden können, entsprechen die Verkaufsmengen den Bedarfsmengen und es ist keine Allokationsentscheidung notwendig.

(10) Gesucht ist jene Aufteilung des fixen Budgets auf die vorausproduzierten bzw. beschafften Komponenten, die eine bestimmte Zielgröße maximiert.

Die oben genannten Gemeinsamkeiten ergeben sich vor allem daraus, daß sowohl Jönsson/Silver (1989b) als auch wir eine ATO-Fertigung vom Typ I annehmen. Kommen wir nun zu den Unterschieden zwischen den Modellen:

(1) Wir nehmen in unseren Modellen an, daß die Endproduktbedarfe einer mehrdimensionalen Normalverteilung folgen. Jönsson/Silver (1989b) treffen in ihrem Modell keine speziellen Annahmen über die Verteilung der Endproduktbedarfe.

(2) Im Gegensatz zu Jönsson/Silver (1989b) wollen wir nicht den erwarteten Profit maximieren, sondern wir entwickeln Modelle, in denen der aggregierte Servicelevel (=Wahrscheinlichkeit, daß alle Endproduktbedarfe in der betrachteten Periode befriedigt werden können) bzw. der Erwartungswert des Erlösüberschusses (=Erlöse minus die variablen Kosten der verkauften Endprodukte minus die Lagerhaltungskosten für die vorproduzierten Komponenten, die in der betrachteten Periode nicht benötigt wurden) maximiert wird. Während sich der Erwartungswert des Erlösüberschusses vom erwarteten Profit in Hinblick auf die Lösbarkeit der Modelle wenig unterscheidet, bietet der aggregierte Servicelevel (ASL) als Zielgröße den Vorteil, daß keine Allokationsentscheidung getroffen werden muß, weil

man hier lediglich versucht, die Fälle, bei denen eine solche Entscheidung nötig ist, möglichst zu vermeiden. Diese "Umgehung" der Allokationsentscheidung bei ASL als Zielgröße führt – wie wir im Verlauf der Arbeit noch sehen werden – zu einer Reduktion der mathematischen Komplexität, aber auch zu Nachteilen. Für eine ausführliche Diskussion bzw. mathematische Definition der Zielfunktionen unserer Modelle sei auf Abschnitt 4.3 bzw. 4.4 verwiesen.

(3) Jönsson/Silver (1989b) nehmen an, daß zum Zeitpunkt der Zuordnung (Allokation) der vorproduzierten bzw. beschafften Komponenten zu Kundenaufträgen alle Endproduktbedarfe (Kundenaufträge) bekannt sind. Unter der Annahme, daß bis zum Periodenende Aufträge eintreffen können, kann die Allokation erst am Periodenende erfolgen, daher kann auch die Montage der Endprodukte und auch die Auftragsablehnung oder -annahme nur zum Periodenende erfolgen. Dies ist wohl insbesondere bei Einperiodenmodellen, bei denen typischerweise die Periode relativ lang ist, eine sehr unrealistische Annahme. Bei unseren Modellen (nur bei denen Allokationsentscheidungen notwendig sind - bei der Zielgröße ASL sind keine notwendig) steht im Zentrum der Betrachtung eine Allokation der Komponenten zu Endproduktbedarfen (Kundenaufträgen) nach dem FIFO-(**F**irst-**I**n-**F**irst-**O**ut-) Prinzip, d.h. den Kundenaufträgen werden in der Reihenfolge ihres Eintreffens die vorproduzierten Bevorratungsmaterialien zugeordnet. Bei der FIFO-Allokation müssen zum Allokationszeitpunkt noch nicht alle Endproduktbedarfe bzw. Kundenaufträge bekannt sein, und somit kann die Montage und auch Auftragsablehnung bzw. -annahme nicht nur zum Periodenende, sondern während der gesamten betrachteten Planungsperiode erfolgen. Bei der FIFO-Allokation ist nach jedem Kundenauftragseingang eine, wenn auch sehr einfache, Allokationsentscheidung zu treffen. Man spricht hier also besser von einem Allokationszeitraum und nicht von einem Allokationszeitpunkt.

Die Vielzahl von Gemeinsamkeiten bzw. die wenigen Unterschiede zwischen dem Modell von Jönsson/Silver (1989b) und den von uns entwickelten Modellen darf jedoch nicht dahingehend fehlinterpretiert werden, daß sich unsere Modelle ohnehin kaum unterscheiden bzw. nichts neues darstellen, denn die meisten Gemeinsamkeiten beschreiben nur die Grundcharakteristika einer ATO-I-Fertigung und ergeben sich somit "automatisch". Vor allem die Unterschiede (2) und (3), also bezüglich Zielgröße und Allokation der Komponenten, haben weitreichende Konsequenzen auf die mathematische Modellformulierung, Lösbarkeit der Modelle und Entwicklung von Heuristiken.

Eine Gemeinsamkeit, die in Hinblick auf die praktische Anwendbarkeit der Modelle problematisch ist, sei noch hervorgehoben. Aufgrund der mathematischen Komplexität von Mehrperiodenmodellen werden wir uns - wie Jönsson/Silver (1989b) - mit der Entwicklung von Einperiodenmodellen begnügen. Im Gegensatz zu Jönsson/Silver (1989b), die dies ebenfalls als Argument für ihre Einperiodenmodelle anführen (was aus der Sicht der Praxis nie ein Argument sein kann), geben wir im Abschnitt 4.2.3 zumindest praxisrelevante Szenarien (Beispiele) an, bei denen unsere Einperiodenmodelle sehr wohl zur Unterstützung unseres Planungs- bzw. Entscheidungsproblems eingesetzt werden können.

Weiters sei noch angemerkt, daß wir - wie Jönsson/Silver (1989b) - eine ATO-I-Fertigung unterstellen, aber im Gegensatz zu Jönsson/Silver (1989b), die den ATO-Typ II nicht betrachten, wurde in der Arbeit erläutert, daß Modelle für den ATO-Typ I sich als Näherung für den ATO-Typ II eignen, wenn die Standardbauteile der Produkttypen der betrachteten ATO-II-Fertigung den wertmäßigen Hauptanteil stellen (siehe Abschnitt 1.4.2, Seite 16).

Wenden wir uns nun den Heuristiken zur Ermittlung von möglichst guten Modellösungen zu. Eine Adaptierung der erweiterten Heuristik 2 von Jönsson/Silver (1989b), die normalverteilte Endproduktbedarfe annimmt, würde sich auch zur näherungsweisen Lösung unserer Optimierungsmodelle anbieten, weil wir ebenfalls normalverteilte Endproduktbedarfe annehmen. Wir gehen diesen Weg jedoch nicht, weil die erweiterte Heuristik 2 die wechselseitigen Abhängigkeiten (Korrelationen) zwischen den Bedarfen der Komponenten nicht berücksichtigt und dies zu sehr schlechten Lösungen führen kann. Wir geben dazu ein kurzes Beispiel an. Nehmen wir zwei Komponenten X und Y an, die beinahe mit den gleichen Mengenverhältnissen in die Endprodukte eingehen (Annahme I) und bei denen der Wert pro Einheit von X ein Vielfaches von Y beträgt (Annahme II). Zur Nachvollziehung der folgenden Argumentation sei auf das mathematische Modell der erweiterten Heuristik 2 verwiesen (Modell (2.7) auf Seite 60). Aus Annahme I ergibt sich, daß die Gewichte ϖ_i und ψ_i für die Erlöse und Fehlmengenkosten beider Komponenten auch nahezu gleich sind. Die beinahe Gleichheit dieser Gewichte der beiden Komponenten und die Annahme II führen bei einem begrenzten Budget g für die Komponenten dazu, daß für Komponente Y eine größere

Produktionsmenge vorgeschlagen und damit ein höherer Servicelevel eingestellt wird. Dies ist jedoch aufgrund von Annahme I nicht zweckmäßig.

Wir werden daher schwerpunktmäßig solche Heuristiken entwickeln, die die wechselseitigen Abhängigkeiten (Korrelationen) zwischen den Bedarfen der Komponenten berücksichtigt. Darüberhinaus entwickeln wir jedoch auch sehr einfache Heuristiken, die unabhängige Komponentenbedarfe unterstellen, aber im Vergleich zur erweiterten Heuristik 2 wesentlich weniger Rechenzeit beanspruchen bzw. den im obigen Beispiel gezeigten Effekt vermeiden, indem sie einen möglichst hohen, für alle Komponenten gleichen Servicelevel anstreben - diese Idee basiert auf den Überlegungen von Büchel (siehe Abschnitt 2.2, S. 41) bzw. auf unserem sehr einfachen Beispiel zur Demonstration der Wirkungsweise der Überplanungstechnik in der Einführung (siehe Abschnitt 1.4.1, Seite 10). Wir werden im Verlauf der Arbeit bei unseren Simulationsexperimenten noch sehen, daß jene Heuristik, die unabhängige Komponentenbedarfe unterstellt und keinen gleichen Servicelevel für die Komponenten einstellt und damit der erweiterten Heuristik 2 sehr ähnlich ist, die mit Abstand schlechtesten Ergebnisse erzielt.

Die erweiterte Heuristik 2 wurde von Jönsson/Silver (1989b) nicht mehr getestet. Jönsson/Silver (1989b) führten als Argument dafür an, daß im Falle von stetigen Bedarfen für die Endprodukte derzeit noch kein praktikabler Weg bekannt ist, um auch nur eine gute Obergrenze für das theoretische Optimum ihres Optimierungsmodells zu ermitteln. Sie führten aus, daß man sich derzeit eben mit dem Wissen begnügen muß, daß Heuristik 2 für dreizehn einfache Testfälle mit diskreten Verteilungen meist gute Lösungen erzielte. Diese Situation bzw. Argumentation ist aus unserer Sicht völlig unbefriedigend, insb. auch in Zusammenhang mit dem im obigen Beispiel gezeigten Effekt. Wir können für unsere Modelle zwar ebenfalls kein theoretisches Optimum oder auch nur eine gute Obergrenze ermitteln, aber man darf nicht vergessen, daß in der Praxis jedes Problem irgendwie (wenn vielleicht auch schlecht) gelöst werden muß. Wir werden die entwickelten Heuristiken daher an dem "state of the art" der Problemlösungspraxis, der Überplanungstechnik, messen. Weiters wollen wir den Vergleich der Heuristiken untereinander und mit der Überplanungstechnik unter realistischen Bedingungen durchführen - daher erfolgt der Vergleich vor allem anhand realer Betriebsdaten und nicht aufgrund einer selbstkonstruierten Testumgebung.

Wie wir in den obigen Ausführungen gesehen haben, beziehen sich unsere Neu- bzw. Weiterentwicklungen im Vergleich zu Jönsson/Silver (1989b) auf die Modellbildung (andere Zielgrößen bzw. Allokationsregeln), Heuristiken (Berücksichtigung der Abhängigkeiten zwischen den Komponentenbedarfen) und dessen Evaluierung (Vergleich mit derzeitiger Problemlösungspraxis anhand realer Betriebsdaten). Weiters erfolgt für unsere Modelle eine ausführliche Diskussion bzw. Begründung der angenommenen Prämissen (siehe Abschnitt 4.2).

Bevor wir zu unseren Neu- bzw. Weiterentwicklungen kommen, wollen wir im nächsten Abschnitt unser ATO-Problemverständnis vertiefen, in dem wir einen realen ATO-Betrieb untersuchen. Neben einem Unternehmensüberblick und der Analyse der Produktstruktur und des Produktions- und Logistiksystems werden wir uns insbesondere das Produktionsplanungs- und -steuerungssystem (also auch die Materialbedarfsplanung bzw. die Lösung unseres Planungsproblems) ansehen.

3 Fallstudie Landmaschinen AG - Teil 1

Wie bereits in der Einführung (Abschnitt 1.9) erwähnt, wurde zur Verdeutlichung der Problematik der ATO-Fertigung, Abschätzung der Problemgrößen, die mit den Optimierungsmodellen (Heuristiken) im Praxisbetrieb bewältigt werden müssen, und zum Test der Heuristiken eine Fallstudie in einem österreichischen Industriebetrieb durchgeführt.

Aus Gründen der Anonymität werden weder der Firmenname noch konkrete Produktbezeichnungen oder dgl. erwähnt. Wir verwenden statt dessen den frei erfundenen Firmennamen "Landmaschinen AG", der schon auf die Branche, in der das Unternehmen tätig ist, hinweist, und auch frei erfundene Produkt(familien)bezeichnungen.

Auf den folgenden Seiten ist der erste Teil der Fallstudie dokumentiert, in dem nach einem Unternehmensüberblick die Produktstruktur, das Produktions- und Logistiksystem und das Produktionsplanungs- und -steuerungssystem der Landmaschinen AG beschrieben wird.

Im zweiten bzw. dritten Teil der Fallstudie (siehe Abschnitt 4.3.4.2 bzw. 4.4.5.2) wird die Produktfamilie "Kleine Mähwerke" der Landmaschinen AG herausgegriffen, auf die dann die im Abschnitt 4 entwickelten Heuristiken angewendet werden.

3.1 Unternehmensüberblick

Die Landmaschinen AG ist ein österreichischer Mittelbetrieb der Maschinenbaubranche, genauer gesagt Landmaschinenbaubranche.

Sie hat einen Umsatz von ca. 2 Mrd. Schilling pro Jahr und beschäftigt ca. 1.200 Mitarbeiter.

Es werden Landmaschinen zur Grünland- und Bodenbearbeitung erzeugt, die in zehn Produktfamilien eingeteilt werden. Eine Produktfamilie umfaßt mehrere Produkttypen, die sich meist durch die Größe der Geräte unterscheiden. Innerhalb eines für jeden Produkttyp vorgegebenen Rahmens - innerhalb des Baukastens - kann sich der Kunde seine Landmaschine selbst konfigurieren.

Die Hauptabsatzgebiete der Landmaschinen AG sind die EU-Länder (insb. Österreich und Deutschland). Es wird aber auch bis in die entlegensten Winkel der Erde exportiert - z. B. Mähwerke für Oasen im arabischen Raum.

Der Vertrieb erfolgt über Landmaschinenhändler. Im Ausland sind meist noch zusätzlich Generalimporteure "zwischengeschaltet".

Der Absatz der Produktfamilien unterliegt sehr starken saisonalen Schwankungen, d.h. es wird eine sehr bedeutsame Menge innerhalb einer kurzen Zeitspanne (der Hauptsaison) benötigt, aber es werden oft auch bestimmte Mengen während einer größeren Zeitspanne außerhalb der Hauptsaison verkauft.

In der Hauptsaison erwarten die Kunden meist eine sehr geringe Lieferzeit (wenige Tage - am besten sofort), während im restlichen Zeitraum die Lieferzeiten keine große Rolle spielen, weil der Kunde ohnehin nur zum Beispiel aufgrund der günstigen Konditionen außerhalb der Hauptsaison gekauft hat, aber er erwartet sich die Lieferung spätestens in der Hauptsaison. Eine Lieferung nach der Hauptsaison interessiert den Kunden meist nicht mehr, er kauft das Produkt dann bei der Konkurrenz.

Obwohl die Landmaschinenbranche im EU-Raum durch schrumpfende Märkte und harten Verdrängungswettbewerb gekennzeichnet ist, gelang es der Landmaschinen AG in den letzten Jahren fast immer ihren Umsatz leicht zu steigern.

Die Fertigung der Landmaschinen erfolgt in einem einzigen Werk, in dem die Blechbearbeitung, mechanische Fertigung, Baugruppenfertigung, Lackierung und Montage durchgeführt wird. Im Gegensatz zu Automobilwerken, wo großteils nur mehr eine Montage der Endprodukte erfolgt, weist die Landmaschinen AG also eine sehr große Fertigungstiefe auf.

Aufgrund der großen Variantenvielfalt auf Endproduktebene (pro Produkttyp kann es mehrere Tausend Endproduktvarianten geben) wird versucht, die Montage soweit wie möglich kundenauftragsbezogen zu steuern. Die Beschaffung bzw. Fertigung der meisten Rohstoffe, Einzelteile und Baugruppen muß jedoch wegen der langen Wiederbeschaffungs- bzw. Fertigungsdurchlaufzeiten prognosegetrieben erfolgen.

Aufgrund der starken saisonalen Absatzschwankungen und der mangelnden Flexibilität in der Montage/Fertigung bei manchen Produktfamilien ist eine reine kundenauftragsbezogene Montage jedoch nicht möglich bzw. wirtschaftlich sinnvoll, sondern es werden bestimmte Standard-Endprodukte auch auf Lager produziert und später eventuell auf die speziellen Kundenwünsche adaptiert (umgebaut).

Abhängig von der Produktfamilie liegt also eine spezielle Kombination von ATO- und MTS-Fertigung vor.

Der Trend geht jedoch eindeutig in Richtung mehr ATO-Fertigung. Die Implementierung von flexiblen Arbeitszeitmodellen, der Einsatz der Rabattpolitik zur Glättung des Absatzverlaufes und der vermehrte Einsatz von flexiblen Fertigungs- bzw. Montagetechniken sind dafür wesentliche Grundpfeiler. Bei manchen Produktfamilien liegt schon beinahe eine reine ATO-Fertigung vor.

Die Aufbauorganisation der Landmaschinen AG könnte man als "klassisch" bezeichnen mit großteils funktionaler Spezialisierung in Verbindung mit einem Einliniensystem zur Koordination (vgl. Heinen, 1991; S. 100). Es wird jedoch eine Umstellung auf funktionsübergreifende Teams angestrebt, d.h. pro Produktfamilie wird ein Team aus Konstrukteuren, Arbeitsplanern, Disponenten, Einkäufern und Montage/Fertigungsverantwortlichen gebildet, das auch räumlich gesehen direkt in der Montage/ Fertigung "beisammen sitzt".

Um den ersten Eindruck von der Landmaschinen AG noch abzurunden, werden die wesentlichen Eckpunkte des Mengen- und Zeitgerüstes kurz angegeben:

- Fertigung von 10 Produktfamilien, die ca. 150 Produkttypen umfassen,
- jährliche Gesamtproduktion von ca. 20.000 Landmaschinen,
- jährliche Fertigung von ca. 20.000 unterschiedlichen Einzelteilen und Baugruppen (ohne Ersatzteile),
- jährlicher Zukauf von ca. 15.000 unterschiedlichen Materialien (Rohstoffe, Einzelteile und Baugruppen ohne Ersatzteile),
- permanente Lagerung und Disposition von ca. 50.000 unterschiedlichen Ersatzteilen,
- mittlerer Gesamtbestand in allen Lägern von ca. 500 Mio. Schilling,
- ca. 200 Arbeitsplätze (ohne Montage; Pressen, Stanzen, CNC-Maschinen, Fertigungszellen, Schweißroboter, Handarbeitsplätze usw.),
- über 40.000 Fertigungsaufträge (ohne Montage) jährlich,

- über 130.000 Arbeitsgänge (ohne Montage) jährlich ,
- mittlere Durchlaufzeit in der Fertigung von ca. 4 Wochen,
- Wiederbeschaffungszeiten bis zu 6 Monaten.

3.2 Produktstruktur

Wie bereits im Abschnitt "Unternehmensüberblick" erwähnt, werden Landmaschinen zur Grünland- und Bodenbearbeitung erzeugt, die in zehn Produktfamilien eingeteilt werden. Eine Produktfamilie umfaßt mehrere Produkttypen, die sich meist durch die Größe der Geräte unterscheiden. Innerhalb eines für jeden Produkttyp vorgegebenen Rahmens - innerhalb des Baukastens - kann sich der Kunde seine Landmaschine selbst konfigurieren.

Aus Sicht der Produktstruktur liegt also ein ATO-Typ II vor, bei dem die Anzahl der Endproduktvarianten so hoch ist, daß es nicht möglich bzw. sinnvoll ist, für alle theoretisch möglichen Endprodukte eine Stückliste im voraus anzufertigen.

Jeder Produkttyp basiert auf einem Baukasten und hat eine Maximalstückliste, die alle Baukastenelemente anführt. Jedes dieser Baukastenelemente ist variantenfrei, d.h., daß jedes Baukastenelement eindeutig definiert ist und es hier keine weiteren Varianten gibt - es liegt also eine einstufige Variantenfertigung vor. Zum Begriff der ein- bzw. mehrstufigen Varianten siehe etwa Zimmermann (1988; S. 5).

Die Produkttypen einer Produktfamilie unterscheiden sich im wesentlichen durch die Größe der Geräte und sollten eigentlich viele gleiche Baukastenelemente (sehr ähnliche Baukästen) haben.

Bei den Baukastenelementen werden Standardbauteile, Bauteilvarianten und optionale Bauteile unterschieden (zur Definition siehe Abschnitt 1.4.2, S. 15).

Durch die sinnvolle Kombination der Baukastenelemente eines Produkttyps entstehen verschiedene Endprodukte (Landmaschinen).

Eine Beschränkung der Kombinationen in Hinblick auf Sinnhaftigkeit und technische Realisierbarkeit ist im EDV-System jedoch nicht bzw. teilweise als Text hinterlegt.

Für besonders häufige Kombinationen wird eine Artikelnummer mit einer Stückliste EDV-mäßig geführt.

Jede erzeugte Landmaschine bekommt eine eindeutige Maschinennummer, die mit der Fahrgestellnummer eines PKW vergleichbar ist. Für jede erzeugte Landmaschine bzw. pro Maschinennummer wird eine eigene Stückliste EDV-mäßig geführt.

Zur Verdeutlichung der Zusammenhänge zwischen Produktfamilie, Produkttyp, Maximalstückliste, Landmaschine, Maschinennummer, Artikelnummer usw. wird im Folgenden ein kleines Beispiel angeführt.

Eine der zehn erzeugten Produktfamilien ist die Produktfamilie "Große Mähwerke", die fünf Produkttypen umfaßt, die sich im wesentlichen durch die Größe der Geräte unterscheiden.

Wir greifen uns einen der fünf Produkttypen der Produktfamilie "Große Mähwerke" heraus - in Tabelle 3.1 sieht man einen Ausschnitt aus der Maximalstückliste des Produkttyps "Mähwerk 4m".

lfd. Nr.	Materialnummer	Bezeichnung	S/V/O	Menge
10	100010	Rahmen	S	1
20	123440	Trommel 40	V	4
30	123443	Spezialtrommel 43	V	4
40	450213	Werkzeugsatz 213	O	1
...	...	...	...	...

Tabelle 3.1: Ausschnitt aus der Maximalstückliste des Produkttyps "Mähwerk 4m"

Neben den Spalten lfd. Nr., Materialnummer, Bezeichnung und Menge, die mehr oder weniger selbsterklärend sind, hat die Maximalstückliste noch eine Spalte S/V/O, die angibt, ob es sich um einen Standardbauteil (S), eine Bauteilvariante (V) oder ein optionales Bauteil (O) handelt.

In der Literatur findet man solche Stücklisten auch unter der Bezeichnung offene Variantenstücklisten, Auswahlstücklisten und dgl. (vgl. dazu etwa Grupp, 1995; S. 153ff).

Für jede Landmaschine vom Produkttyp "Mähwerk 4m" werden der gleiche Rahmen, entweder vier Trommeln oder vier Spezialtrommeln usw. benötigt. Der Werkzeugsatz ist optional.

Wenn eine Landmaschine vom Produkttyp "Mähwerk 4m" erzeugt wird (z. B. mit der Spezialtrommel, Werkzeugsatz usw.), bekommt sie eine eindeutige Maschinennummer - z. B. 990001. Wenn eine weitere Landmaschine vom gleichen Produkttyp mit der gleichen Konfiguration (mit den gleichen Baukastenelementen) erzeugt wird, bekommt sie eine andere Maschinennummer - z. B. 990002. Für jede Landmaschine - also pro Maschinennummer - wird eine eigene Stückliste EDV-mäßig gespeichert.

Wenn die obige Konfiguration vom Produkttyp "Mähwerk 4m" sehr oft vom Kunden gewünscht wird, wird dafür eine Artikelnummer mit einer Bezeichnung und einer Stückliste angelegt, um den Konfigurations- bzw. Erfassungsaufwand beim Kundenauftragseingang zu reduzieren.

Nach diesem kurzen Beispiel betrachten wir die Baukastenelemente der Produkttypen, die in den Maximalstücklisten angeführt sind, etwas näher.

Neben der Variantenfreiheit haben die Baukastenelemente noch eine weitere wichtige Eigenschaft - sie sind nämlich oft Pseudobaugruppen. Pseudogruppen sind Baugruppen, die nicht als eine Einheit montiert werden. Im Extremfall kann ein Teil einer Pseudobaugruppe am Beginn des Montagebandes und ein anderer Teil der gleichen Pseudobaugruppe am Bandende eingebaut werden. Die Pseudogruppen sind vor allem Ausgangspunkt der Konstruktion und Disposition.

Ein Baukastenelement kann also eine Baugruppe, eine Pseudobaugruppe oder auch ein Einzelteil sein.

Eine (Pseudo-)Baugruppe kann aus mehreren Einzelteilen und/oder mehreren Baugruppen bestehen. Die Baugruppen und Einzelteile werden entweder zugekauft oder selbst gefertigt und werden daher als Zukauf- oder Eigenfertigungsteile bezeichnet.

Der Aufbau der Eigenfertigungsteile ist mit Baukastenstücklisten EDV-mäßig abgebildet.

Es liegt eine sehr große Fertigungstiefe vor, d.h. es werden sehr viele Fertigungsstufen innerbetrieblich durchlaufen - z. B. Rohteilefertigung, mechanische Bearbeitung der Einzelteile, verschweißen der Einzelteile zu Baugruppen, Vormontage der Baugruppen und Einzelteile und schließlich Endmontage der Landmaschinen. Fünf bis sechs Stücklistenstufen (Dispositionsstufen) sind keine Seltenheit.

3.3 Produktions- und Logistiksystem

In Abbildung 3.1 sind die bedeutendsten Materialflüsse innerhalb der Landmaschinen AG bzw. die Schnittstellen zur Außenwelt zu sehen.

Alle zugekauften Rohstoffe, Einzelteile und Baugruppen werden von den Lieferanten im Magazin angeliefert. Im Magazin erfolgt die gesamte Abwicklung der Warenübernahme und die Einlagerung der zugekauften Materialien bis zur weiteren Verwendung.

Mit Ausnahme der Montage(abteilung) ist das Produktionssystem großteils nach dem Werkstättenprinzip (zu diesem Begriff vgl. etwa Zäpfel, 1989b; S. 164ff) organisiert. Es gibt die Werkstätten Blechbearbeitung, mechanische Fertigung, Schweißerei, Vormontage und Lackieranlage, die mehr oder weniger auch räumlich zusammengefaßt sind. Natürlich sind die Maschinen, so weit es sinnvoll ist, entsprechend den Hauptmaterialflüssen aufgestellt - das Werkstättenprinzip wird also teilweise auch "durchbrochen".

Vom Magazin kommt Rohmaterial in die Blechbearbeitung und Rohmaterial bzw. Rohlinge in die mechanische Fertigung, wo im Regelfall mehrere Arbeitsgänge an verschiedenen Maschinen durchgeführt werden. Die fertigen Eigenfertigungsteile werden, nachdem sie evtl. noch lackiert werden, im Zwischenlager eingelagert.

Zugekaufte Materialien und/oder Eigenfertigungsteile werden im Magazin bzw. Zwischenlager für die Schweißerei kommissioniert. Die fertig geschweißten Baugruppen werden, nachdem sie evtl. nochmals mechanisch bearbeitet und/oder lackiert werden, wiederum im Zwischenlager eingelagert.

Unter Kommissionieren wird das Auslagern und die Zusammenstellung aller Teile, die für einen Fertigungs- oder Montageauftrag erforderlich sind, verstanden.

Der Ablauf für die Vormontage ist analog zum obigen Ablauf für die Schweißerei.

Die bereits mehrmals erwähnten Lackiervorgänge erfolgen in der zentralen Lackieranlage. Das Lackieren ist oft der letzte Arbeitsgang eines Eigenfertigungsteils.

Wie oben angesprochen, werden alle Eigenfertigungsteile bis zur weiteren Verwendung im Zwischenlager eingelagert.

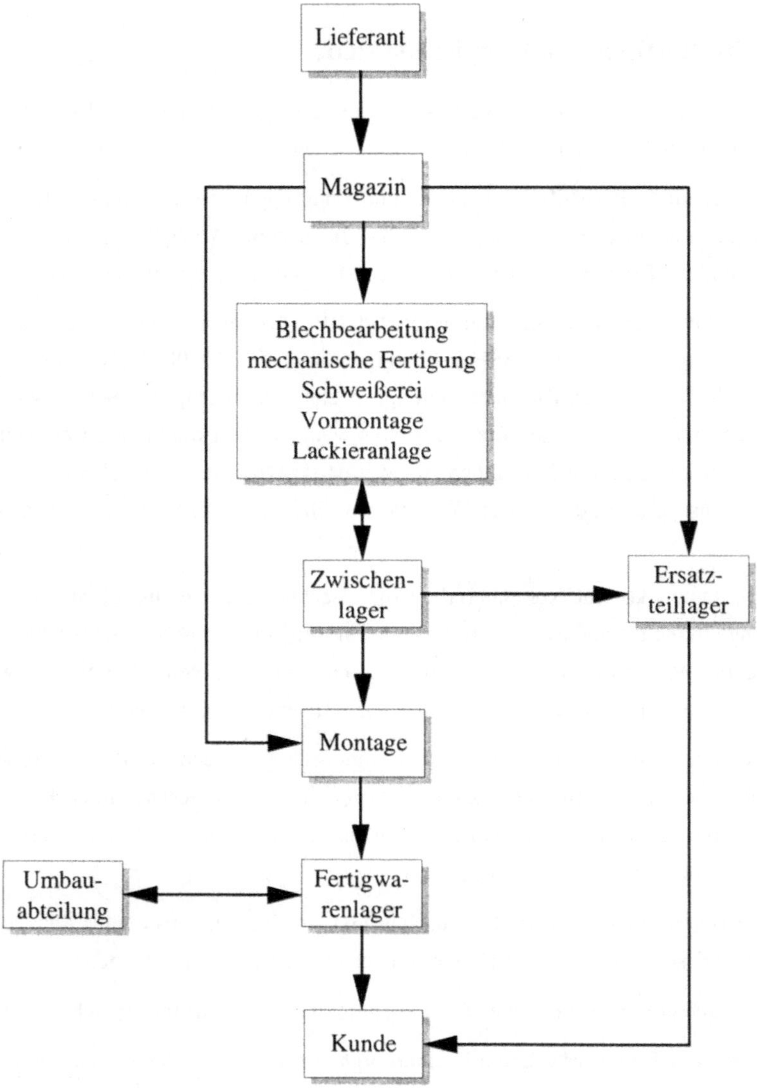

Abbildung 3.1: Hauptmaterialflüsse der Landmaschinen AG

Bei bestimmten Arbeitsgängen (z. B. Härten, Verzinken) erfolgt aus technologischen Gründen eine Auswärtsvergabe. Weiters können Arbeitsgänge aus kapazitiven Gründen außer Haus gegeben werden (Fremdvergabe). Die Auswärts- bzw. Fremdvergabe wird über das Zwischenlager abgewickelt. Aus Übersichtlichkeitsgründen wurde die Auswärts- bzw. Fremdvergabe in Abbildung 3.1 weggelassen.

Die Montage ist nach dem Flußprinzip (zu diesem Begriff vgl. etwa Zäpfel, 1989b; S. 184ff) organisiert und wird vom Magazin und Zwischenlager mit Zukaufteilen bzw. Eigenfertigungsteilen versorgt. Die organisatorische Gestaltung der Montageabteilung wird weiter unten noch genauer beschrieben.

Die fertigen Landmaschinen werden von der Montage ins Fertigwarenlager geliefert. Wenn eine Landmaschine "auf Lager", d.h. ohne konkreten Kundenauftrag, produziert wurde, dann wird sie später, nachdem ein passender Kundenauftrag eingegangen ist, evtl. noch durch die Umbauabteilung auf die spezifischen Kundenwünsche angepaßt.

Die für einen solchen Umbau benötigten Baukastenelemente werden von der Montageabteilung vormontiert bzw. bloß im Magazin und/oder Zwischenlager kommissioniert.

Im Fertigwarenlager befinden sich also nicht nur fertige Landmaschinen, sondern auch vormontierte bzw. kommissionierte Baukastenelemente, die für einen Umbau vorgesehen bzw. durch einen Umbau frei geworden sind.

Die fertigen Landmaschinen werden schließlich im Fertigwarenlager auf LKW's bzw. auf Bahnwaggons verladen und zum Kunden (zu den Landmaschinenhändlern bzw. Generalimporteuren) transportiert.

Zukaufteile bzw. Eigenfertigungsteile, die als Ersatzteile vorgesehen sind (disponiert wurden), werden vom Magazin bzw. Zwischenlager ins Ersatzteillager geliefert. Im Ersatzteillager werden sie solange zwischengelagert, bis ein Kundenauftrag dafür vorliegt. Je nach Beschaffenheit (Größe, Gewicht, Sperrigkeit und dgl.) werden die Ersatzteile per Post, Bahn oder Spedition an die Kunden geliefert.

Das Ersatzteillager wird unabhängig vom Magazin bzw. Zwischenlager als eigenes Lager geführt, weil es aufgrund der zu kommissionierenden Kleinstmengen eine andere Lagertechnik und Lagerorganisation benötigt.

Kommen wir nun auf die ihm Rahmen der ATO-Fertigung besonders interessante Montageabteilung zu sprechen.

Wie bereits gesagt ist die Endmontage der Landmaschinen nach dem Flußprinzip organisiert. Für jede Produktfamilie gibt es eine eigene Montagelinie. Es werden zwei Typen von Montagelinien unterschieden:

- Bei den *Montagelinien mit gemischter Mon*tage können alle Produkttypen der Produktfamilie dieser Linie in beliebiger Reihenfolge und Stückzahl je nach Kundenauftragslage montiert werden.
- Bei den *Montagelinien mit serienbezogener Montage* werden die Produkttypen der Produktfamilie dieser Linie in Serien gefertigt, d.h. die Produktionsreihenfolge und Stückzahlen der Serien der Produkttypen werden mit einem Montageprogramm für einen längeren Zeitraum im vorhinein festgelegt.

Die Linien mit gemischter Montage weisen also eine wesentlich größere Flexibilität und einen größeren Kundenauftragsbezug auf. Die Rüstzeit zwischen den Produkttypen liegt nahe bei Null. Nur in sehr auftragsschwachen Zeiten werden Standard-Endprodukte auf Lager montiert.

Bei den Linien mit serienbezogener Montage konnten die Rüstzeiten zwischen den Produkttypen noch nicht so weit reduziert werden, daß eine gemischte Montage wirtschaftlich sinnvoll ist. Die Ursache für die großen Rüstzeiten liegt vor allem in der außerordentlichen Größe der Maschinen der Produktfamilien, die auf solchen Linien produziert werden. Aufgrund der Größe und Sperrigkeit der Teile und Vorrichtungen ist der Platzbedarf wesentlich größer und die Versorgung mit Teilen und Vorrichtungen wesentlich schwieriger. Durch verschiedenste Maßnahmen zur Rüstzeitverkürzung versucht man jedoch zumindest die durchschnittliche Seriengröße zu verkleinern bzw. die Anzahl der Serien pro Produkttyp und Jahr zu erhöhen und sich damit in Richtung gemischte Montage zu bewegen. Bei Produktfamilien, die auf Linien mit serienbezogener Montage produziert werden, werden schlußendlich wesentlich mehr Landmaschinen auf Lager produziert, weil derzeit pro Produkttyp oft nur ein bis zwei Serien pro Jahr eingeplant werden.

In der Literatur werden für die obigen beiden Typen von Montagelinien die Begriffe Fließsysteme mit gemischter Erzeugnisfolge (Mixed-model-lines) bzw. Fließsysteme mit losweiser Erzeugnisfolge (Multi-model-lines) verwendet (vgl. Zäpfel, 1989b; S. 214).

3.4 Operatives Produktionsplanungs- und –steuerungssystem

In Abbildung 3.2 ist das operative Produktionsplanungs- und -steuerungssystem (kurz PPS-System) der Landmaschinen AG überblicksmäßig dargestellt. Aus Übersichtlichkeitsgründen wurden einige Bereiche weggelassen (Ersatzteildisposition, Auswärts- und Fremdvergabe). Weiters sind primär nicht planungsrelevante Datenflüsse wie Auftragsbestätigungen, Lieferscheine, Rechnungen usw. nicht angeführt.

Man sieht in Abbildung 3.2 sehr gut die für ATO-Betriebe typische Zweiteilung der Produktionsplanung und –steuerung in einen kundenauftragsneutralen (prognosegetriebenen) und einen kundenauftragsbezogenen Teil, die in der Abbildung durch eine strichlierte Linie getrennt sind. Zäpfel (1989a, S. 213ff) etwa bezeichnet diese Zweiteilung als duales Regelkreiskonzept. Diese Zweiteilung ergibt sich durch den schon mehrmals angesprochenen Zwang, daß trotz einer mehr oder weniger kundenauftragsbezogenen Montage der Großteil der Materialbeschaffung und Teilefertigung aufgrund von Prognosen erfolgt, weil die Wiederbeschaffungszeiten und Fertigungsdurchlaufzeiten ein Vielfaches der Lieferzeit, die die Kunden einräumen, betragen.

3.4.1 Kundenauftragsneutraler Teil

Der Vertrieb schätzt in Dreimonatsabständen die monatlichen Absatzzahlen pro Produkttyp. Der Planungshorizont beträgt dabei mindestens einen kompletten Saisonzyklus für jede Produktfamilie. Das Ergebnis dieser Absatzplanung wird im sogenannten Absatzprogramm festgehalten.

Aufgrund des Absatzprogamms wird von der Arbeitsgruppe Endproduktdisposition der Abteilung Logistik der sogenannte Produktionsprogrammvorschlag erstellt.

Für die Produkttypen, für deren Produktfamilie eine gemischte Montage erfolgt, ist dies relativ einfach – die geplanten monatlichen Absatzmengen werden unter Berücksichtigung der Fertigwarenlagerbestände als Produktionsmengen vorgeschlagen. Falls sich aufgrund der geplanten Absatzmengen jedoch eine zu große Auslastungsschwankung ergibt, erfolgt eine Auslastungsglättung, in dem Standard-Endprodukte planmäßig auf Lager vorproduziert werden. Es können nun nicht mehr die geplanten Absatzmengen einfach als Produktionsmengen vorgeschlagen werden, sondern aus einem Vorschlag über die geplanten monatlichen Lagermengen pro Produkttyp ergibt sich in Verbindung mit den geplanten Absatzmengen die vorgeschlagenen monatlichen Produktionsmengen pro Produkttyp.

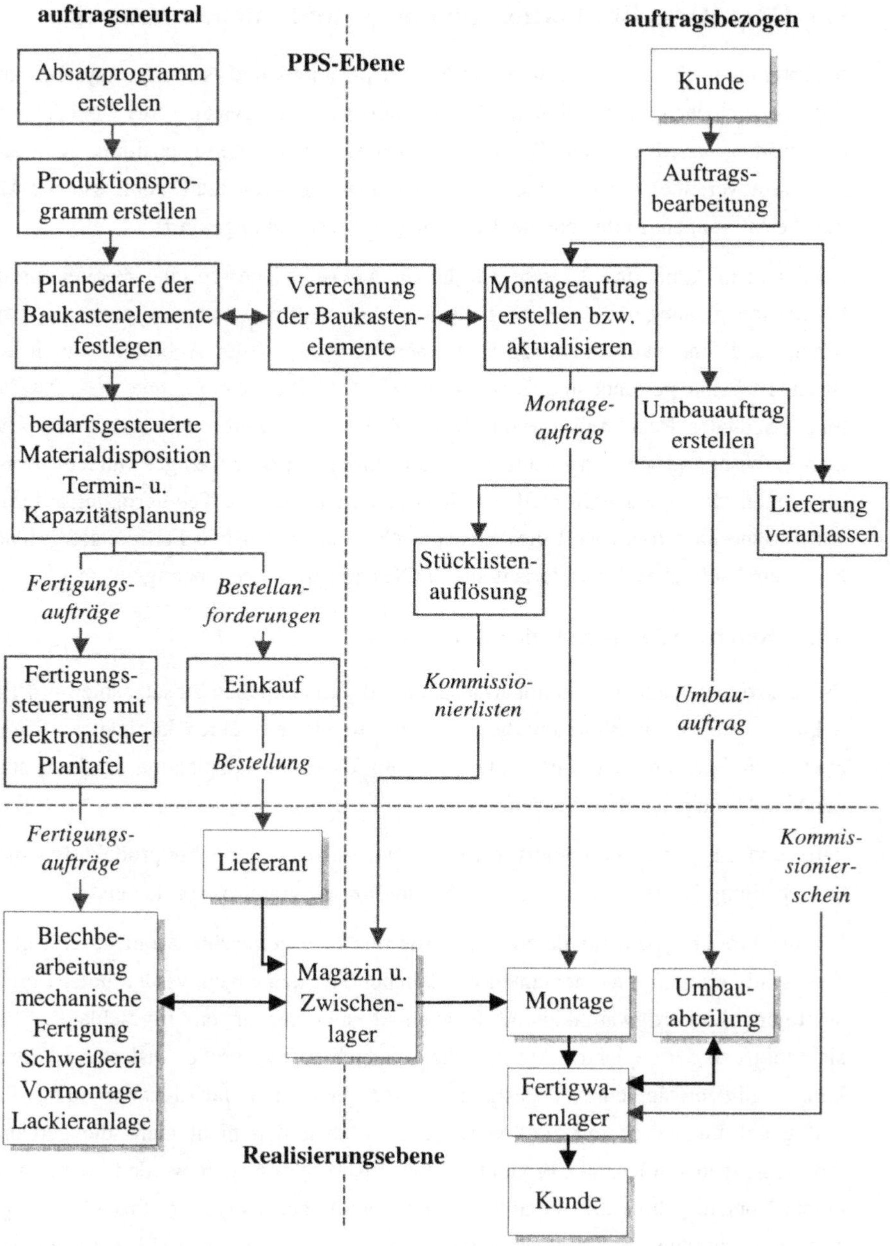

Abbildung 3.2: PPS-System der Landmaschinen AG

Für die Produkttypen, für deren Produktfamilie eine serienbezogene Montage erfolgt, ist die Erstellung des Produktionsprogrammvorschlages jedoch wesentlich komplexer. Die Belegung der Montagelinie einer Produktfamilie, d.h. die Anzahl, Größe, Beginn- und Endzeitpunkte der einzelnen Serien der Produkttypen dieser Produktfamilie, muß für den gesamten Planungshorizont festgelegt werden. Bei dieser Belegungsplanung müssen die Endproduktdisponenten folgende Kriterien berücksichtigen:

- reihenfolgeabhängige Rüstkosten zwischen den Produkttypen,
- geplante monatliche Absatzmengen der Produkttypen (Bedarfstermine des Absatzprogramms),
- bevorstehende technische (konstruktive) Änderungen der Produkttypen,
- verschiedene Taktzeiten auf den Montagelinien (durch eine Veränderung des Personaleinsatzes in einer Montagelinie kann die tägliche Ausbringungsmenge variiert werden),
- Vermeidung von zu großen Auslastungsspitzen in der Montage, Fertigung usw.

Aufgrund von durchschnittlichen Kapazitätsbedarfen pro Einheit eines Produkttyps wird für den Produktionsprogrammvorschlag eine sehr grobe monats- und abteilungsbezogene Kapazitätsbedarfsberechnung durchgeführt. Bei zu großen Auslastungsschwankungen wird der Vorschlag nochmals überarbeitet.

Bei der Erstellung des Produktionsprogrammvorschlags arbeiten die Endproduktdisponenten klarerweise eng mit den übrigen Abteilungen, wie Arbeitsvorbereitung, Konstruktion (in Hinblick auf technische Änderungen), Vertrieb usw. zusammen.

Nachdem der Produktionsprogrammvorschlag vorliegt, findet das sogenannte Produktionsprogammgespräch statt, in dem die wesentlichen Entscheidungsträger der Abteilungen Vertrieb, Produktion, Logistik und Einkauf, der gesamte Vorstand und die Endproduktdisponenten teilnehmen und den Produktionsprogrammvorschlag ausführlich diskutieren und bei Bedarf noch abändern.

Nachdem der Produktionsprogrammvorschlag in Verbindung mit kleinen oder großen Änderungen aufgrund des Produktionsprogrammgesprächs vom Vorstand genehmigt wurde, wird aus dem Vorschlag schlußendlich das Produktionsprogramm und die grobe Kapazitätsbedarfsrechnung, die die Planungsgrundlage für Personalaufnahmen bzw. –freisetzungen ist, wird evtl. nochmals durchgeführt. Das auf Papier gedruckte

Produktionsprogramm wird vervielfältigt und an alle wesentlichen Entscheidungsträger im Unternehmen verteilt.

Der oben beschriebene Prozeß zur Erstellung des Produktionsprogramms wird durch kein integriertes PPS-System unterstützt. Als Hilfestellung gibt es einige PC-Programme. Die Planung im engeren Sinn (die Montagelinienbelegung) wird mit diesen Programmen jedoch methodisch nicht unterstützt, sondern ist vielmehr durch „das Gespür“ bzw. die jahrelange Erfahrung der Endproduktdisponenten bestimmt.

Für kleinere Produktionsprogrammänderungen wird nicht mehr der ganze Prozeß durchlaufen. Dies wäre viel zu schwerfällig. Kleine Änderungen erfolgen durch die Endproduktdisponenten in Abstimmung mit den betroffenen Abteilungen in Eigenverantwortung.

Nach der Genehmigung des Produktionsprogramms durch den Vorstand legen die Endproduktdisponenten die Planbedarfe der Baukastenelemente pro Produkttyp und Monat fest.

Für jeden Produkttyp, für deren Produktfamilie eine gemischte Montage erfolgt, wird für jede Monatsmenge aus dem Produktionsprogramm der monatliche Planbedarf an Standardbauteilen, Bauteilvarianten und optionalen Bauteilen festgelegt. Für die Standardbauteile ergibt sich der monatliche Planbedarf automatisch aus der monatlichen Produktionsmenge des Produkttyps aus dem Produktionsprogramm. Zur Ermittlung der monatlichen Planbedarfe der Bauteilvarianten und optionalen Bauteile werden Planungsstücklisten verwendet (siehe Abschnitt 1.4.2), die auf Vergangenheitswerten über die relativen Verwendungshäufigkeiten der Bauteilvarianten und optionalen Bauteile in den einzelnen Produkttypen beruhen. Die sich aufgrund der Planungsstücklisten ergebenden Planbedarfe für die Baukastenelemente sind jedoch nur Vorschläge und werden vom Disponenten aufgrund von Zusatzinformationen (z. B. Bedarfsschätzungen durch den Vertrieb bei neuen Produkttypen bzw. neuen Baukastenelementen, Auswirkungen von gesetzlichen Änderungen usw.) manuell überarbeitet. Für die Bauteilvarianten und optionalen Bauteile werden die erwarteten Bedarfe oft noch um einen Sicherheitsaufschlag erhöht, weil man keinen Kundenauftrag verlieren möchte, nur weil eine Bauteilvariante oder ein optionales Bauteil nicht verfügbar ist, obwohl alle Standardbauteile verfügbar sind.

Für die Produkttypen, für deren Produktfamilie eine serienbezogene Montage erfolgt, ist die obige Vorgehensweise zur Bestimmung der Planbedarfe der Baukastenelemente analog. Der einzige Unterschied ist, daß nicht pro monatlicher Produktionsmenge, sondern pro Serie die Planbedarfe für die Standardelemente, Bauteilvarianten und optionalen Bauteile bestimmt werden.

Wenngleich sich bei der Bestimmung der Planbedarfe der Baukastenelemente kein prinzipieller Unterschied zwischen serienbezogener und gemischter Montage für die Produkttypen ergibt, wirken sich Fehldispositionen bei Produkttypen mit serienbezogener Montage gravierender aus, weil unter Umständen die nächste Serie für den betroffenen Produkttyp erst in einem (halben) Jahr aufgelegt wird.

Ausgehend von den Planbedarfen der Baukastenelemente erfolgt eine standardmäßige bedarfsgesteuerte Materialdisposition inkl. Vorlaufzeitverschiebung und Losgrößenbildung (vgl. dazu etwa Kurbel, 1998; S. 134ff). Für die bedarfsgesteuerte Materialdisposition werden in der Literatur bzw. der PPS-Software oft auch Begriffe wie plangesteuerte Disposition, programmgebundene Bedarfsermittlung, Stücklistenauflösung oder dgl. verwendet. Das Ergebnis der bedarfsgesteuerten Materialdisposition sind Fertigungsaufträge bzw. Bestellanforderungen.

Die Bestellanforderungen sind für den Einkauf der Ausgangspunkt für den Beschaffungsvorgang - Angebotseinholung, Lieferantenauswahl, Bestellschreibung, Lieferterminüberwachung, Lieferurgenz, Warenübernahme, Rechnungskontrolle usw.

Für die Fertigungsaufträge erfolgt eine standardmäßige Termin- und Kapazitätsplanung (vgl. dazu etwa Zäpfel, 1996; S. 167ff). Nach einer Rückwärtsterminierung der Fertigungsaufträge mit geplanten (geschätzten) mittleren Übergangszeiten wird der Kapazitätsbedarf für die Fertigungsaufträge wochen- und monatsweise pro Arbeitsplatz ermittelt und dem Kapazitätsangebot gegenübergestellt. Die Abstimmung von Kapazitätsbedarf und -angebot (der Kapazitätsabgleich) wird hauptsächlich mit flexiblen Arbeitszeitmodellen, dem Einsatz von Leasingpersonal und evtl. Fremdvergabe von Arbeitsgängen bewältigt.

Die bedarfsgesteuerte Materialdisposition und Termin- und Kapazitätsplanung wird von der Arbeitsgruppe Teiledisposition der Abteilung Logistik durchgeführt.

Die Arbeitsgruppe Fertigungssteuerung der Abteilung Logistik übernimmt die Fertigungsaufträge ca. zwei Wochen vor Fertigungsbeginn in eine „elektronische Plantafel", in der sie für die gesamte Fertigung mit Ausnahme der Montage eine Maschinenbelegungsplanung durchführt. Bevor ein Fertigungsauftrag zur Produktion freigegeben wird, erfolgt eine Materialverfügbarkeitsprüfung. Gleichzeitig mit dessen Freigabe werden die Fertigungspapiere eines Fertigungsauftrags (Lohnscheine, Laufkarten und Materialentnahmescheine) ausgedruckt und zu dem Arbeitsplatz gebracht, wo der erste Arbeitsvorgang ausgeführt werden soll.

Über die in der Fertigung aufgestellten Betriebsdatenerfassungsterminals (kurz BDE-Terminals) sieht ein Maschinenbediener den Arbeitsgang des Fertigungsauftrags, den er als nächstes auszuführen hat. Die BDE-Terminals dienen also nicht nur zur bloßen Betriebsdatenerfassung, sondern auch zur Arbeitsverteilung. Wenn ein Maschinenbediener einen Arbeitsvorgang beendet hat bzw. seine Schicht zu Ende ist, meldet er „Gutstück“ und „Ausschuß“ an einem BDE-Terminal zurück. Um Tippfehler zu vermeiden, wird zur Identifizierung des Fertigungsauftrags bzw. Arbeitsgangs ein auf dem Lohnschein aufgedruckter Barcode verwendet. Für seine eigene Identifizierung dient dem Maschinenbediener seine Personalnummer, die er auch über den Barcode auf seiner Mitarbeiterkarte am BDE-Terminal einlesen kann. Neben dem Arbeitsgangbeginn, dem Arbeitsgangende, der Anzahl der Gutstücke und dem Ausschuß hat der Maschinenbediener alle Maschinenstörungen, Arbeitsunterbrechungen und sonstigen Zeiten, die für die Lohnverrechnung notwendig sind, über das BDE-Terminal zu melden. Die Rückmeldedaten werden einerseits für die Lohnverrechnung (Akkordverrechnung) benötigt und sind andererseits Voraussetzung für das Funktionieren der Fertigungssteuerung, die bei Abweichung der Ist- von den Planwerten (Maschinenstörungen, Materialproblemen usw.) sofort Maßnahmen ergreifen muß.

Wie wir oben gesehen haben, ist die gesamte Fertigungssteuerung extrem zentralisiert, wobei diese Organisationsform bereits an die Grenzen ihrer Leistungsfähigkeit gekommen ist und aufgrund der noch weiter steigenden Anzahl der Fertigungsaufträge eine Dezentralisierung der Fertigungssteuerung geplant ist.

Für eine Beschreibung der Leistungsfähigkeit von "elektronischen Plantafeln“ ("elektronischen Leitständen") und BDE-Systemen sei auf die Bücher von Kurbel (1998; S. 235ff) bzw. Mülder/Störmer (1995) verwiesen.

Nach der obigen Beschreibung des kundenauftragsneutralen (prognosegetriebenen) Teils des PPS-Systems der Landmaschinen AG kommen wir nun zum kundenauftragsbezogenen Teil.

3.4.2 Kundenauftragsbezogener Teil

Nach dem Eintreffen eines Kundenauftrags ergeben sich folgende Möglichkeiten (Alternativen):

(1) Eine Landmaschine steht bereits mit der richtigen Konfiguration im Fertigwarenlager. In diesem Fall muß nur noch die Auslieferung veranlaßt werden.

(2) Im Fertigwarenlager steht eine Landmaschine mit ähnlicher Konfiguration, die durch einen Umbau relativ kostengünstig an die speziellen Kundenwünsche angepaßt werden kann. In diesem Fall wird ein Umbauauftrag veranlaßt.

(3) Für den Kundenauftrag wird ein neuer Montageauftrag erstellt bzw. ein bereits bestehender aber noch nicht ausgeführter Montageauftrag aktualisiert, falls es einen Montageauftrag ohne zugehörigem Kundenauftrag gibt, weil zum Zeitpunkt der Erstellung dieses Montageauftrags noch kein entsprechender Kundenauftrag vorlag.

Für Landmaschinen, für deren Produkttyp eine gemischte Montage erfolgt, kommen in der Regel nur Alternative (1) und (3) in Betracht - ein Umbau erfolgt nur in absoluten "Notsituationen".

Für Landmaschinen, für deren Produkttyp eine serienbezogene Montage erfolgt, kommen alle drei obigen Alternativen in Betracht. Möglichkeit (3) ist leider oft nicht anwendbar, weil es wie gesagt pro Produkttyp oft nur ein bis zwei Serien pro Jahr gibt und es dann mehr oder weniger Zufall ist, daß gerade eine Serie für den entsprechenden Produkttyp in der Montage läuft bzw. unmittelbar bevorsteht.

Die Auswahl von einer der obigen Alternativen treffen die Endproduktdisponenten. Bei Produkttypen mit kundenauftragsbezogener Montage ist diese Auswahl relativ einfach - falls keine Landmaschine mit der gewünschten Konfiguration auf Lager ist, wird ein Montageauftrag erstellt bzw. aktualisiert. Bei Produkttypen mit serienbezogener Montage ist, falls keine Landmaschine genau in der richtigen Konfiguration auf Lager ist, die Entscheidungssituation wesentlich komplexer. Einflußgrößen auf die Auswahl sind dann der Montagebeginn der nächsten Serie des gewünschten Produkttyps (steht im Produktionsprogramm), der gewünschte Liefertermin des Kunden, Umbaukosten für ähnliche im Lager stehende Landmaschinen usw. Abgesehen von einer Verfügbarkeitsprüfung für die Baukastenelemente (siehe Abschnitt 3.4.3) werden die Endproduktdisponenten bei dieser Entscheidung von keinem EDV-System methodisch unterstützt. Die Entscheidungen beruhen vielmehr auf ihrer langjährigen Erfahrung.

Aus den Montageaufträgen werden mit Hilfe von Stücklistenauflösungen Kommissionierlisten für das Magazin und Zwischenlager erstellt. Das Lagerpersonal kommissioniert aufgrund dieser Listen die für die Montagelinien benötigten Teile und Baugruppen und transportiert sie zu den einzelnen Montageplätzen. Eine Stücklistenauflösung ist notwendig, weil die in eine Landmaschine eingehenden Baukastenelemente oft Pseudobaugruppen sind (siehe Abschnitt 3.2) und daher die in diese Pseudobaugruppen eingehenden Teile und Baugruppen kommissioniert werden müssen.

Aus Aufwandsgründen wird nicht jeder Montageauftrag einzeln kommissioniert. Je nach Größe und Sperrigkeit der Teile bzw. Baugruppen werden stunden-, tages- oder auch Wochenbedarfe pro Montageplatz einer Montagelinie zusammengefaßt. Bei den Montagelinien mit gemischter Montage werden im Regelfall maximal Tagesbedarfe kommissioniert - mit Ausnahme von Kleinteilen wie Schrauben, Scheiben und dgl., die bei diesen Montagelinien verbrauchsbezogen nachgeliefert werden.

Für jede zu montierende Landmaschine wird ein Montageauftrag gedruckt, der sie durch die Montagelinie begleitet und angibt, welche Baukastenelemente in diese Landmaschine eingehen.

Die fertigen Landmaschinen werden mit der Montagerückmeldung automatisch ins Fertigwarenlager eingebucht und im Falle einer Lieferung zum Kunden mit dem Ausdruck des Lieferscheins automatisch vom Fertigwarenlager ausgebucht.

Für den Umbau einer Landmaschine wird ein Umbauauftrag erstellt. Die betreffende Landmaschine wird im Fertigwarenlager gesperrt und in der Umbauabteilung umgebaut. Dazu werden im Fertigwarenlager Baukastenelemente entnommen und/oder andere zurückgegeben. Nach Fertigmeldung des Umbaus wird die Sperre im Fertigwarenlager wieder aufgehoben und die aufgebauten bzw. abgebauten Baukastenelemente werden im Fertigwarenlager automatisch ab- bzw. zugebucht.

Die Endproduktdisponenten können eine Lieferung zum Kunden veranlassen, indem sie den Ausdruck eines Kommissionierscheins in der Versandabteilung anstoßen. Die Versandabteilung führt aufgrund der Kommissionierscheine die Beauftragung der Speditionen und die Kommissionierung und Verladung der Landmaschinen durch.

3.4.3 Verrechnung der Baukastenelemente

Die Verrechnung der Baukastenelemente ist eine wesentliche Verbindung zwischen dem auftragsneutralen und dem auftragsbezogenen Teil des PPS-Systems der Landmaschinen AG. Sie stellt die Planbedarfe der Baukastenelemente den tatsächlichen Bedarfen an Baukastenelementen monatlich (bei gemischter Montage) bzw. serienweise (bei serienbezogener Montage) gegenüber, die sich aufgrund der Montageaufträge ergeben. Die Verrechnung der Baukastenelemente ist also eine Verfügbarkeitsprüfung und der Ausgangspunkt für eine eventuelle Änderung der Planbedarfe der Baukastenelemente (Fehlteilesteuerung) und damit für die Endproduktdisponenten eines der wichtigsten Instrumente zur Erfüllung ihrer Aufgaben. Diese Verfügbarkeitsprüfung ist (theoretisch) exakt, falls die Fertigung bzw. der Einkauf die vorgeplanten Teile und Baugruppen rechtzeitig bereitstellt. Aufgrund der verschiedensten Einflüsse (verspätete Lieferung, Ausschuß, Maschinenstörungen usw.) ist sie terminlich gesehen aber nur grob.

3.5 Zusammenfassung von Teil 1

Je nach Produktfamilie liegt bei der Landmaschinen AG eine spezielle Kombination von ATO-II- und MTS-Fertigung vor. Der Trend geht jedoch eindeutig in Richtung ATO-Fertigung. Für Produktfamilien, die auf Montagelinien mit gemischter Montage hergestellt werden, liegt nahezu eine reine ATO-Fertigung vom Typ II vor.

Im PPS-System der Landmaschinen AG findet sich das im Abschnitt 1.4.2 bzw. 2.1.3 beschriebene "Two-Level Master Production Scheduling" in Kombination mit der Überplanungstechnik wieder. Während die Anwendung des zweistufigen Vorgehens (Produktionsprogramm bzw. Planbedarfe der Baukastenelemente erstellen - siehe Abbildung 3.2) und der Überplanungstechnik auf Ebene der Baukastenelemente (für Bauteilvarianten und optionale Bauteile) leicht erkennbar ist, ist die Nutzung der Überplanungstechnik auf Produkttypenebene nicht auf den ersten Blick ersichtlich, sondern wird mehr oder minder unbewußt durch den Vertrieb im Rahmen des Absatzprogramms gemacht. Nach mehreren Recherchen hat sich nämlich herausgestellt, daß neben dem mengenmäßigen Absatzprogramm noch ein wert- und auch mengenmäßiger Umsatzplan (allerdings nur auf Produktfamilienebene) erstellt wird. Der Begriff mengenmäßiger Umsatzplan ist sicherlich etwas ungewöhnlich, weil man mit Umsätzen meist Geldsummen meint und nicht Stückzahlen, aber er hat sich in der

Landmaschinen AG eben so "eingebürgert". Die Mengen des Umsatzplans einer Produktfamilie sind oft geringer als die Mengen des Absatzprogramms für diese Produktfamilie. Wie läßt sich dies erklären? Die Antwort ist relativ einfach - der mengenmäßige Umsatzplan ist nichts anderes als die prognostizierten (geschätzten, erwarteten) Absatzzahlen und die Mengen des Absatzprogramms sind bereits um Sicherheitsmengen erhöht. Eine Bestätigung dieser Erklärung ergibt sich auch durch den Umstand, daß der Umsatzplan meistens ungefähr erfüllt wird, jedoch das Absatzprogramm meist nicht erfüllt werden kann. Die Erstellung des Umsatzplanes erfolgt erst seit wenigen Jahren und wurde von der Abteilung Controlling angeregt bzw. gefordert, weil das Absatzprogramm als Basis für die Finanzplanung zu ungenau war - die "Absatzzahlen" wurden nie erreicht. Trotzdem wird die Existenz von Sicherheitsmengen im Absatzprogramm vom Vertrieb vehement bestritten. Als Resümee können wir festhalten, daß die Überplanungstechnik auf Produkttypenebene mehr oder minder unbewußt (informal) angewendet wird und die Bezeichnung Absatzprogramm eigentlich nicht ganz richtig ist.

Die Bestimmung der Planbedarfe der Baukastenelemente erfolgt, wie es dem Wesen der Überplanungstechnik entspricht, isoliert für jeden Produkttyp. Man tut also so, als hätten die Produkttypen einer Produktfamilie keine gleichen Baukastenelemente, und kann somit die positiven Effekte von Gleichteilen (gleichen Baukastenelementen) auf Sicherheitsmengen nicht nutzen.

Ein weiterer Schwachpunkt im PPS-System (in der Materialbedarfsplanung) der Landmaschinen AG ist, daß die zweite Master Production Scheduling-Ebene (MPS-Ebene) den Baukastenelementen und nicht der Bevorratungsmaterialebene entspricht, weil viele Baukastenelemente ja Pseudobaugruppen sind somit nur die in sie eingehenden Teile und Baugruppen gelagert werden. Wenn in zwei oder mehrere Bauteilvarianten gleiche Teile oder Baugruppen eingehen, wird dieser Umstand bei der Disposition nicht berücksichtigt, es wird also (auch innerhalb eines Produkttyps) so getan, als bestünden die Baukastenelemente aus keinen gleichen Teilen und Baugruppen. Daß dieses Vorgehen bei einer Anwendung der Überplanungstechnik auf der Ebene der Baukastenelemente für Bauteilvarianten zu sehr schlechten Planungsergebnissen führen kann, wurde bereits in Abschnitt 2.1.3 mit einem kleinen Beispiel verdeutlicht.

Die obige Vereinfachung, Disposition auf Baukastenelementebene statt auf Bevorratungsmaterialebene, geschieht aus Aufwandsgründen - die Planbedarfe der Baukastenelemente, die sich aufgrund der Planungsstücklisten ergeben, werden ja noch manuell überarbeitet.

Wäre es nicht besser, die Baukastenelemente, die Pseudogruppen sind, nicht als Baukastenelemente zu betrachten, sondern die in sie eingehenden Teile und Baugruppen? Dies kann man nicht so einfach beantworten - letztendlich ist jede Grenzziehung mehr oder minder willkürlich bzw. aus verschiedenen Sichtweisen (z. B. aus Sicht der Konstruktion, Disposition usw.) heraus günstig oder ungünstig bzw. ein Kompromiß. Wie relativ diese Grenzziehung ist, sieht man sehr schön, wenn man sich vor Augen führt, daß schlußendlich jedes materielle Produkt auf dem Baukasten der chemischen Grundelemente basiert.

Auf jeden Fall könnte man durch die im Abschnitt 2.1.3 beschriebene "super bill"-Technik die Überplanungstechnik auf Baukastenelementebene verbessern. Solche Überlegungen wurden bei der Landmaschinen AG jedoch noch nicht angestellt.

Im ersten Teil der Fallstudie haben wir also gesehen, daß die Landmaschinen AG sich im Wandel von einem MTS-Fertiger zu einem ATO-II-Fertiger befindet und das "Two-Level Master Production Scheduling" in Kombination mit der Überplanungstechnik auf Produkttypen- und Baukastenelementebene einsetzt. Die "super bill"-Technik zur Verbesserung der Überplanungstechnik auf Baukastenelementebene wird jedoch nicht verwendet.

Im zweiten bzw. dritten Teil der Fallstudie (siehe Abschnitt 4.3.4.2 bzw. 4.4.5.2) werden wir versuchen, mit den im Abschnitt 4 entwickelten Heuristiken die Festlegung der Planbedarfe der Baukastenelemente bzw. genauer gesagt der Bevorratungsmaterialien der Produktfamilie "Kleine Mähwerke" zu verbessern. Im Unterschied zur Überplanungstechnik werden bei den entwickelten Heuristiken alle Baukastenelemente bzw. Bevorratungsmaterialien einer Produktfamilie gemeinsam disponiert und damit können die positiven Effekte von Gleichteilen auf die Sicherheitsmengen berücksichtigt werden.

4 Entwicklung von Modellen zur Festlegung der Planbedarfe der Bevorratungsmaterialien

In diesem Abschnitt, der den Mittelpunkt der vorliegenden Arbeit darstellt, ist die Entwicklung der stochastischen Optimierungsmodelle zur Unterstützung unseres Planungsproblems und die Entwicklung und der Test von Näherungsverfahren (Heuristiken) zur Ermittlung von möglichst guten Lösungen für diese Modelle dokumentiert.

Nach der Präzisierung unseres Planungs- bzw. Entscheidungsproblems werden die grundlegenden Prämissen der entwickelten Modelle erläutert und begründet. Es werden zwei Optimierungsmodelle entwickelt, die sich durch ihre Zielfunktion unterscheiden. Für jedes Optimierungsmodell wird ein mathematisches Modell aufgestellt und nach einer Betrachtung von dessen Lösbarkeit werden Heuristiken zur Ermittlung von möglichst guten Lösungen entwickelt. Die entwickelten Heuristiken werden untereinander und mit der Überplanungstechnik anhand realer Betriebsdaten (im zweiten und dritten Teil der Fallstudie zur Landmaschinen AG) mit Hilfe der Simulation verglichen.

4.1 Präzisierung des Planungsproblems

In der Einführung (Abschnitt 1.5) haben wir unser Planungsproblem bzw. Entscheidungsproblem als "Bestimmung der Planbedarfe der Baukastenelemente einer Produktfamilie bei einer ATO-Fertigung unter Berücksichtigung von Bedarfsunsicherheiten und der positiven Effekte von Gleichteilen" umschrieben und gesagt, daß wir uns bei der Entwicklung von Modellen zur Unterstützung von dessen Lösung auf den ATO-Typ I beschränken.

Für die weitere Arbeit präzisieren wir die Beschreibung unseres Planungsproblems folgendermaßen:

Für eine ATO-Fertigung vom Typ I müssen ausgehend von einer Bedarfsprognose über die einzelnen Endprodukte einer Produktfamilie die Planbedarfe an Bevorratungsmaterialien für die gesamte Produktfamilie unter Berücksichtigung der positiven Effekte von Gleichteilen auf die Sicherheitsmengen so festgelegt werden, daß bestimmte unternehmerische Ziele unter Einhaltung bestimmter Rahmenbedingungen optimal erfüllt werden.

Aufgrund der Bedarfsunsicherheiten und dem bereits in der Einführung mehrmals erwähnten Umstand, daß wir aufgrund der langen Wiederbeschaffungszeiten die Planbedarfe der Baukastenelemente zu einem Zeitpunkt festlegen müssen, zu dem wir noch nicht die Kundenaufträge haben, ergibt sich die Notwendigkeit von Prognosen. Daß der Ausgangspunkt der Bestimmung der Planbedarfe der Bevorratungsmaterialien (zu diesem Begriff siehe weiter unten) eine Prognose über die Endproduktbedarfe ist, impliziert eine programmgebundene Bedarfsermittlung, und somit bleibt die Beziehung zwischen Endproduktbedarfen und Bedarfen der eingehenden Materialien erhalten und es gehen keine wichtigen Informationen (wie z.B. Substitutionseffekte zwischen Endprodukte usw. - siehe Abschnitt 1.4, S. 6) für die Disposition der Planbedarfe der eingehenden Materialien verloren. Die Prognose der Endproduktbedarfe setzen wir als gegeben voraus und sie ist daher Eingangsdatum für unser Planungsproblem.

Wir sprechen von Bevorratungsmaterial-Planbedarfen (Planbedarfen der Bevorratungsmaterialien) und nicht von Planbedarfen der Baukastenelemente oder Bauteile, weil auch ein Teil der Fertigung und Vormontage kundenauftragsbezogen erfolgen kann, und somit die Bevorratungsebene (Bevorratungsmaterialien) auch teilweise unterhalb der Ebene der Baukastenelemente liegen kann (können). Wenn z.B. ein Baukastenelement X kundenauftragsbezogen aus einem Rohstoff Y gefertigt wird, dann wird der Rohstoff Y als Bevorratungsmaterial, dessen Planbedarf ermittelt werden muß, betrachtet. Kann man auch den Rohstoff Y kundenauftragsbezogen beschaffen, so braucht man weder X noch Y zu betrachten. Die Bevorratungsmaterialien sind also jene Baugruppen, Einzelteile oder Rohstoffe, die erwartungsbezogen disponiert werden müssen. Alle Stufen zwischen Endprodukt und diesen Bevorratungsmaterialien werden für die Disposition aus der Stückliste gewissermaßen eliminiert. Daß eine Disposition auf der Ebene der Baukastenelemente, die nicht der Bevorratungsebene entspricht, nachteilig ist, haben wir anhand eines kleinen Beispiels zur "super bill"-Technik im Abschnitt 2.1.3 gesehen und im Rahmen der Fallstudie zur Landmaschinen AG in Abschnitt 3.5 besprochen, wo aufgrund der vielen Pseudobaugruppen die Baukastenelemente oft nicht der Bevorratungsebene entsprechen.

Die nicht durch Lagerbestände gedeckten Planbedarfe an Bevorratungsmaterialien müssen mit Produktions- bzw. Beschaffungsaufträgen abgedeckt werden. Dies ist jedoch nicht mehr Bestandteil des von uns betrachteten Planungsproblems - wie nehmen vielmehr an, daß die Planbedarfe an Bevorratungsmaterialien zu 100 Prozent (immer) durch Lagerbestände gedeckt sind oder durch Produktions- bzw. Beschaffungsaufträge rechtzeitig abgedeckt werden.

Um die positiven Effekte von Gleichteilen (Bevorratungsmaterialien, die in mehr als ein Endprodukt eingehen) auf die Sicherheitsmengen der Bevorratungsmaterialien berücksichtigen zu können, werden im Gegensatz zur Überplanungstechnik in unserem Planungsproblem die einzelnen Endprodukte nicht isoliert, sondern für die Festlegung der Bevorratungsmaterial-Planbedarfe werden alle Endprodukte einer Produktfamilie vielmehr simultan betrachtet.

Bevor auf die entwickelten Modelle, die die Lösung des obigen Planungs- bzw. Entscheidungsproblems unterstützen sollen, näher eingegangen wird, erfolgt noch im Abschnitt 4.2 eine Beschreibung der Prämissen, die sie gemeinsam haben.

4.2 Prämissen der entwickelten Modelle

Ausgehend von der Präzisierung unseres Planungs- bzw. Entscheidungsproblems im Abschnitt 4.1 werden nun die Prämissen herausgearbeitet, die die für die Planungs- bzw. Entscheidungsunterstützung entwickelten Modelle gemeinsam haben. Zur Wiederholung wird die Beschreibung unseres Planungsproblems nochmals angegeben:

Für eine ATO-Fertigung vom Typ I müssen ausgehend von einer Bedarfsprognose über die einzelnen Endprodukte einer Produktfamilie die Planbedarfe an Bevorratungsmaterialien für die gesamte Produktfamilie unter Berücksichtigung der positiven Effekte von Gleichteilen auf die Sicherheitsmengen so festgelegt werden, daß bestimmte unternehmerische Ziele unter Einhaltung bestimmter Rahmenbedingungen optimal erfüllt werden.

4.2.1 ATO-Typ I

Alle Modelle beziehen sich auf den ATO-Typ I. Es werden also standardisierte Endprodukte gefertigt, die durch ihre Stückliste genau definiert sind. Teilmengen dieser standardisierten Endprodukte, die jeweils auf einem gemeinsamen Baukasten basieren, werden als Produktfamilie bezeichnet.

4.2.2 Isolierte Betrachtung der Produktfamilien

Die vorgestellten Modelle betrachten immer nur eine Produktfamilie. Im Gegensatz zur klassischen Überplanungstechnik werden die Planbedarfe an Bevorratungsmaterialien nicht pro Endprodukt, sondern pro Produktfamilie isoliert festgelegt.

Wie bereits in der Einführung mehrfach erwähnt, erfolgt diese Vereinfachung aus Komplexitätsgründen - wir werden später sehen, daß schon bei relativ kleinen Problemen das Finden von optimalen bzw. guten Lösung sehr schwer ist - und ist auch darin begründet bzw. gerechtfertigt, daß im Regelfall (bei gut durchdachter Produktfamilienbildung bzw. Konstruktion) die Anzahl der gemeinsamen Teile zwischen den Endprodukten einer Produktfamilie hoch und zwischen den Endprodukten von unterschiedlichen Produktfamilien gering ist.

4.2.3 Betrachtung von einer Planperiode

Eine wichtige Einschränkung unserer Modelle ist, daß wir nur eine Planperiode betrachten bzw. man könnte auch sagen, daß wir den Planungshorizont in nur eine Planperiode einteilen. Wir beschäftigen uns also ausschließlich mit Einperiodenmodellen. In der Praxis basiert die programmgebundene Materialbedarfsermittlung jedoch meist auf dem Prinzip der rollierenden Planung, das ein Mehrperiodenmodell voraussetzt.

Bei der rollierenden Planung wird eine sich auf eine bestimmte Zeitspanne erstreckende Planung nach einer gewisser Zeit wiederholt, um dann eine entsprechend spätere Zeitspanne abzudecken. Typischerweise geht damit eine Einteilung dieser Zeitspanne, die oft als Planungshorizont bezeichnet wird, in Perioden einher (vgl. Kurbel, 1998; S. 118). Die Zeitspanne zwischen zwei Planungen bezeichnen wir als Planungsintervall und ist nur ein Bruchteil des Planungshorizontes. Die Planung rollt gewissermaßen zeitlich gesehen in die Zukunft, wobei die jeweils früheste(n) Planungsperiode(n) aus der Betrachtung (dem Planungshorizont) herausfallen und dafür die gleiche Anzahl neuer (später liegender, bisher noch nicht betrachteter) Perioden zum Planungshorizont hinzukommen.

Mit der oben beschriebenen rollierenden Planung kann man dem dynamischen Charakter der Planungsaufgabe zumindest annähernd gerecht werden. Die Dynamik der Planungsaufgabe ergibt sich aus dem Umstand, daß eine für einen Zeitpunkt geplante Handlungsalternative sowohl von zeitlich zurückliegenden als auch von zukünftigen Planalternativen beeinflußt wird. (vgl. Zäpfel, 1982; S. 293f)

Wir haben in der Einführung betont, daß die entwickelten Modelle bzw. die entwickelten Methoden zur Ermittlung brauchbarer Lösungen für diese Modelle für praxisrelevante Problemgrößen einsetzbar sein sollen. Uns liegt also die Anwendbarkeit in der betrieblichen Praxis am Herzen. Ergibt sich nun nicht ein Widerspruch, wenn wir einerseits die Praxistauglichkeit unserer Modelle in den Vordergrund stellen, andererseits jedoch statt der in der Praxis aufgrund der Dynamik der Planungsaufgabe üblichen Mehrperiodenmodelle (die rollierende Planung setzt ja ein Mehrperiodenmodell voraus) nur Einperiodenmodelle entwickeln?

Wir müssen jedoch auch bedenken, daß Mehrperiodenmodelle wesentlich komplexer und daher schwerer zu lösen sind. Greifen wir nur kurz beispielhaft einen Teilaspekt heraus. Wenn wir mehrere Planperioden unterscheiden, müssen wir klarerweise die Planbedarfe für die Bevorratungsmaterialien periodenbezogen (z. B. wöchentlich oder monatlich) bestimmen und es ergibt sich damit in weiterer Folge oft ein Losgrößenproblem - aufgrund von auftragsfixen Kosten (Rüstkosten bzw. beschaffungsfixe Kosten) ist es oft kostengünstiger, daß ein Produktions- bzw. Beschaffungsauftrag die Planbedarfe von mehreren Planperioden abdeckt. Diese Zusammenfassung von mehreren Planbedarfen zu Produktions- bzw. Beschaffungsaufträgen beeinflußt jedoch die relativen Sicherheitsmengen, d.h., daß es Interdependenzen zwischen der Bestimmung der Sicherheitsmengen und Losgrößen gibt und damit die Entscheidungen über Sicherheitsmengen und Losgrößen simultan zu treffen sind. Wenn bei den in die Bevorratungsmaterialien eingehenden Teilen, Baugruppen und dgl. ebenfalls eine Losgrößenbildung erfolgt, dann müßten wir sie ebenfalls in die Modelle einbeziehen.

Bereits bei diesem einen Teilaspekt sehen wir, daß Mehrperiodenmodelle wesentlich komplexer als Einperiodenmodelle sind. Bei unseren Einperiodenmodellen gibt es nämlich kein Losgrößenproblem, weil wir nur eine Planperiode haben und diese Planperiode typischerweise so lang ist, daß die Planbedarfe für diese Planperiode größer als die bzw. ein Vielfaches der Losgrößen in der betrieblichen Realität sind. Unsere Einperiodenmodelle umgehen also das Losgrößenproblem, in dem der Planungshorizont in nur eine Planperiode eingeteilt wird und damit die zeitliche Aufteilung der Produktion innerhalb des Planungshorizonts nicht berücksichtigt wird.

Macht diese Vernachlässigung der zeitlichen Aufteilung der Produktion unsere Modelle für praktische Anwendungen nicht völlig unbrauchbar? Gewiß wird dieser Umstand die Anwendbarkeit einschränken, aber nicht ausschließen. Beispielhaft werden im Folgenden Situationen geschildert, bei denen unsere Einperiodenmodelle Anwendung finden könnten.

Beispiel 1:

Wenn mehrere Produktfamilien abwechselnd auf den gleichen Montagelinien gefertigt werden, die Laufzeiten der Serien der Produktfamilien relativ kurz sind (nicht wesentlich länger sind als die Planperioden einer rollierenden Planung) und der Abstand zwischen den Serien ein und derselben Produktfamilie relativ groß sind (nicht kleiner als die Wiederbeschaffungszeiten der Bevorratungsmaterialien), dann sind unsere Einperiodenmodelle völlig kompatibel mit "ganz normalen" PPS-Systemen, die auf dem Prinzip der rollierenden Planung beruhen. Wir können die rollierende Planung bzw. herkömmliche PPS-Systeme ohne größere Veränderung unterstützen, in dem einfach pro Serie einer Produktfamilie ein Einperiodenmodell gelöst wird.

Zwischen den Serien unterschiedlicher Produktfamilien gibt es ja in bezug auf die relativen Sicherheitsmengen der Bevorratungsmaterialien kaum Zusammenhänge, weil unterschiedliche Produktfamilien auf unterschiedlichen Baukästen beruhen.

Weiters gibt es zwischen den Serien der selben Produktfamilie in bezug auf die relativen Sicherheitsmengen der Bevorratungsmaterialien keine Zusammenhänge, wenn die Wiederbeschaffungszeiten der Bevorratungsmaterialien kürzer als der Abstand zwischen diesen Serien sind. Die nicht benötigten Sicherheitsmengen werden als Lagerbestand bei der nächsten Serie der selben Produktfamilie berücksichtigt, d.h., daß sie die Produktionsmengen zur Deckung der Planbedarfe der Bevorratungsmaterialien der nächsten Serie verringern - sie beeinflussen damit nicht die Planbedarfe bzw. relativen Sicherheitsmengen der nächsten Serie, sondern lediglich die Produktionsmengen zur Deckung der Planbedarfe.

Wenn nun auch noch die Laufzeit der Serien nicht wesentlich länger als eine normale Planperiode der rollierenden Planung ist, d.h., daß eine Periodisierung der Serie aus

Sicht der Materialbedarfsplanung der Bevorratungsmaterialien nicht mehr sinnvoll ist, steht einem Einsatz unserer Einperiodenmodelle nichts mehr im Wege.

Genaugenommen zerfällt das Mehrperiodenproblem durch die obigen Annahmen über die Zeitspanne einer Serie und über die zeitlichen Abstände zwischen den Serien der selben Produktfamilie in mehrere von einander unabhängige Einperiodenprobleme.

Beispiel 2:

Wenn die Endprodukte einer Produktfamilie Saisonprodukte sind, wird typischerweise eine sehr bedeutsame Menge innerhalb einer kurzen Zeitspanne (der Hauptsaison) benötigt, aber es werden oft auch bestimmte Mengen während einer größeren Zeitspanne außerhalb der Hauptsaison verkauft. In der Hauptsaison erwarten die Kunden oft eine sehr geringe Lieferzeit (am besten sofort), während im restlichen Zeitraum die Lieferzeiten keine große Rolle spielen, weil der Kunde ohnehin nur zum Beispiel aufgrund der günstigen Konditionen außerhalb der Hauptsaison gekauft hat, aber er erwartet sich die Lieferung spätestens in der Hauptsaison.

Machen wir das Ganze jetzt noch ein bißchen konkreter. Ein Saisonprodukt, das die obigen Voraussetzungen erfüllt, sind Landmaschinen für den Grünlandbereich – also z. B. Mähwerke, Ladewägen usw. Nehmen wir also einen Hersteller an, der die Produktfamilien Ladewägen und Mähwerke erzeugt und seine Hauptsaison ungefähr im Mai (je nach Wetterlage vor dem ersten Grasschnitt) hat, weil er hauptsächlich im europäischen Raum seine Produkte verkauft. Im Sommer verkauft er sehr wenig und von Herbst bis zur Hauptsaison kann er die Kunden nur mit günstigen Konditionen zum Kauf bewegen. In der Hauptsaison macht er einen sehr großen Teil seines Umsatzes und es fällt die Entscheidung, ob es ein gutes oder schlechtes Geschäftsjahr wird. Als Lieferzeit in der Hauptsaison erwartet der Kunde wenige Tage, während in der restlichen Zeit die Lieferzeit eine untergeordnete Rolle spielt. Eine Lieferung nach der Hauptsaison interessiert den Kunden nicht mehr, er würde das Produkt bei der Konkurrenz kaufen.

Dieser Hersteller würde nach der Hauptsaison den Absatzplan bzw. das Produktionsprogramm für den Zeitraum bis kurz nach der nächsten Hauptsaison machen. Wenn dann die Summe aus Durchlaufzeiten und Wiederbeschaffungszeiten zum Beispiel drei Monate ausmacht, kann er spätestens drei Monate vor der nächsten Hauptsaison das Produktionsprogramm noch maßgeblich ändern. Der Hersteller wird also von Herbst bis zur Hauptsaison großteils auf Lager produzieren und in der Hauptsaison nur noch nach Kundenaufträgen montieren, die nicht vom Lager befriedigt werden können.

Der unternehmerische Erfolg dieses Herstellers wird also von der Absatzprognose, die er drei Monate vor der Hauptsaison durchführt, wesentlich beeinflußt werden. Er könnte unsere Einperiodenmodelle nun durchaus für den Zeitraum zwischen letzter Prognosemöglichkeit und Ende der Hauptsaison einsetzen, weil die zeitliche Aufteilung der Produktion innerhalb dieses Zeitraums für die rechtzeitige Verfügbarkeit der Produkte keine große Rolle spielt, sie müssen nur spätestens während der Hauptsaison ausgeliefert werden. Der Hersteller könnte also die Planbedarfe an Bevorratungsmaterialien für jede Produktfamilie mit einem unserer Einperiodenmodelle bestimmen und ihre Produktion auf den Zeitraum zwischen letzter Prognosemöglichkeit und Hauptsaisonende nach bestimmten (modellexternen) Kriterien aufteilen.

Es sei angemerkt, daß das oben beschriebene Szenario von Beispiel 2 der Situation entspricht, in der das Unternehmen unserer Fallstudie, die Landmaschinen AG (siehe Abschnitt 3), sich befindet.

Die obigen zwei Beispiele haben uns gezeigt, daß es durchaus auch Anwendungsmöglichkeiten für Einperiodenmodelle gibt und daß sie in diesen Fällen auch relativ leicht in ein herkömmliches PPS-System integriert werden könnten, d.h. ohne strukturelle Veränderung dieser Systeme.

Wir können das Fazit ziehen, daß unsere Einperiodenmodelle eindeutig über „theoretische Spielereien" hinausgehen. Weiters ist es durchaus legitim, vorerst (in dieser Arbeit) zu versuchen, für Einperiodenmodelle gute Lösungen zu ermitteln (wir werden später sehen, daß das bereits schwer genug ist), bevor man an wesentlich komplexere Mehrperiodenmodelle herangeht – „Rom wurde ja auch nicht an einem Tag erbaut!"

4.2.4 Endproduktbedarfsprognosen sind Eingangsdaten

Wenden wir uns nun den Bedarfsprognosen über die Endprodukte zu, die laut Beschreibung unseres Planungsproblems der Ausgangspunkt für die Bestimmung der Planbedarfe der Bevorratungsmaterialien einer Produktfamilie sind. Zu beachten ist, daß die Bedarfsprognosen über die einzelnen Endprodukte nicht in den entwickelten Modellen erfolgen, sondern Eingangsparameter für unsere Modelle sind. Wir gehen davon aus, daß bei diesen Prognosen keine systematischen Fehler gemacht werden (d.h., daß die Prognosen immer zu hoch oder zu tief liegen) und die Prognosefehler normalverteilt sind (d.h., die Abweichungen der tatsächlichen Bedarfe von den Prognosewerten folgen einer Normalverteilung). Der Erwartungswert des Prognosefehlers ist demnach null für jedes Endprodukt. Für eine vollständige Beschreibung der Verteilung des Prognosefehlers wird dann "nur" noch seine Varianz bzw. Standardabweichung für jedes Endprodukt benötigt. Diese Varianzen sind ebenfalls Eingangsparameter für unsere Modelle.

Fassen wir die obigen Annahmen in einer mathematischen Formulierung zusammen.

Endprodukte:

k,l	Indizes für die Endprodukte der betrachteten Produktfamilie
m	Anzahl der Endprodukte der betrachteten Produktfamilie
e_k	Bedarfsprognose für das Endprodukt k
F_k	normalverteilte Zufallsvariable für den Prognosefehler von Endprodukt k
D_k	Zufallsvariable für den Bedarf von Endprodukt k

$$D_k = e_k + F_k \qquad \forall k = 1,\ldots,m \qquad (4.1)$$

$$D_k = e_k + F_k \Rightarrow D_k \text{ ist ebenfalls eine normalverteilte Zufallsvariable, } \mathrm{Var}(D_k) = \mathrm{Var}(F_k) \qquad \forall k = 1,\ldots,m \qquad (4.2)$$

$$\text{Annahme: } \mathrm{E}(F_k) = 0 \qquad \forall k = 1,\ldots,m \qquad (4.3)$$

$$\mathrm{E}(F_k) = 0 \Rightarrow \mathrm{E}(D_k) = e_k \qquad \forall k = 1,\ldots,m \qquad (4.4)$$

Bevorratungsmaterialien:

i,j	Indizes für Bevorratungsmaterialien
d	Anzahl der Bevorratungsmaterialien
b_{ik}	Menge von Bevorratungsmaterial i, die für eine Mengeneinheit von Endprodukt k benötigt wird
b	Matrix mit m Spalten und d Zeilen, die alle $d \cdot m$ b_{ik} enthält
B_i	Zufallsvariable für den Bedarf von Bevorratungsmaterial i

$$B_i = \sum_{k=1}^{m} b_{ik} \cdot D_k \qquad \forall i = 1,\ldots,d \qquad (4.5)$$

Weiters nehmen wir an, daß die Prognosefehler bzw. Bedarfe der Endprodukte einer Produktfamilie korrelieren können und einer m-dimensionalen Normalverteilung folgen. Die Randverteilungen dieser m-dimensionalen Normalverteilung entsprechen wiederum den m eindimensionalen Normalverteilungen der Prognosefehler bzw. Bedarfe der m Endprodukte. Bei der mehrdimensionalen Normalverteilung werden die Abhängigkeiten zwischen den Zufallsvariablen mit Hilfe einer Kovarianzmatrix abgebildet. Demgemäß definieren wir:

$\mathbf{D} = (D_1,\ldots,D_m)$	m-dimensionale normalverteilte Zufallsvariable für die Bedarfe der Endprodukte der betrachteten Produktfamilie
$\mathrm{Cov}(\mathbf{D})$	Kovarianzmatrix mit m Zeilen und m Spalten für **D**
$\mathrm{Cov}(D_k,D_l)$	Kovarianz zwischen den Bedarfen der Endprodukte k und l
$\mathbf{F} = (F_1,\ldots,F_m)$	m-dimensionale normalverteilte Zufallsvariable für die Prognosefehler der Endprodukte der betrachteten Produktfamilie
$\mathrm{Cov}(\mathbf{F})$	Kovarianzmatrix mit m Zeilen und m Spalten für **F**
$\mathrm{Cov}(F_k,F_l)$	Kovarianz zwischen den Prognosefehlern der Endprodukte k und l
e	Vektor mit Dimension m für die Bedarfsprognose der Endprodukte

$$\mathbf{D} = \mathbf{e} + \mathbf{F} \qquad (4.6)$$

Bemerkungen:

$$\mathrm{Cov}(D_k, D_l) = \mathrm{Cov}(D_l, D_k) \qquad \forall k,l = 1,\ldots,m \qquad (4.7)$$

$$\mathrm{Var}(D_k) = \mathrm{Cov}(D_k, D_k) \qquad \forall k = 1,\ldots,m \qquad (4.8)$$

$$\mathrm{Cov}(F_k, F_l) = \mathrm{Cov}(F_l, F_k) \qquad \forall k,l = 1,\ldots,m \qquad (4.9)$$

$$\mathrm{Var}(F_k) = \mathrm{Cov}(F_k, F_k) \qquad \forall k = 1,\ldots,m \qquad (4.10)$$

Aus (4.1) folgt: $\mathrm{Cov}(F_k, F_l) = \mathrm{Cov}(D_k, D_l) \qquad \forall k,l = 1,\ldots,m \qquad (4.11)$

Wie in der Statistik hinlänglich bekannt ist, müssen zwei Zufallsvariablen, die nicht korrelieren, nicht notwendigerweise unabhängig sein, weil die Korrelation nur ein Maß für den *linearen* Zusammenhang ist. Allgemein gültig ist nur die Aussage, daß wenn zwei Zufallsvariablen unabhängig sind, sie nicht korrelieren. (vgl. Kreyszig, 1982; S. 308) Für zwei Zufallsvariablen einer mehrdimensionalen Normalverteilung gilt jedoch auch, daß sie unabhängig sind, wenn sie nicht korrelieren. Einen Beweis dafür liefert etwa Tong (1990; S. 31f).

Wenn die Bedarfe bzw. Prognosefehler von zwei Endprodukten k und l also unabhängig sind, braucht man lediglich $\mathrm{Cov}(D_k,D_l)$ und $\mathrm{Cov}(D_l,D_k)$ bzw. $\mathrm{Cov}(F_k,F_l)$ und $\mathrm{Cov}(F_l,F_k)$ gleich null setzen.

Für eine ausführliche Betrachtung der mehrdimensionalen Normalverteilung wird auf das Buch von Tong (1990) verwiesen.

Es folgt eine kurze Diskussion über die Vor- und Nachteile der Annahme, daß die Prognosefehler und damit auch die Endproduktbedarfe (siehe (4.2)) normalverteilt sind.

Kritiker könnten einwenden, daß wenn die Endproduktbedarfe normalverteilt sind, auch negative Endproduktbedarfe auftreten, die es in der Realität nicht gibt. Nun könnte man jetzt entgegnen, daß es sehr wohl negative Bedarfe gibt - Rückgabe und Umtausch von Endprodukten. In unserem Fall (ATO-Fertigung) lagern wir jedoch keine Endprodukte. Negative Bedarfe für Endprodukte bedeuten daher auch negative Bedarfe für Bevorratungsmaterialien. Aus Gleichung (4.5) ergibt sich, daß wir bei negativen Bedarfen für ein Endprodukt, die zurückgegebenen Endprodukte in ihre eingehenden Bevorratungsmaterialien demontieren müßten, um sie für andere Endprodukte mit positiven Bedarf verfügbar zu machen. Dies wird in der Realität eher selten vorkommen.

Ein weiterer Kritikpunkt ist, daß bei der ATO-Fertigung typischerweise eine ganzzahlige Menge von Endprodukten nachgefragt wird, die Normalverteilung jedoch eine stetige Verteilung ist. Diese Aussage gilt analog für die Bevorratungsmaterialien. Die Ganzzahligkeitsbedingung für die Endprodukte und Bevorratungsmaterialien wird also ignoriert.

Der große Vorteil der Normalverteilung ist jedoch ihre relativ leichte analytische Handhabbarkeit.

Wir gehen davon aus, daß bei der Prognose kein systematischer Fehler gemacht wird (Normalwert des Prognosefehlers ist null), jedoch der tatsächliche Prognosefehler zufällig um den Normalwert streut. Weil zufällige Abweichungen von einem Normalwert meist einer Normalverteilung folgen, liegt es nahe anzunehmen, daß die Prognosefehler in unseren Modellen ebenfalls normalverteilt sind.

Zusammenfassend können wir sagen, daß man mit der Annahme, daß die Prognosefehler und damit auch die Endproduktbedarfe normalverteilt sind, einen "bewußten Modellierungsfehler" macht bzw. eine Ungenauigkeit in Kauf nimmt. Weiters kann man festhalten, daß der Fehler um so kleiner ist bzw. unsere Modelle um so bessere Ergebnisse liefern, je größer die Prognosewerte e_k sind (die Verletzung der Ganzzahligkeitsbedingung verliert dann an Bedeutung) und je kleiner die Varianzen der Prognosefehler $\mathrm{Var}(F_k)$ im Verhältnis zu den entsprechenden Prognosewerten e_k sind (die Wahrscheinlichkeit für negative Bedarfe ist dann kleiner). Wir wollen dies mit zwei Extrembeispielen verdeutlichen:

$$e_1 = 1.000.000, \mathrm{Var}(F_1) = 100 \Rightarrow \text{Modell geeignet}$$
$$e_1 = 5, \mathrm{Var}(F_1) = 100 \Rightarrow \text{Modell nicht geeignet}$$

Vorhin haben wir festgehalten, daß sowohl die Bedarfsprognosen e_k als auch die Varianzen der Prognosefehler $\mathrm{Var}(F_k)$ Eingangsparameter für unsere Modell sind. Dies ist leicht gesagt, aber wie können diese Parameter ermittelt werden? Für die Bedarfsprognosen e_k haben wir schnell eine Antwort parat - es kommt dafür die ganze Palette der üblichen Prognose- und Schätztechniken in Frage. Wie sieht es aber mit den Varianzen der Prognosefehler aus? Falls für die Prognosefehler genügend Vergangenheitswerte zur Verfügung stehen, kann man auch die Varianzen der Prognosefehler $\mathrm{Var}(F_k)$ daraus schätzen. Hat man keine Vergangenheitswerte (zum Beispiel bei neuen Produkten), könnte man einen Disponenten um Schätzungen bitten. Den meisten Disponenten wird wahrscheinlich der Begriff Varianz wenig sagen. Deshalb wird es meist besser sein, wenn die Disponenten zusätzlich zu einer Punktschätzung über den Bedarf (Bedarfsprognose) auch eine Bereichsschätzung abgeben und man daraus versucht, die Standardabweichung und in Folge die Varianz zu schätzen (vgl. dazu auch Überlegungen im Rahmen der PERT-CPM-Netzplantechnik, die man z.B. in Hillier/Liebermann (1997; S. 298ff) findet). Man könnte auch mehrere Disponenten unabhängig voneinander eine Prognose erstellen lassen und die Varianz für diese (unterschiedlichen) Prognosewerte errechnen.

Spätestens jetzt wird klar, daß die Annahmen, daß wir keine systematischen Prognosefehler begehen bzw. die Erwartungswerte der Endproduktbedarfe kennen (siehe (4.3) bzw. (4.4)) und die Varianzen der Prognosefehler Var(F_k) bzw. Endproduktbedarfe Var(D_k) bekannt sind, kein ganz unkritischer Punkt bei der praktischen Anwendung unserer Modelle sind. Wir tun also so, als wären die Erwartungswerte und die Varianzen der Endproduktbedarfe bekannt, obwohl wir uns in der Praxis mit Schätzungen dafür begnügen müssen. Wir nehmen also auch hier einen bewußten Modellierungsfehler in Kauf.

Das oben Gesagte gilt auch analog für die Kovarianzen Cov(F_k,F_l) bzw. Cov(D_k,D_l). Falls wir annehmen, daß es Zusammenhänge (Korrelationen) zwischen den Prognosefehlern bzw. Bedarfen der Endprodukte gibt, müssen wir diese auch in Form von Kovarianzen angeben. Man würde die meisten Disponenten wohl hoffnungslos überfordern, wenn sie die Kovarianzen zwischen den Endproduktbedarfen angeben müßten. Ein möglicher Weg wäre es, wenn die Disponenten die Zusammenhänge zum Beispiel mit "hängen stark positiv zusammen", "hängen schwach positiv zusammen", "sind unabhängig voneinander", "hängen schwach negativ zusammen" und "hängen stark negativ zusammen" oder dgl. beschreiben. Man könnte dann jeder der obigen Merkmalsausprägungen einen geeigneten Korrelationskoeffizienten zuordnen und mit Hilfe der Schätzungen der Varianzen daraus die Kovarianzen zwischen den Endproduktbedarfen bzw. Prognosefehlern berechnen.

Es sei bereits hier angemerkt, daß die Annahme von normalverteilten Endproduktbedarfen bzw. Prognosefehlern für Optimierungsmodell 2 nicht unbedingt notwendig wäre, d.h., daß auch bei der Annahme von anderen statistischen Verteilungen für die Endproduktbedarfe bzw. Prognosefehler sich die mathematische Formulierung von Optimierungsmodell 2 nicht ändern würde. Auf die mathematische Formulierung von Optimierungsmodell 1 hätte die Annahme von anderen Verteilungen jedoch beträchtliche Auswirkungen. Dennoch könnten sowohl die entwickelten Heuristiken für Optimierungsmodell 1 als auch die für Optimierungsmodell 2 nach einer geringfügigen Adaptierung für die Lösungssuche bei anderen Verteilungen eingesetzt werden.

4.2.5 Zielfunktion

Bei der Präzisierung unseres Planungs- bzw. Entscheidungsproblems haben wir gesagt, daß bestimmte unternehmerische Ziele unter Einhaltung bestimmter Rahmenbedingungen optimal erfüllt werden sollen. Kommen wir vorerst zu den Zielfunktionen, die wir in unseren Modellen betrachten.

Im Optimierungsmodell 1 gehen wir von der Vorstellung aus, daß die Wahrscheinlichkeit, daß die Bevorratungsmaterialien nicht zur Befriedigung aller Kundenaufträge reichen, minimal sein soll. Anders ausgedrückt soll die Wahrscheinlichkeit, daß wir mit den vordisponierten (mit den Planbedarfen an) Bevorratungsmaterialien alle Kundenaufträge befriedigen können, maximiert werden.

Im Optimierungsmodell 2 wird als Zielfunktion die Maximierung des Erwartungswertes des Erlösüberschusses angesetzt.

Die Unterschiede der von uns betrachteten zwei Optimierungsmodelle ergeben sich allein aufgrund der betrachteten Zielfunktionen, für deren genauen Behandlung wir den Leser jedoch auf die folgenden Abschnitte vertrösten müssen, weil sich dieser Abschnitt ja nur mit den gemeinsamen Prämissen unserer Modelle beschäftigt.

4.2.6 Rahmenbedingungen

Zu guter letzt behandeln wir die Rahmenbedingungen (Nebenbedingungen oder Restriktionen), die in unseren Modellen angesetzt werden.

Die verkaufte Menge eines Endproduktes kann nicht größer als seine nachgefragte Menge sein. Man kann auch nicht mehr Endprodukte verkaufen, als man aus den vorproduzierten Bevorratungsmaterialien montieren kann. Weiters können die Planbedarfe der Bevorratungsmaterialien nicht negativ sein. Mathematisch läßt sich dies wie folgt formulieren:

s_k	verkaufte Menge von Endprodukt k
$\mathbf{s}$	Vektor mit Dimension m für die Verkaufsmengen der m Endprodukte
z_k	Realisationsvariable für den Bedarf von Endprodukt k der Zufallsvariablen $\mathbf{D}$

$\mathbf{z}$ Realisationsvektor mit Dimension m für die Zufallsvariable $\mathbf{D}$

p_i Planbedarf (vorproduzierte Menge) von Bevorratungsmaterial i

$\mathbf{p}$ Vektor mit Dimension d für die Planbedarfe (vorproduzierten Mengen) der d Bevorratungsmaterialien

$$s_k \leq z_k \qquad \forall k = 1,\ldots,m \tag{4.12}$$

$$\sum_{k=1}^{m} b_{ik} \cdot s_k \leq p_i \qquad \forall i = 1,\ldots,d \tag{4.13}$$

$$p_i \geq 0 \qquad \forall i = 1,\ldots,d \tag{4.14}$$

bzw. in Matrixschreibweise:

$$\mathbf{s} \leq \mathbf{z} \tag{4.15}$$

$$\mathbf{b} \cdot \mathbf{s} \leq \mathbf{p} \tag{4.16}$$

$$\mathbf{p} \geq \mathbf{0} \tag{4.17}$$

Weiters führen wir noch eine zusätzliche Nebenbedingung ein, die wir als Budgetrestriktion bezeichnen und die sich mathematisch folgendermaßen definieren läßt:

v_i variable Herstellkosten für eine Mengeneinheit von Bevorratungsmaterial i

$\mathbf{v}$ Vektor mit Dimension d für die variablen Herstellkosten pro Mengeneinheit der d Bevorratungsmaterialien

g maximales Gesamtbudget für die variablen Herstellkosten der Planbedarfe aller d Bevorratungsmaterialien

$$\sum_{i=1}^{d} v_i \cdot p_i \leq g \qquad \text{bzw.} \qquad \mathbf{v}^{\mathbf{T}} \cdot \mathbf{p} \leq g \tag{4.18}$$

Die Budgetrestriktion (4.18) kann man als Begrenzung des Lagerrisikos nach oben interpretieren. Das maximale Gesamtbudget g kann vorgegeben werden, in dem man zum Beispiel aus den erwarteten Endproduktbedarfen e_k das notwendige Budget für den daraus resultierenden erwarteten Bevorratungsmaterialbedarf errechnet und dann dieses Budget um einen %-Satz erhöht, den man bereit ist, in Sicherheitsmengen zu investieren:

ps %-Satz vom notwendigen Budget für den erwarteten Bevorratungsmaterialbedarf, den man bereit ist, in Sicherheitsmengen zu investieren

$$g = \sum_{i=1}^{d} \left(v_i \cdot \sum_{k=1}^{m} b_{ik} \cdot e_k \right) \cdot \frac{100 + ps}{100} \qquad \text{bzw.} \qquad g = \mathbf{v}^{\mathrm{T}} \cdot \mathbf{b} \cdot \mathbf{e} \cdot \frac{100 + ps}{100} \tag{4.19}$$

Bei der Anwendung in der betrieblichen Praxis wäre auch die Durchführung einer Sensibilitätsanalyse für die Budgetrestriktion denkbar bzw. empfehlenswert, indem man zum Beispiel das maximale Gesamtbudget g schrittweise erhöht bzw. verringert, jeweils die dazugehörigen Zielfunktionswerte errechnet und die Wertepaare in einer Grafik veranschaulicht. Mit einer solchen Grafik über den Verlauf des Zielfunktionswertes in Abhängigkeit des maximalen Gesamtbudgets g kann man die Entscheidung über g unterstützen bzw. evtl. noch verbessern.

Hiermit sind wir auch schon am Ende der Beschreibung der gemeinsamen Prämissen der entwickelten Modelle angelangt. Mancher Leser wird nun vielleicht fragen, warum nicht zum Beispiel die Produktionskapazitäten oder dgl. als Restriktionen auftauchen? Die Anwort ist relativ einfach. Für uns steht der Materialfluß (die Verfügbarkeit der Bevorratungsmaterialien) im Vordergrund. Wenn für eine spezifische Anwendung auch Kapazitätsrestriktionen betrachtet werden müssen, so kann man diese leicht ins Modell integrieren und solange sie linear sind, ergibt sich auch aus der Sicht der Lösbarkeit der Modelle keine wesentliche Änderung.

4.2.7 Zusammenfassung der Prämissen

Bevor wir im nächsten Abschnitt mit dem Optimierungsmodell 1 fortsetzen, fassen wir ausgehend von einer Wiederholung der Beschreibung unseres Planungsproblems die gemeinsamen Prämissen der entwickelten Modelle nochmals kurz zusammen.

Mit unseren Modellen wollen wir für eine ATO-Fertigung vom Typ I ausgehend von einer Bedarfsprognose über die einzelnen Endprodukte einer Produktfamilie die Planbedarfe an Bevorratungsmaterialien für die gesamte Produktfamilie unter Berücksichtigung der positiven Effekte von Gleichteilen auf die Sicherheitsmengen so festlegen, daß bestimmte unternehmerische Ziele unter Einhaltung bestimmter Rahmenbedingungen optimal erfüllt werden. Wir treffen dabei folgende Annahmen bzw. unterstellen folgende Prämissen:

- Es wird ein Sachleistungsbetrieb unterstellt, der für eine Produktfamilie eine ATO-Fertigung vom Typ I betreibt. Es werden also standardisierte Endprodukte gefertigt, die durch ihre Stückliste genau definiert sind. Teilmengen dieser standardisierten Endprodukte, die jeweils auf einem gemeinsamen Baukasten basieren, werden als Produktfamilie bezeichnet.
- Wenn mehrere Produktfamilien gefertigt werden, betrachten wir jede für sich isoliert.
- Im Gegensatz zu einer rollierenden Planung betrachten wir nur eine Planperiode - es liegen also Einperiodenmodelle vor.
- Die Bedarfsprognosen e_k über die Endprodukte einer Produktfamilie sind Eingangsparameter der entwickelten Modelle.
- Die Prognosefehler bzw. Bedarfe der Endprodukte einer Produktfamilie können korrelieren und folgen einer m-dimensionalen Normalverteilung, deren Erwartungswertvektor und Kovarianzmatrix bekannt sind.
- Der Erwartungswert des Prognosefehlers ist für jedes Endprodukt null - wir gehen davon aus, daß bei diesen Prognosen keine systematischen Fehler gemacht werden. Damit entsprechen die Erwartungswerte der Endproduktbedarfe den Bedarfsprognosen e_k der Endprodukte.

- Es sind also sowohl Erwartungswertvektor als auch Kovarianzmatrix für die Verteilung der Prognosefehler bzw. Bedarfe der Endprodukte bekannt und damit Eingangsparameter für unsere Modelle.
- Die verkaufte Menge eines Endproduktes kann nicht größer als seine nachgefragte Menge sein. Man kann auch nicht mehr Endprodukte verkaufen, als man aus den vorproduzierten Bevorratungsmaterialien montieren kann. Die Planbedarfe der Bevorratungsmaterialien können nicht negativ sein und das Budget für die variablen Herstellkosten der Planbedarfe aller Bevorratungsmaterialien ist durch die Budgetrestriktion nach oben begrenzt.
- Als Zielfunktion wird bei Optimierungsmodell 1 die Maximierung der Wahrscheinlichkeit, daß wir mit den vordisponierten (mit den Planbedarfen an) Bevorratungsmaterialien alle Kundenaufträge befriedigen können, bzw. bei Optimierungsmodell 2 die Maximierung des Erwartungswertes des Erlösüberschusses unterstellt. Die entwickelten Modelle unterscheiden sich nur aufgrund ihrer Zielfunktion.

4.3 Optimierungsmodell 1: aggregierter Servicelevel (ASL) als Zielfunktion

Wie bereits im letzten Abschnitt erwähnt, ergeben sich die Unterschiede der entwickelten Modelle nur aufgrund unterschiedlicher Zielfunktionen.

Im Optimierungsmodell 1 wird die Wahrscheinlichkeit für eine 100-%-ige Befriedigung aller Endproduktbedarfe maximiert. Diese Wahrscheinlichkeit bezeichnen wir in Anlehnung an Baker et al. (1986; S. 983) als **a**ggregierten **S**ervicelevel bzw. kurz ASL.

Im Folgenden wird auf Basis der im letzten Abschnitt angenommenen Prämissen das mathematische Modell für ASL als Zielfunktion entwickelt.

4.3.1 Entwicklung eines mathematischen Modells

Ausgangspunkt ist unsere obige Definition der Zielfunktion. Eine 100-%-ige Befriedigung aller Endproduktbedarfe bedeutet, daß für jedes Bevorratungsmaterial der tatsächliche Bedarf kleiner oder gleich dem Planbedarf ist.

Betrachten wir also den Bedarf der Bevorratungsmaterialien näher. Der Zusammenhang zwischen den Endproduktbedarfen D_k und den Bedarfen der Bevorratungsmaterialien B_i ergibt sich aus der Stückliste der Endprodukte und wurde bereits in Gleichung (4.5) beschrieben, die zur Wiederholung nochmals angeführt wird:

$$B_i = \sum_{k=1}^{m} b_{ik} \cdot D_k \qquad \forall i = 1,\dots,d$$

Für die Bedarfe der Bevorratungsmaterialien definieren wir uns folgende mehrdimensionale Zufallsvariable:

$\mathbf{B} = (B_1,\dots, B_d)$ d-dimensionale normalverteilte Zufallsvariable für die Bedarfe der Bevorratungsmaterialien

Die Bedarfe der Bevorratungsmaterialien **B** folgen einer mehrdimensionalen Normalverteilung, weil **B** nur eine lineare Transformation der normalverteilten Zufallsvariablen $\mathbf{D} = (D_1,\dots,D_m)$ ist. Den Umstand, daß **B** eine lineare Transformation von **D** ist, kann man aus Gleichung (4.5) leicht erkennen bzw. erkennt man noch leichter, wenn diese Gleichung in Matrixschreibweise angegeben wird:

$$\mathbf{B} = \mathbf{b} \cdot \mathbf{D} \tag{4.20}$$

Den Beweis, daß die lineare Transformation einer mehrdimensional normalverteilten Zufallsvariable wiederum eine normalverteilte Zufallsvariable ergibt, findet man etwa in Tong (1990; S. 32).

Zur Erleichterung der weiteren Arbeit mit **B** führen wir einige Definitionen ein und halten danach die wesentlichen Zusammenhänge zwischen **B** und **D** in mathematischer Form fest:

μ_i Erwartungswert für den Bedarf von Bevorratungsmaterial i

σ_{ij} Kovarianz zwischen den Bedarfen der Bevorratungsmaterialien i und j

$\boldsymbol{\mu}$ Erwartungswertvektor mit der Dimension d für die Bedarfe der d Bevorratungsmaterialien.

$\boldsymbol{\Sigma}$ Kovarianzmatrix mit d Zeilen und d Spalten für $\mathbf{B}$

$$\mu_i = \mathrm{E}(B_i) = \sum_{k=1}^{m} b_{ik} \cdot \mathrm{E}(D_k) \qquad \forall i = 1,\ldots,d \tag{4.21}$$

$$\sigma_{ij} = \mathrm{Cov}(B_i, B_j) = \sum_{k=1}^{m} \sum_{l=1}^{m} b_{ik} \cdot b_{jl} \cdot \mathrm{Cov}(D_k, D_l) \qquad \forall i, j = 1,\ldots,d \tag{4.22}$$

bzw. in Matrixschreibweise:

$$\boldsymbol{\mu} = \mathrm{E}(\mathbf{B}) = \mathbf{b} \cdot \mathrm{E}(\mathbf{D}) \tag{4.23}$$

$$\boldsymbol{\Sigma} = \mathrm{Cov}(\mathbf{B}) = \mathbf{b} \cdot \mathrm{Cov}(\mathbf{D}) \cdot \mathbf{b}^{\mathrm{T}} \tag{4.24}$$

Aus Gleichung (4.22) bzw. (4.24) ergibt sich, daß die Bedarfe von zwei Bevorratungsmaterialien auch korrelieren können, wenn die Bedarfe aller Endprodukte voneinander unabhängig sind. Vielmehr wird es in praktisch allen realen Anwendungsfällen für unser Modell Zusammenhänge (Korrelationen) zwischen den Bedarfen der Bevorratungsmaterialien geben, unabhängig davon, ob die Endproduktbedarfe korrelieren oder nicht.

Kommen wir zur Wahrscheinlichkeitsdichte f von $\mathbf{B}$. Da $\mathbf{B}$ eine mehrdimensional normalverteilte Zufallsvariable ist, können wir, falls die Determinante der Kovarianzmatrix $\boldsymbol{\Sigma}$ größer null ist (d.h. $|\boldsymbol{\Sigma}| > 0$), ihre Dichtefunktion f folgendermaßen angeben (vgl. Tong, 1990; S. 26):

x_i Realisationsvariable für den Bedarf von Bevorratungsmaterial i der Zufallsvariablen $\mathbf{B}$

$\mathbf{x}$ Realisationsvektor mit Dimension d für die Zufallsvariable $\mathbf{B}$

$$|\boldsymbol{\Sigma}| > 0 \Rightarrow f(\mathbf{x};\boldsymbol{\mu},\boldsymbol{\Sigma}) = \frac{1}{(2\pi)^{d/2}\,|\boldsymbol{\Sigma}|^{1/2}\exp\left\{(\mathbf{x}-\boldsymbol{\mu})^{\mathrm{T}}\boldsymbol{\Sigma}^{-1}(\mathbf{x}-\boldsymbol{\mu})/2\right\}},\ \text{wobei } \mathbf{x} \in \Re^{d} \qquad (4.25)$$

Falls die Determinante ihrer Kovarianzmatrix $\boldsymbol{\Sigma}$ größer null ist, erhält man die Verteilungsfunktion Φ_d von $\mathbf{B}$ durch die Integration von f nach $\mathbf{x}$:

$$|\boldsymbol{\Sigma}| > 0 \Rightarrow \Phi_d(\mathbf{p};\boldsymbol{\mu},\boldsymbol{\Sigma}) = \int_{-\infty}^{p_1} \cdots \int_{-\infty}^{p_d} f(\mathbf{x};\boldsymbol{\mu},\boldsymbol{\Sigma})\,dx_1 \cdots dx_d \qquad (4.26)$$

$|\boldsymbol{\Sigma}| > 0$ bedeutet, daß es keine linearen Abhängigkeiten zwischen den Bedarfen von zwei oder mehreren Bevorratungsmaterialien gibt.

Da die Verteilungsfunktion Φ_d von $\mathbf{B}$ die Wahrscheinlichkeit angibt, daß für jedes Bevorratungsmaterial i der Bedarf B_i kleiner oder gleich dem Planbedarf p_i ist, kommen wir zu folgender Aussage:

$\Phi_d(\mathbf{p};\boldsymbol{\mu},\boldsymbol{\Sigma})$

=

Wahrscheinlichkeit für eine 100-%-ige
Befriedigung der Bevorratungsmaterialbedarfe

=

Wahrscheinlichkeit für eine 100-%ige
Befriedigung der Endproduktbedarfe (4.27)

=

aggregierter Servicelevel

=

ASL

Gleichung (4.27) gilt unabhängig davon, ob $|\boldsymbol{\Sigma}|$ größer null ist oder nicht.

Mit dem bisherigen Wissen können wir bereits das Optimierungsmodell 1 in sehr kompakter Form anschreiben:

Input: E(**D**), Cov(**D**), **b**, **v**, g

Berechnung von $\boldsymbol{\mu}$ und $\boldsymbol{\Sigma}$ mit Hilfe von Gleichung (4.21) und (4.22) bzw. (4.23) und (4.24).

Optimierung:

$$\begin{aligned} &\max_{\mathbf{p}} \Phi_d(\mathbf{p};\boldsymbol{\mu},\boldsymbol{\Sigma}) \\ &\text{s.t.} \quad \sum_{i=1}^{d} v_i \cdot p_i \leq g \\ &\qquad\; p_i \geq 0 \qquad\qquad \forall i = 1,\ldots,d \end{aligned} \tag{4.28}$$

Output: $\mathbf{p}_{\max}$, $\Phi_d(\mathbf{p}_{\max};\boldsymbol{\mu},\boldsymbol{\Sigma})$

Der Vektor $\mathbf{p}_{\max}$ bezeichnet jenen Vektor **p**, der für das obige Optimierungsmodell die beste Lösung liefert (den Zielfunktionswert unter den gegebenen Restriktionen maximiert).

Das obige Optimierungsmodell besticht neben seiner Kürze vor allem durch den Umstand, daß die im Abschnitt 4.2 spezifizierten Nebenbedingungen "verkaufte Menge an Endprodukten $\leq$ nachgefragte Menge" und "verkaufte Menge muß aus den vorproduzierten Bevorratungsmaterialien montierbar sein" (siehe Gleichung (4.12) bzw. (4.13)) nicht aufscheinen.

Diese beiden Nebenbedingungen gelten im Modell (4.28) gewissermaßen implizit bzw. brauchen nicht explizit angeschrieben werden, weil die Fälle bei denen die Bevorratungsmaterialbedarfe nicht mehr durch die Planbedarfe zur Gänze abgedeckt werden können, in diesem Modell nicht genauer betrachtet werden, sondern lediglich versucht wird, diese Fälle möglichst zu vermeiden.

Solange die Planbedarfe der Bevorratungsmaterialien zur vollständigen Deckung ihrer Bedarfe ausreichen, entspricht die verkaufte Menge eines Endprodukts seinem Bedarf, andernfalls bleibt die Menge an verkauften Endprodukten offen.

Variablen für die verkaufte Menge an Endprodukten sind deshalb nicht erforderlich. Weiters ist auch *keine Allokation der Bevorratungsmaterialien*, d.h. die Zuordnung der vorproduzierten Bevorratungsmaterialien zu Endproduktbedarfen, notwendig - dieser Umstand ist ein wesentliches Unterscheidungskriterium zum Optimierungsmodell 2 und erleichtert, wie wir noch sehen werden, die Modellösung im Vergleich zum Optimierungsmodell 2 wesentlich.

4.3.2 Betrachtung der Lösbarkeit des Modells

Bei der Betrachtung der Lösbarkeit von Optimierungsmodell 1 müssen wir unterscheiden, ob die Determinante der Kovarianzmatrix $\mathbf{\Sigma}$ größer null ist oder nicht. Sehen wir uns also $\mathbf{\Sigma}$ genauer an.

Die Kovarianzmatrix $\mathbf{\Sigma}$ ist entweder "positive definite" (p.d.) oder "positive semidefinite" (p.s.d.). Es gelten folgende Zusammenhänge (Tong, 1990; S. 24f):

$$\mathbf{\Sigma} \text{ ist p.d.} \Leftrightarrow |\mathbf{\Sigma}| > 0 \Leftrightarrow \text{Rang von } \mathbf{\Sigma} \text{ ist gleich } d \tag{4.29}$$

$$\mathbf{\Sigma} \text{ ist p.s.d.} \Leftrightarrow |\mathbf{\Sigma}| = 0 \Leftrightarrow \text{Rang von } \mathbf{\Sigma} \text{ ist kleiner als } d \tag{4.30}$$

Eine mehrdimensionale Verteilung wird als singulär bezeichnet, wenn ihre Kovarianzmatrix p.s.d. ist, bzw. als nicht-singulär, wenn ihre Kovarianzmatrix p.d. ist.

Wenn **B** nicht-singulär ist, dann sieht man in (4.25) und (4.26) die Wahrscheinlichkeitsdichte f bzw. Verteilungsfunktion Φ_d von **B**.

Wenn **B** jedoch singulär ist, dann ist der Definitionsbereich von f nicht mehr $\Re^d$ sondern nur mehr ein Unterraum von $\Re^d$, d. h, daß es für **B** keine Dichtefunktion in $\Re^d$ gibt, die Verteilungsfunktion Φ_d nicht mehr durch die Integration von f nach $\mathbf{x}$ ermittelt werden kann und daher sind (4.25) und (4.26) nicht relevant.

Es stellt sich nun die Frage, wann **B** singulär ist. In (4.31) sieht man, daß **B** singulär ist, wenn **D** singulär ist, denn (4.29) und (4.30) gelten für die Kovarianzmatrix jeder beliebigen mehrdimensionalen Zufallsvariablen und daher auch für Cov(**D**).

$$|\mathbf{\Sigma}| = \left|\mathbf{b} \cdot \mathrm{Cov}(\mathbf{D}) \cdot \mathbf{b}^{\mathrm{T}}\right| = |\mathbf{b}| \cdot |\mathrm{Cov}(\mathbf{D})| \cdot \left|\mathbf{b}^{\mathrm{T}}\right|, |\mathrm{Cov}(\mathbf{D})| = 0 \Rightarrow |\mathbf{\Sigma}| = 0 \tag{4.31}$$

Unabhängig davon, ob **D** singulär oder nicht-singulär ist, ist **B** auf jeden Fall singulär, falls $d > m$, weil **B** ja nur eine lineare Transformation von **D** ist (vgl. Tong, 1990; S. 32). Da in vielen Fällen die Anzahl der Bevorratungsmaterialien d wohl größer sein wird als die Anzahl der Endprodukte m, ist **B** oft singulär.

Bei der Betrachtung der Lösbarkeit von Optimierungsmodell 1 müssen wir unterscheiden, ob **B** singulär oder nicht-singulär ist.

Nehmen wir zuerst an, daß **B** nicht-singulär ist. Prékopa (1980) zeigt, daß die Verteilungsfunktion einer nicht-singulären mehrdimensionalen Normalverteilung "log-concave", d.h., daß der natürliche Logarithmus unserer Zielfunktion $\ln \Phi_d(\mathbf{p};\boldsymbol{\mu},\boldsymbol{\Sigma})$ konkav ist in **p**. In diesem Fall können wir das nichtlineare Optimierungsmodell (4.28) in das konvexe Optimierungsmodell (4.32) umformen.

Input: E(**D**), Cov(**D**), **b**, **v**, g

Berechnung von $\boldsymbol{\mu}$ und $\boldsymbol{\Sigma}$ mit Hilfe von Gleichung (4.21) und (4.22) bzw. (4.23) und (4.24).

Optimierung:

$$\begin{aligned} &\max_{\mathbf{p}} \ln \Phi_d(\mathbf{p};\boldsymbol{\mu},\boldsymbol{\Sigma}) \\ &\text{s.t.} \quad \sum_{i=1}^{d} v_i \cdot p_i \leq g \\ &\qquad\ \ p_i \geq 0 \qquad\qquad \forall i = 1,\ldots,d \end{aligned} \tag{4.32}$$

Output: $\mathbf{p}_{\max}$, $\Phi_d(\mathbf{p}_{\max};\boldsymbol{\mu},\boldsymbol{\Sigma})$

Modell (4.32) ist ein Problem der konvexen Programmierung, also ein Spezialproblem der nichtlinearen Programmierung, weil die Zielfunktion konkav ist und alle Nebenbedingungen konvex (da linear) sind (vgl. Hillier/Lieberman, 1997; S. 424).

Für Probleme der nichtlinearen Programmierung können nichtlineare Programmierungsalgorithmen im allgemeinen nur lokale Maxima finden. Im Falle der konvexen

Programmierung ist jedoch sichergestellt, daß ein lokales Maximum zugleich ein globales Maximum ist. (vgl. Hillier/Lieberman, 1997; S. 424)

Wir können uns also mit den üblichen Standardalgorithmen zur nichtlinearen bzw. konvexen Programmierung auf die Suche nach einem lokalen Maximum machen, von dem wir wissen, daß es auch das globale Maximum ist. Hillier/Lieberman (1997, S. 451f) teilen diese Algorithmen in drei Kategorien ein:

- Bei den *Gradientenalgorithmen* wird das Gradientensuchverfahren etwas modifiziert, um den Suchpfad von der Verletzung einer Restriktion abzuhalten. Ein weit verbreitetes Verfahren ist die "allgemeine reduzierte Gradienten (GRG)-Methode".
- *Sequentielle Algorithmen ohne Nebenbedingungen* bauen die Restriktionen in eine Straf- oder Barrierefunktion ein, die hohe Strafen auferlegen, wenn Restriktionen verletzt werden. Die Differenz von der ursprünglichen Zielfunktion und dieser Straf- oder Barrierefunktion ergibt eine neue Zielfunktion, auf die dann zum Beispiel das Gradientensuchverfahren angewandt wird.
- Die *sequentiellen Näherungsalgorithmen* beruhen auf linearen oder quadratischen Approximationsverfahren. Sie ersetzen die nichtlineare Zielfunktion durch eine Reihe von linearen oder quadratischen Näherungen. Bei linearen Nebenbedingungen kann eine wiederholte Anwendung der Algorithmen zur linearen oder quadratischen Programmierung erfolgen. Diese Algorithmen sind daher besonders für Optimierungsprobleme mit linearen Restriktionen geeignet.

Wenn wir uns jedoch (4.26) in Verbindung mit (4.25) betrachten, müssen wir eine jetzt eventuell vorhandene Euphorie ein wenig einbremsen, denn eine exakte Lösung des bestimmten Integrals von f ist nicht möglich.

Bereits bei der eindimensionalen Normalverteilung ist das bestimmte Integral in der Verteilungsfunktion ja nicht mehr elementar auswertbar, sondern es können die Funktionswerte der Verteilungsfunktion nur numerisch ermittelt (approximiert) werden (vgl. Kreyszig, 1982; S. 127).

Bei der mehrdimensionalen Normalverteilung ist die numerische Approximation der Funktionswerte ihrer Verteilungsfunktion jedoch unvergleichlich rechenaufwendiger. Für zwei- und dreidimensionale Normalverteilungen können noch direkte numerische

Integrationsmethoden angewendet werden, für höhere Dimensionen werden Monte-Carlo-Methoden bevorzugt (vgl. Zhang, 1997; S. 316).

Bei uns ist die Anzahl der Dimensionen durch die Anzahl der Bevorratungsmaterialien d bestimmt, also typischerweise wesentlich höher als zwei oder drei. Wir können also den Zielfunktionswert nicht exakt ermitteln, sondern werden auf Monte-Carlo-Methoden (Simulation der Zufallsvariablen für die Endproduktbedarfe) zur Näherung des Zielfunktionswertes zurückgreifen müssen.

Dies gilt analog für die Gradienten der Zielfunktion, weil man hier für jeden Gradienten die Wahrscheinlichkeitsdichte f nach d-1 Variablen integrieren müßte. Es liegt also hier das gleiche Problem wie bei der Ermittlung des Zielfunktionswertes vor.

Wir können das Fazit ziehen, daß, obwohl ein Problem der konvexen Programmierung vorliegt, wir nicht notwendigerweise ein lokales und damit globales Maximum finden werden, weil wir den Zielfunktionswert bzw. Gradienten der Zielfunktion nur näherungsweise bestimmen können. Es kann durchaus passieren, daß den Algorithmen zur konvexen Programmierung aufgrund der oben beschriebenen Näherungen ein lokales und damit globales Optimum "vorgetäuscht" wird. Diese Algorithmen werden dann gewissermaßen zu Heuristiken, die das Finden des Maximums nicht gewährleisten, sondern zum Finden möglichst guter Lösungen eingesetzt werden. Allerdings kann die Genauigkeit der oben beschriebenen Näherung - zumindest im Prinzip - beliebig erhöht werden, in der Praxis ist sie jedoch durch die zur Verfügung stehende Rechenzeit begrenzt.

Kommen wir zum anderen Fall, wenn also **B** singulär ist. Wie bereits gesagt, ist dann der Definitionsbereich von f nicht mehr $\Re^d$, sondern nur mehr ein Unterraum von $\Re^d$, d. h, daß es für **B** keine Dichtefunktion in $\Re^d$ gibt und die Verteilungsfunktion Φ_d nicht mehr durch die Integration von f nach $\mathbf{x}$ ermittelt werden kann.

Da die Standardalgorithmen der nichtlinearen Programmierung die Differenzierbarkeit aller Funktionen an jedem Punkt annehmen, können wir sie eigentlich nicht zur Lösung des singulären Falles einsetzen, weil die Verteilungsfunktion Φ_d in diesem Fall nicht differenzierbar ist.

Trotz allem werden wir jedoch auch zur Lösung des singulären Falles Algorithmen zur konvexen Programmierung einsetzen, die dann ebenfalls als Heuristiken zu sehen sind, die das Finden des Maximums nicht gewährleisten, sondern zum Finden möglichst guter Lösungen eingesetzt werden.

Im Gegensatz zum nicht-singulären Fall kann beim singulären Fall das Finden des Optimums auch nicht gewährleistet werden, wenn wir den Wert der Zielfunktion exakt ermitteln könnten, weil - wie bereits gesagt - die Verteilungsfunktion Φ_d dann nicht differenzierbar ist ("Knicke mit flachen Bereichen aufweist") und somit kein Problem der konvexen Optimierung vorliegt.

4.3.3 Heuristiken zur Problemlösung

Im vorherigen Abschnitt wurde erläutert, warum das Finden einer optimalen Lösung für Optimierungsmodell 1 nicht gewährleistet werden kann und wir darum versuchen, mit Heuristiken möglichst gute Lösungen zu finden.

Zuerst wird eine Heuristik entwickelt, die als "NLP/SIM/ASL" bezeichnet wird, weil sie auf einer Kombination von nichtlinearer Programmierung ("NLP") und Simulation ("SIM") des Zielfunktionswertes ("ASL") beruht. Unter Simulation des Zielfunktionswertes verstehen wir die Schätzung des Zielfunktionswertes aufgrund einer Stichprobe, die man mit Hilfe der Simulation der Zufallsvariablen für die Endproduktbedarfe erhält.

Anschließend werden zwei vergleichsweise einfache Heuristiken ("NLP/UBB/ASL", "LP/UBB/gleicheW") zur Lösung von Optimierungsmodell 1 entwickelt, die auf einer Vernachlässigung der Korrelationen zwischen den Bedarfen der Bevorratungsmaterialien basieren. Es werden also unabhängige Bevorratungsmaterial-Bedarfe ("UBB") unterstellt und dann wird entweder der aggregierte Servicelevel ("ASL") für die Bevorratungsmaterialien maximiert oder eine möglichst hohe, für jedes Bevorratungsmaterial gleiche Bedarfsdeckungswahrscheinlichkeit ("gleicheW") angestrebt. Je nach Zielfunktion ergibt sich ein nichtlineares ("NLP") bzw. lineares ("LP") Programmierungsproblem.

Im anschließenden Abschnitt erfolgt der Vergleich der Heuristiken untereinander und mit der Überplanungstechnik mit Hilfe der Simulation.

4.3.3.1 Heuristik NLP/SIM/ASL

Aufgrund der in Abschnitt 4.3.2 erwähnten Probleme bei der Ermittlung des Zielfunktionswertes (von ASL) wird bei Heuristik NLP/SIM/ASL der Zielfunktionswert mit Simulation geschätzt und diese Berechnungs- bzw. Schätzmethode für den Zielfunktionswert wird in Standardalgorithmen zur konvexen bzw. nichtlinearen Programmierung eingebettet.

Kommen wir zuerst zur Berechnung bzw. Schätzung des Zielfunktionswertes. Bevor in (4.33) der verwendete, sehr einfache Algorithmus zur Schätzung des Zielfunktionswertes Φ_d angegeben wird, müssen wir noch einige Variablen definieren:

n	Stichprobengröße
h	Hilfsvariable
r	Index für die Realisationen einer Zufallsvariablen
$\mathbf{z}_r$	Vektor mit Dimension m, der die r-te Realisation der Zufallsvariablen $\mathbf{D}$ enthält
$\hat{\Phi}_d$	Schätzwert für Φ_d

Input: $E(\mathbf{D}),\ Cov(\mathbf{D}),\ \mathbf{b},\ \mathbf{p},\ n$

$h = 0$

Repeat for $r = 1$ to n:

$$\text{Generate } \mathbf{z}_r \text{ from an } \mathcal{N}_m(E(\mathbf{D}), Cov(\mathbf{D})) \qquad (4.33)$$

$$h = \begin{cases} h+1 & \text{if } \mathbf{b}\cdot\mathbf{z}_r \le \mathbf{p} \\ h & \text{else} \end{cases}$$

$\hat{\Phi}_d = h/n$

Output: $\hat{\Phi}_d$ für $\mathbf{p}$

Die Realisationen $\mathbf{z}_r$ aus der m-dimensionalen Normalverteilung $\mathcal{N}_m$ mit dem Erwartungswertvektor $E(\mathbf{D})$ und der Kovarianzmatrix $Cov(\mathbf{D})$ können mit den üblichen Standardalgorithmen erzeugt werden.

Obwohl es im Vergleich zu Algorithmus (4.33) schon wesentlich effizientere Verfahren zur Berechnung der Funktionswerte der Verteilungsfunktion einer mehrdimensionalen Normalverteilung gibt - vgl. Tong (1990; S. 187f) oder etwa Arbeiten von Deák (1986 und 1998) - verwenden wir trotzdem den einfachen Algorithmus (4.33), weil er sehr einfach zu implementieren ist und seine Geschwindigkeit für unsere Zwecke völlig ausreicht.

Die Geschwindigkeit von Algorithmus (4.33) ist insbesondere auch darum ausreichend, weil wir uns in der Implementierung von Heuristik NLP/SIM/ASL alle r Vektoren, die sich aus $\mathbf{b} \cdot \mathbf{z}_r$ ergeben und die nichts anderes als die r-te Realisation der Zufallsvariablen **B** sind, im Hauptspeicher ablegen und für jede Berechnung von $\hat{\Phi}_d$ verwenden.

Durch diese geringfügige Modifikation (Abspeicherung) zerfällt Algorithmus (4.33) in die zwei Algorithmen (4.34) und (4.35), die die Schätzung der Dichtefunktion von **D** und **B** bzw. die Berechnung des Funktionswertes von $\hat{\Phi}_d$ an der Stelle **p** realisieren:

$\mathbf{x}_r$ Vektor mit Dimension d, der die r-te Realisation der Zufallsvariablen **B** enthält

Input: $E(\mathbf{D})$, $Cov(\mathbf{D})$, $\mathbf{b}$, n
Repeat for $r = 1$ to n:
Generate $\mathbf{z}_r$ from an $\mathcal{N}_m(E(\mathbf{D}), Cov(\mathbf{D}))$ (4.34)
$\mathbf{x}_r = \mathbf{b} \cdot \mathbf{z}_r$
Output: $\mathbf{x}_1 \dots \mathbf{x}_n$

Input: $\mathbf{x}_1 \dots \mathbf{x}_n$, $\mathbf{p}$, n
$h = 0$
Repeat for $r = 1$ to n:

$$h = \begin{cases} h+1 & \text{if } \mathbf{x}_r \le \mathbf{p} \\ h & \text{else} \end{cases} \qquad (4.35)$$

$\hat{\Phi}_d = h/n$
Output: $\hat{\Phi}_d$ für $\mathbf{p}$

Der relativ zeitaufwendige Algorithmus (4.34) wird vor der Optimierung aufgerufen. Die Optimierung selbst wird dann mit Standardalgorithmen zur konvexen bzw. nichtlinearen Programmierung durchgeführt, die ihrerseits den sehr schnellen Algorithmus (4.35) laufend zur Berechnung (Schätzung) des Zielfunktionswertes bzw. der Gradienten der Zielfunktion bei unterschiedlichem **p** verwenden.

Der zeitaufwendige Teil, die Berechnung der Realisationen für **D**, wird also nur einmal ausgeführt. Dies heißt aber auch, daß während der ganzen Optimierung immer die gleichen Zufallszahlen für die Schätzung der Zielfunktionswerte bzw. der Gradienten der Zielfunktion bei unterschiedlichem **p** verwendet werden.

Die Verwendung der gleichen Zufallszahlen während der gesamten Optimierung ist eine anerkannte Methode zur Varianzreduktion bei der Kombination von Simulation und Optimierung und unter dem Namen "Common Random Numbers" ("CRN") in der OR-Literatur bekannt (vgl. Kleinman et al., 1999).

Nach erfolgter Optimierung wird der Zielfunktionswert für $\mathbf{p}_{max}$ durch mehrere voneinander unabhängige Simulationsläufe überprüft und es werden auch Konfidenzintervalle für ihn berechnet.

Durch die Verwendung der gleichen Zufallszahlen während der gesamten Optimierung haben wir das stochastische Optimierungsmodell (4.28) eigentlich in ein deterministisches Optimierungsmodell "überführt", das wir folgendermaßen formulieren können:

Input: $\mathbf{x}_1 \ldots \mathbf{x}_n,\ n,\ \mathbf{v},\ g$

Optimierung:

$$\max_{\mathbf{p}} \ \hat{\Phi}_d = \tfrac{1}{n}\sum_{r=1}^{n} h_r$$

$$\text{s.t.} \quad h_r = \begin{cases} 1 & \text{if} \quad \mathbf{x}_r \le \mathbf{p} \\ 0 & \text{else} \end{cases} \qquad \forall r = 1,\ldots,n \qquad (4.36)$$

$$\sum_{i=1}^{d} v_i \cdot p_i \le g$$

$$p_i \ge 0 \qquad \forall i = 1,\ldots,d$$

Output: $\mathbf{p}_{max}, \hat{\Phi}_d$ für $\mathbf{p}_{max}$

Die Vektoren $\mathbf{x}_1$ bis $\mathbf{x}_n$ können mit Algorithmus (4.34) berechnet werden. h_1 bis h_n sind lediglich Hilfsvariablen.

Weil die Variablen h_1 bis h_n binäre Variablen sind und somit das Optimierungsmodell (4.36) ein gemischt-ganzzahliges Programmierungsproblem ist, könnten wir auch versuchen, (4.36) mit Algorithmen zur gemischt-ganzzahligen Programmierung zu lösen. Dies erscheint jedoch im Vergleich zum bisherigen Ansatz (konvexe Programmierung in Verbindung mit Simulation) wenig erfolgversprechend, weil - wie wir noch sehen werden - die Anzahl der binären Variablen n (der Stichprobenumfang) sehr groß sein muß, damit die Lösung von (4.36) ein gute Näherungslösung für das eigentliche Optimierungsproblem (4.28) ist. Gemischt-ganzzahlige Programmierungsprobleme mit einer derart großen Anzahl von binären Variablen sind jedoch sehr schwer zu lösen. Für eine Einführung in die gemischt-ganzzahlige Programmierung sei etwa auf Hillier/ Lieberman (1997; S. 376ff) oder Neumann/Morlock (1993; S. 380ff) verwiesen.

Wir verwerfen diesen Lösungsansatz (gemischt-ganzzahlige Optimierung) also wieder und wenden uns einem sehr wichtigen Aspekt zu, der Bestimmung der Stichprobengröße n, die klarerweise die Genauigkeit der Schätzung des Zielfunktionswertes und damit die Qualität der gefunden Lösung für unser Optimierungsproblem wesentlich beeinflußt.

Wenn die Stichprobe zu klein ist, wird die Genauigkeit der Schätzung des Zielfunktionswertes klein sein und damit sinkt die Wahrscheinlichkeit eine gute Lösung zu finden. Wenn die Stichprobe jedoch zu groß wird, steht die verbrauchte Rechenzeit in keinem Verhältnis zur höheren Genauigkeit bei der Schätzung des Zielfunktionswertes.

Die Stichprobengröße n muß also so festgelegt werden, daß die Schätzung des Zielfunktionswertes ausreichend genau ist und gleichzeitig die Rechenzeit in vertretbarem Rahmen bleibt. Es liegt also ein Zielkonflikt zwischen hoher Genauigkeit und geringer Rechenzeit vor.

Es bleibt jedoch noch immer offen, wie man die Stichprobengröße n konkret festlegt. Eine einfache Formel läßt sich dafür nicht angeben, weil sie auch vom eingesetzten Algorithmus zur konvexen Programmierung abhängen wird. Schlußendlich muß man den "optimalen Wert" für n durch Probieren ermitteln.

Einen ersten Ansatzpunkt zur Stichprobengröße erhalten wir, wenn wir uns Konfidenzintervalle für den unbekannten Wert von Φ_d für unterschiedliche Sicherheitswahrscheinlichkeiten, Stichprobengrößen und Punktschätzungen $\hat{\Phi}_d$ berechnen.

Algorithmus (4.33) bzw. (4.35) stellt eigentlich die n-malige Durchführung eines Bernoulli-Experiments dar. Ein Bernoulli-Experiment ist ein Experiment, bei dem nur zwei verschiedene sich gegenseitig ausschließende Ereignisse eintreffen können - in unserem Fall also die 100-%-ige Deckung der Endproduktbedarfe (=Erfolg) bzw. die unvollständige Deckung der Endproduktbedarfe (=Mißerfolg). Die Wahrscheinlichkeit, daß alle Endproduktbedarfe zu 100 % befriedigt werden, beträgt Φ_d und entspricht der Erfolgswahrscheinlichkeit eines Einzelversuches unseres Bernoulli-Experiments. Die Anzahl der Erfolge bei n-maliger Durchführung unseres Bernoulli-Experiments entspricht einer Binomialverteilung mit den Parametern n und Φ_d. Wurden bei n Versuchen h Erfolge (entspricht dem Wert von h aus Algorithmus (4.33) bzw. (4.35) nachdem die Repeat-Schleife vollständig abgearbeitet wurde bzw. $h = \hat{\Phi}_d \cdot n$) beobachtet, so kann man unter Benutzung dieser Tatsache für den unbekannten Parameter Φ_d ein Konfidenzintervall bestimmen. Sind außer n auch h und n-h groß, so kann das Konfidenzintervall für Φ_d mit Hilfe der Normalverteilung näherungsweise folgendermaßen ermittelt werden:

γ Sicherheitswahrscheinlichkeit, mit der das Konfidenzintervall den unbekannten Wert von Φ_d überdeckt

$z_D(\gamma)$ Funktion, die die obere Intervallgrenze eines symmetrischen Intervalls um den Wert 0 liefert, innerhalb dessen der Wert einer normalverteilten Zufallsvariable mit dem Mittelwert 0 und der Varianz 1 mit der Wahrscheinlichkeit γ liegt; d.h. $z_D(\gamma)$ liefert die $(1-\frac{1-\gamma}{2})$-Quantile der Standardnormalverteilung

$$\mathrm{KONF}\left\{\frac{h}{n} - \frac{z_D(\gamma)}{n} \cdot \sqrt{\frac{h(n-h)}{n}} \leq \Phi_d \leq \frac{h}{n} + \frac{z_D(\gamma)}{n} \cdot \sqrt{\frac{h(n-h)}{n}}\right\} \tag{4.37}$$

Wenn man $h = \hat{\Phi}_d \cdot n$ in (4.37) einsetzt, kommt man zur folgenden äquivalenten Formulierung für das gesuchte Konfidenzintervall:

$$\text{KONF}\left\{\hat{\Phi}_d - z_D(\gamma)\cdot\sqrt{\frac{\hat{\Phi}_d(1-\hat{\Phi}_d)}{n}} \le \Phi_d \le \hat{\Phi}_d + z_D(\gamma)\cdot\sqrt{\frac{\hat{\Phi}_d(1-\hat{\Phi}_d)}{n}}\right\} \quad (4.38)$$

Das Konfidenzintervall von (4.37) bzw. (4.38) ist ein Intervall, das mit der Wahrscheinlichkeit γ den unbekannten Parameter Φ_d überdeckt. Die Genauigkeit der Schätzung ergibt sich aus der Länge des Konfidenzintervalls lk:

$$lk = 2\cdot z_D(\gamma)\cdot\sqrt{\frac{\hat{\Phi}_d(1-\hat{\Phi}_d)}{n}} \quad (4.39)$$

Die Sicherheit der Schätzung wird durch die Vorgabe der Wahrscheinlichkeit γ bestimmt.

Für eine genauere Betrachtung der Binomialverteilung und die Konfidenzintervallberechnung (Intervallschätzung) sei auf die statistische Grundlagenliteratur verwiesen - etwa Kreyszig (1982).

Um "ein erstes Gefühl" für die notwendige Stichprobengröße zu bekommen, stellen wir die Genauigkeit der Schätzung des Zielfunktionswertes in Abhängigkeit von der Sicherheitswahrscheinlichkeit γ, der Stichprobengröße n und der Punktschätzung $\hat{\Phi}_d$ in Tabelle 4.1 bis Tabelle 4.4 dar.

Die Genauigkeit der Schätzung des Zielfunktionswertes wird sowohl absolut als $lk/2$ als auch relativ in Prozent, d.h. bezogen auf die Punktschätzung $\hat{\Phi}_d$, als $\frac{lk/2}{\hat{\Phi}_d}\cdot 100$ angegeben. Die Berechnungen erfolgten mit Hilfe von Formel (4.39).

$\hat{\Phi}_d$	n=10.000		n=50.000		n=100.000	
	$lk/2$	$\frac{lk/2}{\hat{\Phi}_d}\cdot 100$	$lk/2$	$\frac{lk/2}{\hat{\Phi}_d}\cdot 100$	$lk/2$	$\frac{lk/2}{\hat{\Phi}_d}\cdot 100$
0,9	0,005880	0,65	0,002630	0,29	0,001859	0,21
0,8	0,007840	0,98	0,003506	0,44	0,002479	0,31
0,7	0,008982	1,28	0,004017	0,57	0,002840	0,41
0,6	0,009602	1,60	0,004294	0,72	0,003036	0,51
0,5	0,009800	1,96	0,004383	0,88	0,003099	0,62
0,4	0,009602	2,40	0,004294	1,07	0,003036	0,76
0,3	0,008982	2,99	0,004017	1,34	0,002840	0,95
0,2	0,007840	3,92	0,003506	1,75	0,002479	1,24
0,1	0,005880	5,88	0,002630	2,63	0,001859	1,86
0,01	0,001950	19,50	0,000872	8,72	0,000617	6,17

Tabelle 4.1: Genauigkeit der Schätzung des Zielfunktionswertes bei $\gamma = 0{,}95$

$\hat{\Phi}_d$	n=500.000		n=1.000.000		n=5.000.000	
	$lk/2$	$\frac{lk/2}{\hat{\Phi}_d}\cdot 100$	$lk/2$	$\frac{lk/2}{\hat{\Phi}_d}\cdot 100$	$lk/2$	$\frac{lk/2}{\hat{\Phi}_d}\cdot 100$
0,9	0,000832	0,09	0,000588	0,07	0,000263	0,03
0,8	0,001109	0,14	0,000784	0,10	0,000351	0,04
0,7	0,001270	0,18	0,000898	0,13	0,000402	0,06
0,6	0,001358	0,23	0,000960	0,16	0,000429	0,07
0,5	0,001386	0,28	0,000980	0,20	0,000438	0,09
0,4	0,001358	0,34	0,000960	0,24	0,000429	0,11
0,3	0,001270	0,42	0,000898	0,30	0,000402	0,13
0,2	0,001109	0,55	0,000784	0,39	0,000351	0,18
0,1	0,000832	0,83	0,000588	0,59	0,000263	0,26
0,01	0,000276	2,76	0,000195	1,95	0,000087	0,87

Tabelle 4.2: Genauigkeit der Schätzung des Zielfunktionswertes bei $\gamma = 0{,}95$

$\hat{\Phi}_d$	n=10.000		n=50.000		n=100.000	
	$lk/2$	$\frac{lk/2}{\hat{\Phi}_d}\cdot 100$	$lk/2$	$\frac{lk/2}{\hat{\Phi}_d}\cdot 100$	$lk/2$	$\frac{lk/2}{\hat{\Phi}_d}\cdot 100$
0,9	0,007728	0,86	0,003456	0,38	0,002444	0,27
0,8	0,010303	1,29	0,004608	0,58	0,003258	0,41
0,7	0,011804	1,69	0,005279	0,75	0,003733	0,53
0,6	0,012619	2,10	0,005643	0,94	0,003990	0,67
0,5	0,012879	2,58	0,005760	1,15	0,004073	0,81
0,4	0,012619	3,15	0,005643	1,41	0,003990	1,00
0,3	0,011804	3,93	0,005279	1,76	0,003733	1,24
0,2	0,010303	5,15	0,004608	2,30	0,003258	1,63
0,1	0,007728	7,73	0,003456	3,46	0,002444	2,44
0,01	0,002563	25,63	0,001146	11,46	0,000810	8,10

Tabelle 4.3: Genauigkeit der Schätzung des Zielfunktionswertes bei γ = 0,99

$\hat{\Phi}_d$	n=500.000		n=1.000.000		n=5.000.000	
	$lk/2$	$\frac{lk/2}{\hat{\Phi}_d}\cdot 100$	$lk/2$	$\frac{lk/2}{\hat{\Phi}_d}\cdot 100$	$lk/2$	$\frac{lk/2}{\hat{\Phi}_d}\cdot 100$
0,9	0,001093	0,12	0,000773	0,09	0,000346	0,04
0,8	0,001457	0,18	0,001030	0,13	0,000461	0,06
0,7	0,001669	0,24	0,001180	0,17	0,000528	0,08
0,6	0,001785	0,30	0,001262	0,21	0,000564	0,09
0,5	0,001821	0,36	0,001288	0,26	0,000576	0,12
0,4	0,001785	0,45	0,001262	0,32	0,000564	0,14
0,3	0,001669	0,56	0,001180	0,39	0,000528	0,18
0,2	0,001457	0,73	0,001030	0,52	0,000461	0,23
0,1	0,001093	1,09	0,000773	0,77	0,000346	0,35
0,01	0,000362	3,62	0,000256	2,56	0,000115	1,15

Tabelle 4.4: Genauigkeit der Schätzung des Zielfunktionswertes bei γ = 0,99

Bei genauer Betrachtung von Tabelle 4.1 bis Tabelle 4.4 sieht man, daß bei gegebenem γ und gegebenem n die Genauigkeit der Schätzung des Zielfunktionswertes absolut gesehen (Spalte *lk*/2) am geringsten ist, wenn $\hat{\Phi}_d$ gleich 0,5 ist - dies ist keine besondere Überraschung, weil die Varianz der zugrundeliegenden Binomialverteilung, dann am größten ist. Weiters ist die Genauigkeit der Schätzung des Zielfunktionswertes absolut gesehen für $\hat{\Phi}_d$ und $\left(1-\hat{\Phi}_d\right)$ gleich - dies sieht man auch sehr leicht aus Formel (4.39).

Wesentlich wichtiger für die Anwendung der Heuristik NLP/SIM/ASL ist jedoch die Tatsache, daß die Genauigkeit der Schätzung des Zielfunktionswertes relativ gesehen (Spalte $\frac{lk/2}{\hat{\Phi}_d}\cdot 100$) um so geringer ist, je kleiner die Punktschätzung $\hat{\Phi}_d$ ist.

Dies bedeutet, daß wenn der unbekannte Wert von Φ_d klein ist, die Gefahr um so größer ist, daß sich unsere Heuristik NLP/SIM/ASL "verirrt".

Wenn wir nun davon ausgehen, daß der unbekannte Wert von Φ_d während der Optimierung nicht kleiner als 0,1 wird und wir annehmen, daß eine Genauigkeit von ca. $+/-1$ % bei der Schätzung des Zielfunktionswertes ausreicht, dann werden wir mit einer Stichprobengröße von 500.000 auskommen - siehe Wert 0,83 bzw. 1,09 in Tabelle 4.2 bzw. Tabelle 4.4 für $\frac{lk/2}{\hat{\Phi}_d}\cdot 100$ bei n=500.000 und $\hat{\Phi}_d = 0{,}1$.

Die obige Schätzung ist keinesfalls theoretisch begründet, sondern ergibt sich lediglich aus dem (hoffentlich gutem) "Zahlengefühl des Autors". Sie gibt uns nur einen ersten Anhaltspunkt für die Festlegung der Stichprobengröße, d.h., daß die notwendige Stichprobengröße sicherlich bei einigen 100.000 liegen wird und nicht etwa bei einigen 100 oder 1.000. Die notwendige Stichprobengröße ist letztendlich fallspezifisch und muß durch Probieren ermittelt werden.

Aus den obigen Ausführungen können wir noch eine weitere wichtige Erkenntnis schließen. Wenn unsere Heuristik nicht "richtig startet", ist wahrscheinlich die Stichprobengröße zu klein. Es könnte aber auch sein, daß die Stichprobengröße prinzipiell ausreicht, wir aber mit zu schlechten Werten für **p** in der Heuristik starten, d.h., daß für die Startwerte von **p** der unbekannte Wert von Φ_d so gering ist, daß die Punktschätzungen $\hat{\Phi}_d$ bei diesem n einfach zu ungenau werden und unsere Heuristik "hilflos herumirrt" und "ergebnislos" abbricht, obwohl bei anderen (besseren) Startwerten von **p** mit höherem unbekannten Wert für Φ_d und bei gleichem n die Heuristik ausgezeichnete Ergebnisse liefern würde.

Je kleiner also der unbekannte Wert von Φ_d für die Startwerte von **p** ist, um so größer muß also die Stichprobengröße sein.

In den bisherigen Überlegungen haben wir uns mit der Schätzung der Zielfunktion beschäftigt. Kommen wir zum zweiten wichtigen Punkt bei der Heuristik NLP/SIM/ASL - zu den eingesetzten Standardalgorithmen der nichtlinearen Programmierung und zu ihrer Verbindung mit der Schätzung der Zielfunktion.

Je nach eingesetztem Standardalgorithmus bzw. Softwarehersteller unterscheiden wir zwei Varianten von NLP/SIM/ASL - NLP/SIM/ASL-vN bzw. NLP/SIM/ASL-vS.

4.3.3.1.1 Variante NLP/SIM/ASL-vN

Die Namenserweiterung "vN" steht für Variante ("v") bzw. NAG ("N"). Die Numerical Algorithms Group Ltd (NAG) erzeugt unter anderem mathematische/statistische Softwarebibliotheken - die NAG Fortran Libraries sind wohl des meisten Mathematikern ein Begriff.

In Folge der zunehmenden Bedeutung der Programmiersprache C brachte NAG 1990 das erste Release der NAG C Library heraus.

In der Heuristik NLP/SIM/ASL-vN wird die Funktion "e04ucc" (Synonym: "nag_opt_nlp") der NAG C Library (Mark 5) eingesetzt.

Die Funktion "e04ucc" basiert auf der Methode der sequentiellen quadratischen Programmierung und gehört also nach der Einteilung von Hillier/Lieberman (1997, S. 451f) zur Gruppe der sequentiellen Näherungsalgorithmen (siehe Seite 117).

In der Online-Dokumentation der NAG C Library (NAG, 1998) wird die Funktion "e04ucc" folgendermaßen kurz beschrieben:

"nag_opt_nlp (e04ucc) is designed to minimize an arbitrary smooth function subject to constraints (which may include simple bounds on the variables, linear constraints and smooth nonlinear constraints) using a sequential quadratic programming (SQP) method. As many first derivatives as possible should be supplied by the user; any unspecified derivatives are approximated by finite differences. It is not intended for large sparse problems. nag_opt_nlp may also be used for unconstrained, bound-constrained and linearly constrained optimization."

Für eine genauere Beschreibung der Funktion "e04ucc" sei auf die Online-Dokumentation (NAG, 1998) verwiesen, die auch im Internet unter der Adresse "http://www.nag.com/numeric/cl/doc/e/e04ucc.html" verfügbar ist.

Kommen wir zum Ablauf von Heuristik NLP/SIM/ASL-vN, der folgendermaßen aussieht:

(1) Einlesen der Eingabedaten: E(**D**), Cov(**D**), **b**, **v**, g, n und Startwert für **p**

(2) Berechnung von $\mathbf{x}_1$ bis $\mathbf{x}_n$ mit Algorithmus (4.34)

(3) Aufruf der Funktion "e04ucc" mit folgenden Parametern:

- Name der Funktion, die den Wert der Zielfunktion mit Algorithmus (4.35) mit Hilfe von $\mathbf{x}_1$ bis $\mathbf{x}_n$ berechnet (schätzt),
- Koeffizienten der Budgetrestriktion, d.h. **v**,
- rechte Seite der Budgetrestriktion, d.h. maximales Gesamtbudget g,
- untere und obere Grenzen für die Entscheidungsvariablen **p**, d.h. 0 bzw. unendlich,
- Startwert für die Entscheidungsvariablen **p**.

(4) Die Funktion "e04ucc" ruft während der Optimierung laufend die an sie "übergebene Funktion", die den Wert der Zielfunktion mit Algorithmus (4.35) berechnet (schätzt), mit den aktuellen Werten für **p** als Parameter zur Berechnung des Zielfunktionswertes bzw. zur Berechnung der Gradienten der Zielfunktion auf.

(5) Die Funktion "e04ucc" liefert für die Entscheidungsvariablen **p** jene Werte, die den Zielfunktionswert "aus ihrer Sicht" maximieren - dies muß jedoch nicht dem theoretischen Maximum entsprechen.

Wie bereits im Abschnitt 4.3.2 erläutert wurde, kann das Finden des theoretischen Maximums nicht gewährleistet werden - unabhängig davon, ob **B** singulär oder nicht-singulär ist. Im nicht-singulären Fall liegt dies daran, daß die Zielfunktionswerte nur mit Simulation geschätzt werden können. Beim singulären Fall kann das Finden des Optimums auch nicht gewährleistet werden, wenn wir den Wert der Zielfunktion exakt ermitteln könnten, weil die Zielfunktion (die Verteilungsfunktion Φ_d) dann nicht differenzierbar ist ("Knicke mit flachen Bereichen aufweist") und somit kein Problem der konvexen Optimierung vorliegt.

Es sei angemerkt, daß genaugenommen die Funktion, die den Wert der Zielfunktion berechnet (schätzt), nicht den Wert der Zielfunktion, sondern den Wert der Zielfunktion multipliziert mit -1 zurückgibt, weil die Funktion "e04ucc" minimiert und nicht maximiert - siehe obige Kurzbeschreibung zur Funktion "e04ucc".

Der obige Ablauf von Heuristik NLP/SIM/ASL-vN wurde in C++ unter Einbindung der Funktion "e04ucc" programmiert und in das Programm OSATO-I eingebettet (siehe Abschnitt 4.3.4.1).

Kommen wir nun zur zweiten Variante von Heuristik NLP/SIM/ASL.

4.3.3.1.2 Variante NLP/SIM/ASL-vS

Die Namenserweiterung "vS" steht für Variante ("v") bzw. Solver ("S"). Die Firma Frontline Systems Inc. erzeugt Optimierungssoftware, die sie als Solver bezeichnet, und beschreibt ihr Firmenprofil folgendermaßen:

"Frontline Systems Inc. is the **spreadsheet solver company**. We created the Solver in Microsoft Excel, the new Solver in Lotus 1-2-3, and the Optimizer in Corel Quattro Pro. We market enhanced versions of these spreadsheet solvers which offer greater capacity, much greater speed, and many new ease-of-use features. We also offer solvers callable from Visual Basic, C/C++ and other languages, and solvers for the AMPL and AMPL Plus modeling systems." (Frontline, 2000)

Viele Leser dieser Arbeit werden wahrscheinlich bereits Optimierungssoftware von der Firma Frontline Systems Inc. eingesetzt haben, ohne vielleicht von dieser Firma jemals etwas gehört zu haben, weil sie zum Beispiel den Excel-Solver eingesetzt haben.

In der Heuristik NLP/SIM/ASL-vS werden die Funktionen "loadnlp" (zur Problemdefinition), "optimize" (zur Optimierung) und "solution" (zur Abfrage der optimalen Lösung) der "Small-Scale NLP/MIP Solver DLL Version 3.5", die eine Erweiterung des Excel-Solvers ist, der Firma Frontline Systems Inc. eingesetzt.

Der nichtlineare Optimierungsalgorithmus dieser Solver DLL basiert auf die allgemeine reduzierte Gradienten (GRG)-Methode, die nach der Einteilung von Hillier/Lieberman (1997, S. 451f) zur Gruppe der Gradientenalgorithmen gehört (siehe Seite 117).

Für nähere Informationen zur "Small-Scale NLP/MIP Solver DLL Version 3.5" sei auf das Benutzerhandbuch (Frontline, 1999) bzw. auf die Homepage des Erzeugers (Frontline, 2000) verwiesen.

Der Ablauf der Heuristik NLP/SIM/ASL-vS ist dem Ablauf der NAG-Variante sehr ähnlich und sieht folgendermaßen aus:

(1) Einlesen der Eingabedaten: E(**D**), Cov(**D**), **b**, **v**, g, n und Startwert für **p**

(2) Berechnung von $\mathbf{x}_1$ bis $\mathbf{x}_n$ mit Algorithmus (4.34)

(3) Aufruf der Funktion "loadnlp" zur Problemdefinition mit folgenden Parametern:

- Name der Funktion, die den Wert der Zielfunktion mit Algorithmus (4.35) mit Hilfe von $\mathbf{x}_1$ bis $\mathbf{x}_n$ berechnet (schätzt) und die ebenfalls die linke Seite der Budgetrestriktion ($\mathbf{v}^T \cdot \mathbf{p}$) berechnet,
- rechte Seite der Budgetrestriktion, d.h. maximales Gesamtbudget g,
- untere und obere Grenzen für die Entscheidungsvariablen **p**, d.h. 0 bzw. unendlich,
- Startwert für die Entscheidungsvariablen **p**.

(4) Aufruf der Funktion "optimize", die während der Optimierung laufend die an die Funktion "loadnlp" "übergebene Funktion", die den Wert der Zielfunktion mit Algorithmus (4.35) berechnet (schätzt) und die ebenfalls die linke Seite der Budgetrestriktion ($\mathbf{v}^T \cdot \mathbf{p}$) berechnet, mit den aktuellen Werten für **p** als Parameter zur Berechnung des Zielfunktionswertes, der linken Seite der Budgetrestriktion und der Gradienten aufruft.

(5) Aufruf der Funktion "solution", die die Optimierungsergebnisse liefert, d.h. für die Entscheidungsvariablen **p** werden jene Werte geliefert, die den Zielfunktionswert "aus Sicht" der Funktion "optimize" maximieren - dies muß jedoch nicht dem theoretischen Maximum entsprechen.

Wie bereits im Abschnitt 4.3.2 bzw. im vorhergehenden Abschnitt bei der Beschreibung der NAG-Variante erläutert wurde, kann das Finden des theoretischen Maximums nicht gewährleistet werden - unabhängig davon, ob **B** singulär oder nicht-singulär ist. Im nicht-singulären Fall liegt dies daran, daß die Zielfunktionswerte nur mit Simulation geschätzt werden können. Beim singulären Fall kann das Finden des Optimums auch nicht gewährleistet werden, wenn wir den Wert der Zielfunktion exakt ermitteln könnten, weil die Zielfunktion (die Verteilungsfunktion Φ_d) dann nicht differenzierbar ist ("Knicke mit flachen Bereichen aufweist") und somit kein Problem der konvexen Optimierung vorliegt.

Der obige Ablauf von Heuristik NLP/SIM/ASL-vS wurde in C++ unter Einbindung der oben genannten Funktionen der "Small-Scale NLP/MIP Solver DLL Version 3.5" programmiert und in das Programm OSATO-I eingebettet (siehe Abschnitt 4.3.4.1).

Nach Betrachtung der beiden Varianten von Heuristik NLP/SIM/ASL kommen wir zu den beiden bereits zu Beginn von Abschnitt 4.3.3 angesprochenen vergleichsweise einfachen Heuristiken ("NLP/UBB/ASL", "LP/UBB/gleicheW") zur Lösung von Optimierungsmodell 1.

4.3.3.2 Heuristik NLP/UBB/ASL

Heuristik NLP/UBB/ASL beruht auf der Vernachlässigung der Korrelationen zwischen den Bedarfen der Bevorratungsmaterialien, d.h., es wird angenommen, daß die Bedarfe der Bevorratungsmaterialien stochastisch unabhängig sind.

Unter der Annahme von unabhängigen Bevorratungsmaterial-Bedarfen ("UBB") wird der aggregierte Servicelevel ("ASL") für die Bevorratungsmaterialien maximiert. Es ergibt sich wiederum ein nichtlineares Programmierungsproblem ("NLP"), bei dem jedoch im Vergleich zum Optimierungsmodell 1 (siehe (4.28)), für das wir ja eine möglichst gute Näherungslösung finden wollen, der Zielfunktionswert sehr leicht ermittelbar ist.

Durch die Annahme von unabhängigen Bevorratungsmaterial-Bedarfen vereinfacht sich nämlich die Berechnung der Verteilungsfunktion Φ_d von **B** wesentlich, denn Φ_d von **B** entspricht dann dem Produkt ihrer d Randverteilungen:

$$\left(B_i, B_j \text{ unabhängig} \quad \forall i \neq j \wedge i, j = 1, \ldots, d\right) \Rightarrow \Phi_d(\mathbf{p}; \boldsymbol{\mu}, \boldsymbol{\Sigma}) = \prod_{i=1}^{d} \Phi_1\left(\frac{p_i - \mu_i}{\sqrt{\sigma_{ii}}}\right) \tag{4.40}$$

Die Funktion Φ_1 ist die Verteilungsfunktion der eindimensionalen Normalverteilung, deren Funktionswerte sehr leicht und genau numerisch ermittelt werden können. Die Erwartungswerte μ_i und Varianzen σ_{ii} der Bedarfe der Bevorratungsmaterialien können mit Gleichung (4.21) und (4.22) bzw. (4.23) und (4.24) ermittelt werden

Heuristik NLP/UBB/ASL beruht nun einfach auf der Lösung des folgenden Optimierungsproblems:

Input: E(**D**), Cov(**D**), **b**, **v**, *g*

Berechnung von $\boldsymbol{\mu}$ und $\boldsymbol{\Sigma}$ mit Hilfe von Gleichung (4.21) und (4.22) bzw. (4.23) und (4.24).

Optimierung:

$$\begin{aligned} &\max_{\mathbf{p}} \prod_{i=1}^{d} \Phi_1\left(\frac{p_i - \mu_i}{\sqrt{\sigma_{ii}}}\right) \\ &\text{s.t.} \quad \sum_{i=1}^{d} v_i \cdot p_i \leq g \\ &\qquad p_i \geq 0 \qquad \forall i = 1, \ldots, d \end{aligned} \tag{4.41}$$

Output: $\mathbf{p}_{\max}$

Das Optimierungsproblem (4.41) kann mit den Standardalgorithmen zur nichtlinearen Programmierung sehr einfach und schnell gelöst werden.

In unserem Fall wurde die Heuristik NLP/UBB/ASL bzw. das Modell (4.41) mit Hilfe des Solvers in MS-EXCEL 97 implementiert bzw. gelöst. Nähere Details dazu werden im Abschnitt 4.3.4.1 angeführt.

4.3.3.3 Heuristik LP/UBB/gleicheW

Heuristik LP/UBB/gleicheW beruht ebenfalls auf der Vernachlässigung der Korrelationen zwischen den Bedarfen der Bevorratungsmaterialien.

Unter der Annahme von unabhängigen Bevorratungsmaterial-Bedarfen ("UBB") wird im Unterschied zur Heuristik NLP/UBB/ASL nicht der aggregierte Servicelevel für alle Bevorratungsmaterialien maximiert, sondern es wird ein möglichst hoher für jedes Bevorratungsmaterial gleicher Servicelevel bzw. eine möglichst hohe für jedes Bevorratungsmaterial gleiche Bedarfsdeckungswahrscheinlichkeit ("gleicheW") angestrebt.

Ein gleicher Servicelevel für jedes Bevorratungsmaterial muß zwar nicht optimal sein in Hinblick auf die eigentliche Zielfunktion ASL, aber es liegt die Annahme nahe, daß dies oft zumindest zu guten Lösungen führt, denn für die Montage eines Endproduktes müssen ja alle eingehenden Bevorratungsmaterialien verfügbar sein.

Für Heuristik LP/UBB/gleicheW ergibt sich ein lineares Programmierungsproblem ("LP"), das wiederum in Vergleich zum Optimierungsmodell 1 (siehe (4.28)), für das wir ja eine möglichst gute Näherungslösung finden wollen, sehr einfach zu lösen ist.

Das lineare Optimierungsproblem, auf dem Heuristik LP/UBB/gleicheW basiert, sieht mathematisch formuliert folgendermaßen aus:

Input: $E(\mathbf{D})$, $Cov(\mathbf{D})$, $\mathbf{b}$, $\mathbf{v}$, g

Berechnung von $\boldsymbol{\mu}$ und $\boldsymbol{\Sigma}$ mit Hilfe von Gleichung (4.21) und (4.22) bzw. (4.23) und (4.24).

Optimierung:

$$\begin{aligned}
&\max_{\mathbf{p},h} h \\
&\text{s.t.} \quad \sum_{i=1}^{d} v_i \cdot p_i \leq g \\
&\qquad p_i \geq 0 \qquad \forall i = 1,\dots,d \\
&\qquad p_i = \mu_i + \sqrt{\sigma_{ii}} \cdot h \qquad \forall i = 1,\dots,d
\end{aligned} \tag{4.42}$$

Output: $\mathbf{p}_{max}$

Die Variable h ist lediglich eine Hilfsvariable, um einen möglichst hohen für jedes Bevorratungsmaterial gleichen Servicelevel einzustellen.

Das Optimierungsproblem (4.42) kann mit den Standardalgorithmen zur linearen Programmierung sehr einfach und schnell gelöst werden.

In unserem Fall wurde die Heuristik LP/UBB/gleicheW bzw. das Modell (4.42) mit Hilfe des Solvers in MS-EXCEL 97 implementiert bzw. gelöst. Nähere Details dazu werden im Abschnitt 4.3.4.1 angeführt.

4.3.4 Vergleich der Heuristiken mit Hilfe der Simulation

Wie wir im Abschnitt 4.3.2 gesehen haben, ist die exakte Bestimmung von ASL nicht möglich. Bei praxisrelevanten Problemgrößen besteht die einzige praktikable Möglichkeit in der Schätzung von ASL aufgrund einer Stichprobe, die man mit Hilfe der Simulation der Zufallsvariablen für die Endproduktbedarfe erhält, und daher kann Optimierungsmodell 1 nicht optimal gelöst werden.

Weil wir kein theoretisches Optimum für Optimierungsmodell 1 ermitteln können, müssen wir uns mit dem Vergleich der Heuristiken untereinander und dem Vergleich mit dem Ergebnis der Überplanungstechnik begnügen. Eine Verbesserung der mit der Überplanungstechnik erreichten ASL-Werte wäre bereits ein Fortschritt.

Wir sprechen vom Vergleich "mit Hilfe der Simulation", weil wir die Zielfunktionswerte (ASL-Werte), die durch die Heuristiken bzw. die Überplanungstechnik erreicht werden, mit Algorithmus (4.33) bzw. den Algorithmen (4.34) und (4.35) simulieren, d.h. aufgrund einer Stichprobe, die mit Hilfe der Simulation der Zufallsvariablen der Endproduktbedarfe gewonnen wurde, schätzen.

Bevor wir im Rahmen des zweiten Teils der Fallstudie zur Landmaschinen AG die entwickelten Heuristiken anhand realer Betriebsdaten vergleichen, wird im folgenden Abschnitt die Implementierung der Heuristiken und der Schätzung (Simulation) von ASL in Computer-Progammen bzw. die Vorgehensweise bei deren Anwendung kurz beschrieben.

4.3.4.1 Implementierung bzw. Vorgehensweise

In diesem Abschnitt wird die Realisierung (Implementierung) der Überplanungstechnik, der im Abschnitt 4.3.3 vorgestellten Heuristiken und der Simulation von ASL überblicksmäßig beschrieben. Weiters wird die Vorgehensweise bei der Anwendung der entwickelten Programme kurz angesprochen. Für das Verständnis der Arbeit ist die Kenntnis der jetzt folgenden "technischen Details" nicht unbedingt erforderlich.

Im Sinne eines rasch verfügbaren Prototypen wurden die Heuristiken teilweise mit Hilfe von MS-Excel bzw. der Programmiersprache C++ implementiert.

Die Überplanungstechnik (ÜPT) und die Heuristiken NLP/UBB/ASL und LP/UBB/gleicheW wurden mit einem "Blatt" in MS-EXCEL 97, das als "UBB/ÜPT-Blatt" bezeichnet wird, folgendermaßen implementiert:

(1) Für die m Endprodukte wurden der Erwartungswertvektor $E(\mathbf{D})$ und die Kovarianzmatrix $Cov(\mathbf{D})$, für die d Bevorratungsmaterialien wurde der Vektor $\mathbf{v}$, der die variablen Herstellkosten enthält, eingegeben. Schließlich wurden noch die Stücklisten für alle Endprodukte in Matrixform - also $\mathbf{b}$ - eingegeben.

(2) Nach Gleichung (4.21) und (4.22) bzw. (4.23) und (4.24) wurden der Erwartungswertvektor $\boldsymbol{\mu}$ und die Kovarianzmatrix $\boldsymbol{\Sigma}$ für die Bevorratungsmaterialien mit EXCEL-Formeln berechnet.

(3) Nach der Eingabe der Überplanungsprozentsätze $üps_k$ für die Endprodukte wurden die Planbedarfe für die Bevorratungsmaterialien $\mathbf{p}$ und das notwendige Gesamtbudget für ihre variablen Herstellkosten $gü$ folgendermaßen mit der Überplanungstechnik berechnet:

$$p_i = \sum_{k=1}^{m} b_{ik} \cdot E(D_k) \cdot \frac{100 + üps_k}{100} \qquad \forall i = 1,\ldots,d \tag{4.43}$$

$$gü = \sum_{i=1}^{d} v_i \cdot p_i \quad \text{bzw.} \quad gü = \mathbf{v}^{\mathbf{T}} \cdot \mathbf{p} \tag{4.44}$$

Wenn die Überplanungsprozentsätze $üps_k$ für alle Endprodukte gleich sind, kann man Formel (4.43) folgendermaßen vereinfachen:

$$p_i = \mu_i \cdot \frac{100 + \ddot{u}ps}{100} \qquad \forall i = 1,\ldots,d \qquad (4.45)$$

Der für alle Endprodukte gleiche Überplanungsprozentsatz wurde mit *üps* bezeichnet.

(4) Mit Hilfe des EXCEL-Solvers wurden die Werte für die Planbedarfe der Bevorratungsmaterialien, die sich aus Heuristik NLP/UBB/ASL bzw. LP/UBB/gleicheW ergeben, ermittelt. Die einzugebenden EXCEL-Formeln ergaben sich mehr oder weniger direkt aus den Optimierungsmodellen (4.41) bzw. (4.42). Um einen fairen Vergleich der beiden Heuristiken mit der Überplanungstechnik zu gewährleisten, wurde das für die Bevorratungsmaterialien notwendige Gesamtbudget *gü*, das mit der Überplanungstechnik ermittelt wurde (siehe Formel (4.44)), als rechte Seite für die Budgetrestriktion der Heuristiken NLP/UBB/ASL und LP/UBB/gleicheW verwendet (*g*=*gü*)!

Mit dem oben beschriebenen EXCEL-Blatt UBB/ÜPT wurden also die Planbedarfe der Bevorratungsmaterialien, die sich nach der Überplanungstechnik, der Heuristik NLP/UBB/ASL bzw. der Heuristik LP/UBB/gleicheW für die Eingabedaten E(**D**), Cov(**D**), **b**, **v** und aller $\ddot{u}ps_k$ ergeben, ermittelt.

Die Berechnung des aggregierten Servicelevels für die Endprodukte (ASL), den wir ja eigentlich maximieren wollen und der sich aus den jeweiligen Planbedarfen der Bevorratungsmaterialien ergibt, können wir jedoch nicht in einem EXCEL-Blatt durchführen.

Zur Ermittlung von ASL bei gegebenem E(**D**), Cov(**D**), **b**, **p** und *n* wurde ein Programm in C++ implementiert, das die Algorithmen (4.34) und (4.35) zur ASL-Berechnung einsetzt und als OSATO-I bezeichnet wird. Der Name setzt sich aus **O**ptimierung, **S**imulation und **ATO-I** zusammen und dies weist schon darauf hin, daß OSATO-I nicht nur auf die Berechnung von ASL für die oben genannten Eingabedaten beschränkt ist, sondern in OSATO-I sind neben den beiden Varianten von Heuristik NLP/SIM/ASL auch die Heuristiken für Optimierungsmodell 2 implementiert.

Der Ablauf der beiden Heuristikvarianten NLP/SIM/ASL-vN bzw. NLP/SIM/ASL-vS, der in OSATO-I implementiert wurde, ist in Abschnitt 4.3.3.1.1 bzw. 4.3.3.1.2 bereits beschrieben worden.

Im Folgenden wird die prinzipielle Arbeitsweise von OSATO-I vorgestellt. Für eine genaue Beschreibung des Ein- und Ausgabeformates von OSATO-I sei auf Anhang 6.1 verwiesen.

OSATO-I liest alle Eingabedaten von einer Textdatei ein, deren Name beim Programmaufruf als Parameter mitgegeben wird. Die Ausgabe erfolgt am Bildschirm (genauer gesagt über das Standardausgabemedium) und in Textdateien. OSATO-I ist nicht fensterorientiert sondern ein reines Konsolenprogramm.

Die Eingabedatei gliedert sich in zwei Teile - im ersten Teile werden die "Problemdaten" (E(**D**), Cov(**D**), **b**, **v** und evtl. noch weitere Daten bei Verwendung der Heuristiken für Optimierungsmodell 2) und im zweiten Teil, dem "Versuchsteil", werden die "Versuchsdaten" angeführt.

Im Versuchsteil können mehrere Optimierungs- bzw. Simulationsexperimente spezifiziert werden.

Wenn man nur den Zielfunktionswert ASL mit den Algorithmen (4.34) und (4.35) für die Problemdaten bei vorgegebenen Planbedarfen der Bevorratungsmaterialien ermitteln möchte, muß im Versuchsteil eine "Simulation" mit folgenden Parametern spezifiziert werden:

- Anzahl der Simulationswiederholungen - für jede Wiederholung werden unterschiedliche Zufallszahlen bei der Schätzung (Simulation) von ASL verwendet.
- Anzahl der Realisationen pro Simulationswiederholung (= Stichprobengröße n)
- Planbedarfe der Bevorratungsmaterialien, für die ASL simuliert werden soll.

Für jede spezifizierte Simulation werden am Bildschirm und in Textdateien pro Simulationswiederholung der Schätzwert für ASL ausgegeben und pro Simulation werden der Mittelwert der Einzelschätzungen und Bereichsschätzungen (Konfidenzintervalle) für ASL ausgegeben, wenn die Anzahl der Simulationswiederholungen größer als 1 ist.

Wenn man die Heuristikvariante NLP/SIM/ASL-vN oder NLP/SIM/ASL-vS auf die Problemdaten anwenden möchte, muß im Versuchsteil eine "Optimierung" mit folgenden Parametern spezifiziert werden:

- Anzahl der Optimierungswiederholungen - für jede Wiederholung werden unterschiedliche Zufallszahlen bei der Schätzung (Simulation) von ASL verwendet.
- Anzahl der Realisationen pro Optimierungswiederholung (= Stichprobengröße n)
- maximales Gesamtbudget g für die variablen Herstellkosten der Bevorratungsmaterialien
- Startwerte für die Planbedarfe der Bevorratungsmaterialien
- Weiters kann bei Bedarf noch eine "Simulation" spezifiziert werden, die auf das Ergebnis jeder Optimierungswiederholung angewendet wird.

Für jede Optimierung werden am Bildschirm und in Textdateien pro Optimierungswiederholung das Optimierungsergebnis (Planbedarfe der Bevorratungsmaterialien bei denen sich der höchste Schätzwert für ASL ergab) und die Simulationsergebnisse, wenn eine "Simulation" spezifiziert wurde, ausgegeben.

Im Versuchsteil können für die Problemdaten also mehrere "Simulationen" und "Optimierungen" mit evtl. anschließenden "Simulationen" definiert werden.

Alle Versuche laufen gewissermaßen im "Batch-Betrieb", also ohne Benutzereingriff. Mit Hilfe von Batch-Dateien, in denen OSATO-I mehrmals mit unterschiedlichen Eingabedateien aufgerufen wird und in denen eine Umleitung der Ausgabe vom Bildschirm in eine Textdatei erfolgt, läßt sich die Durchführung der Simulations- bzw. Optimierungsexperimente noch weiter automatisieren.

Die oben beschriebene Zweiteilung der Implementierung in MS-EXCEL (Überplanungstechnik, Heuristik NLP/UBB/ASL und LP/UBB/gleicheW) bzw. in OSATO-I (Ermittlung von ASL, Heuristik NLP/SIM/ASL und Heuristiken für Optimierungsmodell 2) ist sicherlich nicht als optimale Lösung, sondern im Sinne eines rasch verfügbaren Prototypen zur Problemlösung zu verstehen.

In Zusammenhang mit dieser Form der Implementierung der Heuristiken und der Simulationsumgebung im UBB/ÜPT-Blatt bzw. im Programm OSATO-I ergibt sich nun folgende Vorgehensweise für den Simulationsvergleich der Heuristiken:

(1) Eintippen bzw. Übernahme der Eingabedaten E(**D**), Cov(**D**), **b**, **v** und aller $üps_k$ in das UBB/ÜPT-Blatt.

(2) Berechnung der Planbedarfe der Bevorratungsmaterialien, die sich nach der Überplanungstechnik, der Heuristik NLP/UBB/ASL bzw. der Heuristik LP/UBB/gleicheW ergeben, mit Hilfe des EXCEL-Solvers im UBB/ÜPT-Blatt.

(3) Erstellung der Eingabedatei für OSATO-I. Dazu wird ein weiteres Blatt in MS-EXCEL 97 verwendet, daß die Daten von Blatt UBB/ÜPT in eine für OSATO-I lesbare Form bringt und um die Parameter für die durchzuführenden Versuche (Simulationen und Optimierungen) ergänzt. Um die Vergleichbarkeit der entwickelten Heuristiken mit der Überplanungstechnik zu gewährleisten, wird für *g* der Wert von *gü* eingesetzt. Nach Abspeicherung dieses weiteren Blattes im Textformat liegt eine fertige Eingabedatei für OSATO-I vor.

(4) Aufruf von OSATO-I mit der erstellten Eingabedatei. Bei einer größeren Anzahl von Versuchen wird die Ausgabe in eine Textdatei umgeleitet.

(5) Aufbereitung der Ergebnisse mit MS-ACCESS 97 und MS-EXCEL 97.

4.3.4.2 Fallstudie Landmaschinen AG - Teil 2

Im ersten Teil der Fallstudie (siehe Abschnitt 3) erfolgte nach einem Unternehmensüberblick eine Beschreibung der Produktstruktur, des Produktions- und Logistiksystems und des Produktionsplanungs- und -steuerungssystems der Landmaschinen AG.

Im zweiten Teil greifen wir uns die Produktfamilie "Kleine Mähwerke" der Landmaschinen AG heraus und versuchen, mit den vorhin entwickelten Heuristiken zur Festlegung der Planbedarfe der Bevorratungsmaterialien einen höheren aggregierten Servicelevel (ASL) zu ermitteln als ihn die Überplanungstechnik liefert.

Die Produktfamilie "Kleine Mähwerke" wurde darum gewählt, weil hier bis auf wenige Ausnahmesituationen keine Endprodukte auf Lager produziert werden, also beinahe eine reine ATO-Fertigung vom Typ II vorliegt.

Ein weiterer wichtiger Grund für die Wahl dieser Produktfamilie ist der Umstand, daß bei allen Produkttypen der "Kleinen Mähwerke" die Standardbauteile den wertmäßigen Hauptanteil stellen. Der wertmäßige Anteil der Bauteilvarianten und optionalen Bauteile ist praktisch vernachlässigbar, weil es sich hier im Großen und Ganzen nur um Abziehbilder, Betriebsanleitungen in verschiedenen Sprachen und dgl. handelt. Erst durch diesen Umstand ist es gerechtfertigt, daß wir die vorhin entwickelten Heuristiken einsetzen, weil diese ja eine ATO-Fertigung vom Typ I annehmen. Wir nehmen also unsere Heuristiken für den ATO-Typ I als Näherung für den in unserer Fallstudie vorliegenden ATO-Typ II. In der weiteren Betrachtung werden die Bauteilvarianten und optionalen Bauteilen ignoriert und wir bezeichnen die Produkttypen der Produktfamilie "Kleine Mähwerke" ab jetzt (fälschlicherweise) auch als Endprodukte, weil die Terminologie unserer Heuristiken auf dem ATO-Typ I beruht.

Bevor die Bedingungen für den Simulationsvergleich der Heuristiken mit der Überplanungstechnik (die Untersuchungsplanung) und die Simulationsergebnisse präsentiert werden, wird gezeigt, wie die Problemgröße ohne wesentlichen Informationsverlust reduziert werden kann.

4.3.4.2.1 Datenaufbereitung bzw. Reduktion der Problemgröße

Die Stücklisten der Endprodukte der Produktfamilie "Kleine Mähwerke" wurden in Form einer Matrix aufbereitet, die wir als "Stücklistenmatrix" bezeichnen und die in der mathematischen Beschreibung der Heuristiken als **b** bezeichnet wurde. In den Spalten dieser Matrix stehen die zehn Endprodukte und in den Zeilen die knapp 600 Bevorratungsmaterialien der Produktfamilie "Kleine Mähwerke". Die Matrixelemente geben die Menge an Bevorratungsmaterialien an, die für eine Einheit eines Endprodukts benötigt wird. Die k-te Spalte der Stücklistenmatrix (Stücklistenspalte) ist die Stückliste des k-ten Endprodukts der Produktfamilie "Kleine Mähwerke". Die i-te Zeile der Stücklistenmatrix (Stücklistenzeile) ist der Verwendungsnachweis des i-ten Bevorratungsmaterials für die Produktfamilie "Kleine Mähwerke".

Weiters führen wir den Begriff der "erweiterten Stücklistenmatrix" ein, die die Stücklistenmatrix um eine weitere Spalte ergänzt, die für jedes Bevorratungsmaterial die variablen Herstellkosten v_i angibt.

Wie bereits oben erwähnt, umfaßt die Produktfamilie "Kleine Mähwerke" 600 Bevorratungsmaterialien. Für unsere Problemstellung weist Optimierungsmodell 1 somit 600 Entscheidungsvariablen auf und dies ist für ein nichtlineares Programmierungsproblem eine schon ganz beachtliche Größe. Deshalb wurde versucht die Anzahl der Entscheidungsvariablen durch Aggregation und Selektion zu verringern.

4.3.4.2.1.1 Aggregation

In der Stücklistenmatrix gibt es eine ganze Reihe von Bevorratungsmaterialien deren Stücklistenzeilen die gleichen Werte aufweisen. Zwei oder mehrere Bevorratungsmaterialien haben die gleiche Stücklistenzeile, wenn sie in alle Endprodukte mit der gleichen Menge eingehen. Gleiche Stücklistenzeilen können zu einer Zeile aggregiert werden, d.h. zwei- oder mehrere Stücklistenzeilen mit gleichen Werten werden durch eine Stücklistenzeile mit diesen Werten ersetzt. Die variablen Herstellkosten für diese "aggregierten Bevorratungsmaterialien" ergeben sich durch einfache Summierung der variablen Herstellkosten der in die jeweilige Aggregation eingegangenen Bevorratungsmaterialien.

Durch die Zusammenfassung von gleichen Stücklistenzeilen kann die Anzahl der Entscheidungsvariablen bzw. (aggregierten) Bevorratungsmaterialien von knapp 600 auf 167 verringert werden.

Es können jedoch nicht nur Stücklistenzeilen mit gleichen Werten zusammengefaßt werden, sondern eine Stücklistenzeile i kann auch mit einer Stücklistenzeile j zusammengefaßt werden, wenn die Werte von der Stücklistenzeile i ein Vielfaches von j sind, d.h. $\underset{\delta \in \Re}{\exists} \underset{k=1,\ldots,m}{\forall} \delta \cdot b_{ik} = b_{jk}$.

Die neue aggregierte Stücklistenzeile ersetzt die bisherigen Stücklistenzeilen i und j und weist als Werte die Werte der Stücklistenzeile j auf bzw. anders ausgedrückt entfällt die Stücklistenzeile i. Die variablen Herstellkosten für das neue "aggregierte Bevorratungsmaterial" ergeben sich durch die Summierung von $\delta \cdot v_i$ und v_j, wobei für $\delta \underset{k=1,\ldots,m}{\forall} \delta \cdot b_{ik} = b_{jk}$ gilt.

Die Anzahl der Entscheidungsvariablen bzw. (aggregierten) Bevorratungsmaterialien kann durch diesen weiteren Aggregationsschritt nochmals um 52 auf 115 verringert werden.

Der oben beschriebene Aggregationsvorgang hat neben der Reduktion der Anzahl der Entscheidungsvariablen noch einen zweiten wichtigen Effekt - es werden alle linearen Abhängigkeiten zwischen jeweils zwei Bevorratungsmaterialien eliminiert. Lineare

Abhängigkeiten zwischen mehr als zwei Bevorratungsmaterialien können natürlich noch weiterhin bestehen.

Durch die Aggregation der Bevorratungsmaterialien wird unser Problem also schon wesentlich handhabbarer. Wir können die Anzahl der Entscheidungsvariablen von knapp 600 auf 115 verringern, ohne daß wir uns einen weiteren "Fehler" bei der Modellierung oder Modellösung einhandeln - wenn man das Optimierungsmodell sowohl für die Ausgangsdaten als auch für die aggregierten Daten lösen könnte, dann würde die optimale Lösung für die aggregierten Daten nach der Disaggregation der optimalen Lösung für die Ausgangsdaten entsprechen. Das Aggregationsergebnis ist in Anhang 6.2 ersichtlich.

Bevor wir in einem weiteren Schritt versuchen, die Anzahl der Entscheidungsvariablen nochmals durch Selektion zu reduzieren, betrachten wir uns kurz den Aggregierungsvorgang etwas näher. Jene Leser, die sich für die folgenden Implementierungsdetails nicht interessieren, können sofort mit Abschnitt 4.3.4.2.1.2 fortsetzen.

Für die Durchführung der oben beschriebenen Aggregationsschritte wurde in MS-ACCESS 97 eine Tabelle angelegt, die die erweiterte Stücklistenmatrix (**b** zusammen mit **v**) aufnimmt. Mit Hilfe von Abfragen in Verbindung mit Gruppierungsfunktionen wurde dann in MS-ACCESS 97 die Aggregation der Bevorratungsmaterialien vorgenommen und die erweiterte Stücklistenmatrix für die aggregierten Bevorratungsmaterialien wurde ermittelt.

Diese schnell verfügbare, prototyphafte Realisierung der Aggregation reichte für unsere Fallstudie völlig aus. Dies ist insbesondere auch darum der Fall, weil wir für den Vergleich der Heuristiken nach erfolgter "Optimierung" die Planbedarfe der aggregierten Bevorratungsmaterialien nicht mehr in die Planbedarfe der realen Bevorratungsmaterialien disaggregieren müssen, da wir die Planungsschritte nach der Festlegung der Planbedarfe der Bevorratungsmaterialien nicht mehr betrachten. Für die praktische Anwendung muß natürlich der Aggregationsvorgang für die Zwecke der Disaggregation rekonstruiert werden können.

Für die professionelle Umsetzung der oben beschriebenen Aggregation bietet sich die Berechnung und evtl. Speicherung einer Matrix an, die alle Korrelationskoeffizienten zwischen jeweils zwei Bevorratungsmaterialien angibt. Bei der oben beschriebenen Vorgehensweise tut man eigentlich nichts anderes, als fortlaufend jeweils zwei Stücklistenzeilen zusammenzufassen, die paarweise linear abhängig sind. Wenn zwischen den Stücklistenzeilen von zwei Bevorratungsmaterialien eine lineare Abhängigkeit besteht, dann ist auch der Korrelationskoeffizient zwischen ihnen eins. Das heißt nun, daß die Korrelationskoeffizientenmatrix der Bevorratungsmaterialien angibt, welche Bevorratungsmaterialien man aggregieren soll, und daher zur Steuerung des Aggregations- und späteren Disaggregationsvorgangs benutzt werden kann.

4.3.4.2.1.2 Selektion

Im Gegensatz zur Aggregation nehmen wir zur weiteren Reduzierung der Problemgröße bei der Selektion einen Informationsverlust in Kauf.

Für die aggregierten Bevorratungsmaterialien wurde eine Selektion mit Hilfe der ABC-Analyse (vgl. dazu etwa Zäpfel, 1996; S. 161ff) folgendermaßen durchgeführt:

(1) Für jedes aggregierte Bevorratungsmaterial wurde die mittlere Jahresbedarfsmenge ermittelt. Dazu wurden die Jahresbedarfsmengen der zehn Endprodukte für die letzten drei Jahre erhoben, jeweils das arithmetische Mittel aus den letzten drei Jahresbedarfen ermittelt und in Verbindung mit der Stücklistenmatrix die mittleren Jahresbedarfsmengen für die aggregierten Bevorratungsmaterialien errechnet.

(2) Durch die Multiplikation der mittleren Jahresbedarfsmenge mit den aggregierten variablen Herstellkosten pro Stück ergibt sich der mittlere Jahresbedarfswert für die aggregierten Bevorratungsmaterialien.

(3) Die aggregierten Bevorratungsmaterialien werden nach ihrem mittleren Jahresbedarfswert absteigend sortiert.

(4) Der relative Anteil an der Gesamtsumme der Jahresbedarfswerte wird für jedes aggregierte Bevorratungsmaterial errechnet.

(5) Schlußendlich werden die relativen Anteile noch kumuliert.

Das Ergebnis der obigen Analyseschritte ist in Anhang 6.2 und in Abbildung 4.1 ersichtlich bzw. grafisch aufbereitet.

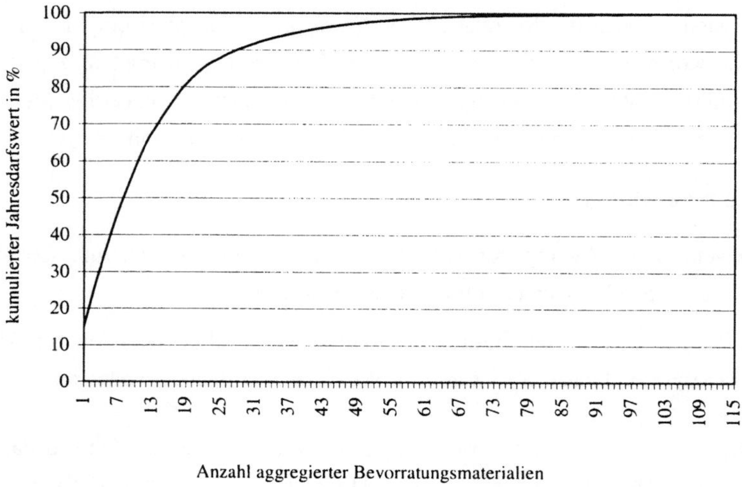

Abbildung 4.1: Ergebnis der ABC-Analyse

In Abbildung 4.1 kann man sehr schön erkennen, daß bereits relativ wenige aggregierte Bevorratungsmaterialien einen großen Anteil an der Summe der Jahresverbrauchswerte haben. Der Anteil der ersten 41 aggregierten Bevorratungsmaterialien am Jahresverbrauchswert beträgt bereits 95,6 % von der Gesamtsumme der Jahresverbrauchswerte aller Bevorratungsmaterialien.

Wir beschränken uns bei der weiteren Betrachtung von der Produktfamilie "Kleine Mähwerke" auf die ersten 41 aggregierten Bevorratungsmaterialien. Damit wird die Anzahl der Entscheidungsvariablen von 115 auf 41 verringert. Im Gegensatz zur Aggregation geht bei dieser Selektion jedoch Information verloren. Aber dieser Informationsverlust hält sich in Grenzen, weil der Anteil der ausselektierten Bevorratungsmaterialien am Gesamtverbrauchswert ja weniger als 5 % ausmacht. Die ausselektierten Bevorratungsmaterialien müssen mit anderen Dispositionsmethoden - etwa einfachen Lagerhaltungsmodellen - behandelt werden, weil ihre Planbedarfe ja nicht mit den entwickelten Heuristiken bestimmt werden.

Für die genaue Grenzziehung zwischen berücksichtigten und nicht-berücksichtigten aggregierten Bevorratungsmaterialien gibt es keine allgemeingültige, exakte Formel.

In unserem konkreten Fall ist es sicherlich "Geschmackssache", ob man die ersten 39, 40, 41, ... aggregierten Bevorratungsmaterialien in die Betrachtung mit einbezieht.

Bevor wir zur Untersuchungsplanung kommen, fassen wir das Ergebnis der Aggregation bzw. Selektion nochmals kurz zusammen:

(1) Durch die Aggregation haben wir die Anzahl der Entscheidungsvariablen von knapp 600 auf 115 verringert.

(2) Durch die Aggregation wurden alle linearen Abhängigkeiten zwischen jeweils zwei Bevorratungsmaterialien eliminiert.

(3) Durch die Selektion mit Hilfe einer ABC-Analyse wurde die Anzahl der Entscheidungsvariablen von 115 auf 41 verringert. Bei der Selektion nimmt man jedoch einen, wenn auch relativ kleinen, Informationsverlust in Kauf.

Für den Einsatz der Überplanungstechnik und der Heuristik LP/UBB/gleicheW ist die Aggregation bzw. Selektion nicht notwendig. Die Reduktion der Anzahl der Entscheidungsvariablen und die Eliminierung der linearen Abhängigkeiten zwischen jeweils zwei Bevorratungsmaterialien ist jedoch für die beiden Varianten der Heuristik NLP/SIM/ASL und für die Heuristik NLP/UBB/ASL von wesentlicher Bedeutung, weil bei Vorliegen einer linearen Abhängigkeit zwischen zwei Bevorratungsmaterialien **B** singulär ist (siehe Abschnitt 4.3.2) bzw. man einen besonders großen Fehler macht, wenn man für zwei Bevorratungsmaterialien, die linear abhängig sind, eine Unabhängigkeit unterstellt! Zur besseren Vergleichbarkeit der Ergebnisse wird auch bei der Überplanungstechnik und der Heuristik LP/UBB/gleicheW von den selektierten und aggregierten Bevorratungsmaterialien ausgegangen.

Weiters sei noch angemerkt, daß die oben beschriebene Form der Aggregation der Bevorratungsmaterialien nur für ein Einperiodenmodell möglich ist. Im Falle eines Mehrperiodenproblems muß auch die Vorlaufzeit der Bevorratungsmaterialien berücksichtigt werden.

Aus Vereinfachungsgründen wird im weiteren nur mehr von Bevorratungsmaterialien gesprochen, auch wenn damit die 41 selektierten aggregierten Bevorratungsmaterialien gemeint sind.

Die Selektion (ABC-Analyse) wurde in unserem Fallbeispiel mit Hilfe von MS-EXCEL 97 durchgeführt.

4.3.4.2.2 Untersuchungsplanung

Im Rahmen der Untersuchungsplanung haben wir die Bedingungen festzulegen, unter denen wir die entwickelten Heuristiken für Optimierungsmodell 1 mit Hilfe der Simulation untereinander und mit der Überplanungstechnik, die man auch als eine Heuristik für Optimierungsmodell 1 sehen kann, vergleichen. Im Simulationsvergleich ergeben sich unterschiedliche Bedingungen durch unterschiedliche Werte (Ausprägungen) für die Eingangsparameter. Da wir die Heuristiken unter unterschiedlichen Bedingungen vergleichen wollen, müssen wir mehrere Kombinationen von Ausprägungen für die Eingangsparameter festlegen bzw. aus den theoretisch unendlich vielen Ausprägungskombinationen auswählen.

Wir erhalten die ausgewählten Ausprägungskombinationen, in dem wir für manche Eingangsparameter fixe Werte annehmen und für andere die Werte systematisch variieren.

Unser Optimierungsmodell 1 mit dem aggregierten Servicelevel als Zielfunktion (mathematische Formulierung siehe (4.28)) hat als Eingangsparameter den Erwartungswertvektor der Endproduktbedarfe E(**D**), die Kovarianzmatrix der Endproduktbedarfe Cov(**D**), die Stücklistenmatrix **b**, die variablen Herstellkosten für die Bevorratungsmaterialien **v** und das maximale Gesamtbudget für die variablen Herstellkosten der Bevorratungsmaterialien g.

Die Stücklistenmatrix **b** und die variablen Herstellkosten für die Bevorratungsmaterialien **v** sind in unserem Simulationsvergleich fixe Werte, deren Ermittlung bereits im Abschnitt 4.3.4.2.1 beschrieben wurde und die in den ersten 41 Zeilen der Tabelle 6.1 von Anhang 6.2 ersichtlich sind.

Die Erwartungswerte der Endproduktbedarfe E(**D**) werden ebenfalls als fixe Werte angesehen und sind in Tabelle 4.5 zu sehen.

k	1	2	3	4	5	6	7	8	9	10
$E(D_k)$	483,33	486,67	775	78,33	253,33	76,67	201,67	273,33	166,67	121,67

Tabelle 4.5: Erwartungswerte der Endproduktbedarfe

Genaugenommen ist jeder Wert der zweiten Zeile von Tabelle 4.5 das arithmetische Mittel der jährlichen Verkaufszahlen des entsprechenden Endproduktes der letzten 3

Geschäftsjahre, also nur ein Schätzwert für den Erwartungswert des Endproduktbedarfes.

Die Kovarianzmatrix der Endproduktbedarfe Cov(**D**) und das maximale Gesamtbudget für die variablen Herstellkosten der Bevorratungsmaterialien g sind jene Eingangsparameter, die wir variieren.

Kommen wir zuerst zu Cov(**D**). Wir nehmen an, daß die Endproduktbedarfe stochastisch unabhängig sind und somit alle Kovarianzen Cov(D_k,D_l) null sind, falls k ungleich l ist. Weil Cov(D_k,D_k) gleich Var(D_k) ist, genügt bei stochastisch unabhängigen Endproduktbedarfen die Angabe bzw. das Variieren der Varianzen der Endproduktbedarfe. In unserem Simulationsvergleich variieren wir die Varianzen, indem wir vk variieren - vk ist ein für alle Endproduktbedarfe gleicher Variationskoeffizient in Prozent. Aus vk können die Varianzen der Endprodukte mit (4.46) berechnet werden.

$$\mathrm{Var}\left(D_k\right)=\left(\frac{vk\cdot \mathrm{E}\left(D_k\right)}{100}\right)^2 \qquad \forall k=1,\ldots,m \qquad (4.46)$$

Beim Simulationsvergleich wurden die Werte 10 %, 20 % und 30 % für den Variationskoeffizienten der Endprodukte angenommen.

Bei der Festlegung bzw. Variation des maximalen Gesamtbudgets g muß auf einen fairen Vergleich zwischen den entwickelten Heuristiken und der Überplanungstechnik geachtet werden. Bei der Überplanungstechnik ist das für die Bevorratungsmaterialien benötigte Budget $gü$ vom Ausmaß der Überplanung der Endprodukte abhängig, das wir mit den Überplanungsprozentsätzen $üps_k$ angeben. Die Formeln (4.47) und (4.48) geben die Berechnung der Planbedarfe der Bevorratungsmaterialien bzw. des für diese Planbedarfe notwendigen Budgets im Rahmen der Überplanungstechnik an.

$$p_i=\sum_{k=1}^{m} b_{ik}\cdot \mathrm{E}(D_k)\cdot\frac{100+üps_k}{100} \qquad \forall i=1,\ldots,d \qquad (4.47)$$

$$gü=\sum_{i=1}^{d} v_i\cdot p_i \quad \text{bzw.} \quad gü=\mathbf{v}^{\mathbf{T}}\cdot\mathbf{p} \qquad (4.48)$$

Weil wir in weiterer Folge annehmen, daß die Überplanungsprozentsätze für alle Endprodukte gleich sind, kann man Formel (4.47) folgendermaßen vereinfachen:

$$p_i = \sum_{k=1}^{m} b_{ik} \cdot \mathrm{E}(D_k) \cdot \frac{100 + \ddot{u}ps}{100} = \mu_i \cdot \frac{100 + \ddot{u}ps}{100} \qquad \forall i = 1, \ldots, d \qquad (4.49)$$

Der für alle Endprodukte gleiche Überplanungsprozentsatz wurde mit *üps* bezeichnet.

Um einen fairen Vergleich der entwickelten Heuristiken mit der Überplanungstechnik zu gewährleisten, wird das für die Bevorratungsmaterialien notwendige Gesamtbudget *gü*, das mit der Überplanungstechnik ermittelt wurde (siehe Formel (4.48)), als rechte Seite für die Budgetrestriktion der Heuristiken verwendet (g=$g\ddot{u}$). Die Variation des maximalen Gesamtbudgets g erfolgt also "indirekt" über die Variation des Überplanungsprozentsatzes *üps* in Verbindung mit Gleichung (4.50):

$$g = g\ddot{u} = \sum_{i=1}^{d} v_i \cdot \mu_i \cdot \frac{100 + \ddot{u}ps}{100} \qquad (4.50)$$

Beim Simulationsvergleich wurden die Werte 0 %, 10 %, 20 % und 30 % für den Überplanungsprozentsatz der Endprodukte angenommen.

Drei Ausprägungen für *vk*, vier Ausprägungen für *üps* und jeweils eine Ausprägung für E(**D**), **b** und **v** ergeben 3 x 4 x 1 x 1 x 1 = 12 Ausprägungskombinationen für die Eingangsparameter, die wir als Planungsszenarien bezeichnen. Der Vergleich der entwickelten Heuristiken untereinander und mit der Überplanungstechnik erfolgt für jedes Planungsszenario.

Aufgrund der Schwierigkeiten bei der Ermittlung des Zielfunktionswertes ASL und der Eigenart der Heuristiken NLP/SIM/ASL-vN und NLP/SIM/ASL-vS ergeben sich noch weitere Eingangsparameter für den Simulationsvergleich:

(1) Der mit den Heuristiken erreichte aggregierte Servicelevel (ASL) kann nicht exakt berechnet, sondern nur mit Simulation geschätzt werden. Die Stichprobengröße n, die die Anzahl der Realisationen der Zufallsvariablen **D** zur Schätzung von ASL angibt, wird mit 500.000 festgelegt. Dieser Wert ergab sich aus den Überlegungen

zur Festlegung der Stichprobengröße in Abschnitt 4.3.3.1 und hat sich in einer Voruntersuchung (in mehreren Simulationsexperimenten mit den Heuristiken) als günstig erwiesen.

(2) Bei der Verwendung von Zufallszahlen ist eine Simulation(swiederholung) nur eine Ausprägung einer stochastischen Größe. Um zuverlässige Ergebnisse zu erhalten sollten mehrere Simulationswiederholungen mit unterschiedlichen Zufallszahlen gemacht werden. Robinson (1994, S. 163) etwa gibt hier als Faustregel drei bis fünf Simulationswiederholungen mit unterschiedlichen Zufallszahlen an. In unserem Fall werden für jede Heuristik zur Schätzung des erreichten ASL's fünf Simulationswiederholungen mit den Algorithmen (4.34) und (4.35) gemacht. Das arithmetische Mittel der ASL-Werte dieser fünf Simulationswiederholung ist die Punktschätzung, anhand derer wir die Heuristiken vergleichen. Weiters wurden aufgrund der fünf Simulationswiederholungen auch Konfidenzintervalle für ASL berechnet, um Aussagen über die Genauigkeit der Schätzung von ASL treffen zu können.

(3) Weil der Zielfunktionswert ASL nur geschätzt werden kann bzw. kein Problem der konvexen Programmierung vorliegt (falls **B** singulär ist), können die Heuristiken NLP/SIM/ASL-vN und NLP/SIM/ASL-vS nicht das Finden des Optimums für ASL gewährleisten und die Qualität der gefundenen Lösungen hängt von den Startwerten für die Entscheidungsvariablen **p** ab. Wir verwenden für die Heuristiken NLP/SIM/ASL-vN und NLP/SIM/ASL-vS jeweils drei unterschiedliche Startwerte für **p**, nämlich die Werte für **p**, die sich aus der Überplanungstechnik, Heuristik NLP/UBB/ASL bzw. Heuristik LP/UBB/gleicheW ergeben.

(4) Die Qualität der Ergebnisse von NLP/SIM/ASL-vN und NLP/SIM/ASL-vS hängt auch von den betrachten Realisationen (verwendeten Zufallszahlen) für die Zufallsvariable **D** ab. Wie bereits in Abschnitt 4.3.3.1 erläutert, werden bei den Heuristiken NLP/SIM/ASL-vN und NLP/SIM/ASL-vS während der gesamten Optimierung die gleichen Zufallszahlen eingesetzt. Wir führen für beide Heuristiken jeweils fünf Optimierungswiederholungen mit unterschiedlichen Zufallszahlen aus, wobei die Anzahl der Realisationen jeweils 500.000 beträgt.

Aus der obigen Beschreibung der Eingangsparameter ergibt sich, daß wir für jedes der zwölf Planungsszenarien

(1) für die Planbedarfe, die sich aus der Überplanungstechnik, der Heuristik NLP/UBB/ASL und der Heuristik LP/UBB/gleicheW ergeben, fünf Simulationswiederholungen zur Schätzung von ASL durchführen müssen,

(2) für die Heuristiken NLP/SIM/ASL-vN und NLP/SIM/ASL-vS jeweils für drei unterschiedliche Startwert von **p** jeweils fünf Optimierungswiederholungen mit unterschiedlichen Zufallszahlen durchführen müssen,

(3) für die Planbedarfe, die sich aus den obigen 2 x 3 x 5 = 30 Optimierungswiederholungen ergeben, jeweils fünf Simulationswiederholungen zur Schätzung von ASL durchführen müssen.

Für unseren Simulationsvergleich sind somit 12 x (3 x 5 + 30 x 5) = 1980 Simulationswiederholungen notwendig. Aufgrund der Fülle der Daten, die sich aus diesen 1980 Simulationswiederholungen ergaben, wurden sie in einer Datenbank (in MS-ACCESS 97) erfaßt, wo sie in Verbindung mit einem Tabellenkalkulationsprogramm (MS-EXCEL 97) aufbereitet wurden.

Im folgenden Abschnitt wollen wir anhand der Ergebnisse dieser 1980 Simulationswiederholungen überprüfen, ob mit den entwickelten Heuristiken gegenüber der Überplanungstechnik der aggregierte Servicelevel verbessert werden kann.

4.3.4.2.3 Simulationsergebnisse

Tabelle 4.6 zeigt die ASL-Werte, die mit den Heuristiken bei den 12 Planungsszenarien erreicht wurden. Die Spalten *üps* (Überplanungsprozentsatz) und *vk* (Variationskoeffizient der Endproduktbedarfe) geben das Planungsszenario an. Die Spalten ÜT, NLP/UBB/ASL und LP/UBB/gleicheW zeigen die ASL-Ergebnisse der Überplanungstechnik, der Heuristik NLP/UBB/ASL bzw. der Heuristik LP/UBB/gleicheW. Für die Heuristiken NLP/SIM/ASL-vS und NLP/SIM/ASL-vN sind jeweils drei Spalten angeführt, die die erreichten ASL-Werte für die drei unterschiedlichen Startwerte (Planbedarfe der Überplanungstechnik, der Heuristik NLP/UBB/ASL bzw. der Heuristik LP/UBB/gleicheW) zeigen.

üps	*vk*	ÜT	NLP/ UBB/ ASL	LP/ UBB/ gleicheW	NLP/SIM/ASL-vS			NLP/SIM/ASL-vN		
					UT	NLP/ UBB/ ASL	LP/ UBB/ gleicheW	UT	NLP/ UBB/ ASL	LP/ UBB/ gleicheW
0	10	0,0029	0,0004	0,0029	0,0135	0,0088	0,0135	**0,0138**	0,0004	**0,0138**
0	20	0,0029	0,0004	0,0029	**0,0162**	0,0046	**0,0162**	0,0128	0,0004	0,0128
0	30	0,0029	0,0004	0,0029	**0,0143**	0,0006	**0,0143**	0,0143	0,0004	0,0143
10	10	0,2588	0,3401	0,3998	**0,5396**	0,5393	0,5366	0,4392	0,4380	0,4974
10	20	0,0498	0,0378	0,0788	0,1899	0,1912	**0,1920**	0,1251	0,0986	0,1465
10	30	0,0225	0,0113	0,0331	**0,1110**	0,0970	0,1093	0,0691	0,0441	0,0771
20	10	0,8453	0,9575	0,9533	**0,9680**	**0,9680**	0,9679	0,9365	0,9604	0,9649
20	20	0,2588	0,3401	0,3998	0,5381	**0,5390**	0,5381	0,4314	0,4402	0,5006
20	30	0,0966	0,0971	0,1565	**0,2936**	**0,2936**	0,2912	0,2081	0,1802	0,2463
30	10	0,9905	**0,9996**	0,9995	0,9994	**0,9996**	**0,9996**	0,9956	**0,9996**	0,9995
30	20	0,5937	0,7718	0,7777	0,8428	**0,8429**	**0,8429**	0,7664	0,7930	0,8284
30	30	0,2588	0,3402	0,3998	0,5386	**0,5391**	**0,5391**	0,4353	0,4419	0,5004

Tabelle 4.6: Erreichter ASL-Wert der Heuristiken bei den 12 Planungsszenarios

Die in Tabelle 4.6 angegebenen ASL-Werte sind das arithmetische Mittel der ASL-Werte von fünf Simulationswiederholungen mit unterschiedlichen Zufallszahlen (siehe Abschnitt 4.3.4.2.2). Der maximal erreichte ASL-Wert in jedem Planungsszenario ist fettgedruckt.

Wie bereits mehrfach in der Arbeit erwähnt wurde, können die Heuristiken NLP/SIM/ ASL-vN und NLP/SIM/ASL-vS nicht das Finden des Maximums für ASL gewährleisten, weil der Zielfunktionswert ASL nur geschätzt werden kann bzw. kein Problem der konvexen Programmierung vorliegt (falls **B** singulär ist). Die Qualität der gefundenen Lösungen hängt deshalb von den Startwerten für die Entscheidungsvariablen **p** ab - dies ist auch in Tabelle 4.6 zu sehen.

Bevor wir uns detaillierter mit den durch die entwickelten Heuristiken erzielten ASL-Werten auseinandersetzen, rufen wir uns in Erinnerung, daß sie nur Schätzwerte sind. Um Fehlinterpretationen der Simulationsergebnisse vorzubeugen, betrachten wir uns deshalb die Genauigkeit dieser Schätzungen, die wir durch die Kenngröße *lkr* rechnerisch abbilden:

$$lkr = \frac{\text{Länge des Konfidenzintervalls für den unbekannten Wert}}{\text{arithmetisches Mittel der Werte der 5 Simulationsläufe}} \cdot \frac{100}{2} \tag{4.51}$$

Bei der Berechnung der Länge des Konfidenzintervalls wurde unterstellt, daß die Punktschätzungen für ASL (ASL-Werte der 5 Simulationsläufe) einer Normalverteilung mit unbekannten Varianz folgen, und eine Sicherheitswahrscheinlichkeit von 95 Prozent angenommen. Für die Berechnung von Konfidenzintervallen sei auf die statistische Standardliteratur verwiesen - etwa Kreyszig (1982).

Aus (4.51) ergibt sich, daß die Genauigkeit der Schätzung als Abstand der oberen bzw. unteren Grenze des Konfidenzintervalls vom arithmetischen Mittel der ASL-Werte bezogen auf dieses arithmetische Mittel in Prozent gemessen wird. Es wird also eine relative Maßzahl für die Genauigkeit der Schätzung bezogen auf den Mittelwert in Prozent errechnet - je kleiner die Maßzahl *lkr* ist, je genauer ist die Schätzung.

In Tabelle 4.7 wird die mit Formel (4.51) berechnete Maßzahl *lkr* für die erreichten ASL-Werte von Tabelle 4.6 angegeben. *lkr*-Werte über ein Prozent sind in Tabelle 4.7 fettgedruckt.

In Tabelle 4.7 sieht man, daß die meisten ASL-Schätzungen einen *lkr*-Werte unter ein Prozent haben, also relativ genau sind. *lkr*-Werte über ein Prozent treten nur bei Planungsszenarios auf, bei denen die Punktschätzung für ASL sehr gering ist. Dies ist insofern keine große Überraschung, weil wir bereits im Abschnitt 4.3.3.1 bei den Überlegungen zur Festlegung der Stichprobengröße mit Tabelle 4.1 bis Tabelle 4.4 festgestellt haben, daß bei gleicher Stichprobengröße die Genauigkeit der Schätzung von ASL relativ gesehen um so geringer ist, je kleiner der Schätzwert für ASL ist.

üps	*vk*	ÜT	NLP/ UBB/ ASL	LP/ UBB/ gleicheW	NLP/SIM/ASL-vS			NLP/SIM/ASL-vN		
					UT	NLP/ UBB/ ASL	LP/ UBB/ gleicheW	UT	NLP/ UBB/ ASL	LP/ UBB/ gleicheW
0	10	**4,3755**	**1,4740**	**4,3755**	**1,0274**	**1,2712**	**1,0274**	**1,3384**	**6,3993**	**1,3384**
0	20	**4,3755**	**1,4403**	**4,3755**	**1,4829**	**3,1554**	**1,4829**	**1,7700**	**4,4557**	**1,7700**
0	30	**4,3755**	**1,4403**	**4,3755**	**1,1106**	**4,9859**	**1,1106**	**1,1895**	**5,3195**	**1,1895**
10	10	0,3104	0,2816	0,0602	0,1579	0,1204	0,1597	0,2243	0,1616	0,1673
10	20	0,5939	0,6955	0,5125	0,1453	0,2771	0,3688	0,4684	0,4723	0,3181
10	30	0,9292	**1,4195**	0,9596	0,4831	0,2461	0,5999	0,7467	**1,1797**	0,6570
20	10	0,0000	0,0399	0,0000	0,0375	0,0000	0,0248	0,0546	0,0000	0,0280
20	20	0,3104	0,2733	0,0602	0,1775	0,1731	0,2032	0,2245	0,1667	0,1867
20	30	0,5999	0,6335	0,5439	0,2393	0,2867	0,1148	0,3106	0,2479	0,2070
30	10	0,0000	0,0340	0,0000	0,0360	0,0561	0,0000	0,0000	0,0000	0,0000
30	20	0,0837	0,0585	0,0000	0,0630	0,0550	0,0386	0,0719	0,0729	0,0661
30	30	0,3062	0,2741	0,0644	0,1640	0,2112	0,1558	0,2452	0,2503	0,1583

Tabelle 4.7: Genauigkeit (*lkr*) der ASL-Schätzungen von Tabelle 4.6

Wenden wir uns wieder den mit den Heuristiken erreichen ASL-Werten zu, ohne zu vergessen, daß es eben nur Schätzwerte sind. In Tabelle 4.8 werden die ASL-Werte von Tabelle 4.6 weiter aufbereitet. Es werden die ASL-Ergebnisse der entwickelten Heuristiken mit denen der Überplanungstechnik verglichen. Die Spalte "ASL-Differenz absolut zur ÜT" gibt das Ergebnis von ASL-Wert der jeweiligen Heuristik minus ASL-Wert der Überplanungstechnik an. Die Spalte "ASL-Differenz relativ in % zur ÜT" bezieht die errechnete absolute Differenz auf das ASL-Ergebnis der Überplanungstechnik:

$$\text{ASL-Differenz relativ in \% zur ÜT} = \frac{\text{ASL-Differenz absolut zur ÜT}}{\text{ASL-Ergebnis der ÜT}} \cdot 100 \tag{4.52}$$

Bei den Heuristiken NLP/SIM/ASL-vS und NLP/SIM/ASL-vN erfolgten die Berechnungen nur für den höchsten erreichten ASL-Wert, es wurde nicht mehr nach den Startwerten für **p** unterschieden. Die höchste ASL-Differenz (absolut bzw. relativ) in jedem Planungsszenario ist fettgedruckt.

üps	*vk*	ASL-Differenz absolut zur ÜT				ASL-Differenz relativ in % zur ÜT			
		NLP/ UBB/ ASL	LP/ UBB/ gleicheW	NLP/ SIM/ ASL-vS	NLP/ SIM/ ASL-vN	NLP/ UBB/ ASL	LP/ UBB/ gleicheW	NLP/ SIM/ ASL-vS	NLP/ SIM/ ASL-vN
0	10	-0,0025	0,0000	0,0106	**0,0109**	-85,6	0,0	360,8	**371,1**
0	20	-0,0025	0,0000	**0,0132**	0,0099	-85,6	0,0	**452,3**	336,5
0	30	-0,0025	0,0000	**0,0114**	0,0114	-85,6	0,0	**389,0**	388,2
10	10	0,0814	0,1410	**0,2809**	0,2386	31,4	54,5	**108,5**	92,2
10	20	-0,0120	0,0290	**0,1422**	0,0967	-24,1	58,2	**285,4**	194,1
10	30	-0,0112	0,0106	**0,0885**	0,0545	-49,8	46,9	**392,5**	241,9
20	10	0,1122	0,1080	**0,1227**	0,1196	13,3	12,8	**14,5**	14,1
20	20	0,0814	0,1410	**0,2803**	0,2418	31,5	54,5	**108,3**	93,5
20	30	0,0005	0,0598	**0,1970**	0,1497	0,5	61,9	**203,9**	154,9
30	10	**0,0091**	0,0090	**0,0091**	**0,0091**	**0,9**	0,9	**0,9**	**0,9**
30	20	0,1780	0,1840	**0,2492**	0,2347	30,0	31,0	**42,0**	39,5
30	30	0,0814	0,1410	**0,2804**	0,2416	31,5	54,5	**108,4**	93,4

Tabelle 4.8: Differenz der ASL-Werte von Tabelle 4.6

In Tabelle 4.8 fallen folgende Sachverhalte auf:

(1) Die Heuristik NLP/SIM/ASL-vS liefert bei elf der zwölf Planungsszenarien die höchsten ASL-Werte. Bei elf der zwölf Planungsszenarien kommt es zu einer massiven Verbesserung des ASL-Wertes. Beim Planungsszenario 30/10 (*üps*=30; *vk*=10) konnte der ASL-Wert kaum mehr verbessert werden, weil bei einem Überplanungsprozentsatz von 30 % und einem Variationskoeffizienten der Endproduktbedarfe von 10 % die Überplanungstechnik bereits ASL-Werte liefert, die sehr nahe bei eins sind, und daher hier sehr wenig Verbesserungspotential vorhanden ist.

(2) Die Heuristik NLP/SIM/ASL-vN liefert bei zwei der zwölf Planungsszenarien die höchsten ASL-Werte. Ansonsten gelten die gleichen Aussagen wie bei Heuristik NLP/SIM/ASL-vS.

(3) Die Heuristik LP/UBB/gleicheW liefert trotz der Vernachlässigung der Korrelationen zwischen den Bedarfen der Bevorratungsmaterialien bei acht der zwölf Planungsszenarien eine beachtliche Verbesserung des ASL-Wertes. Bei Planungsszenario 30/10 ist wie bereits erwähnt das Verbesserungspotential sehr gering. Bei den Planungsszenarien mit einem Überplanungsprozentsatz von 0 % liefert die Heuristik LP/UBB/gleicheW immer die gleichen Planbedarfe für die Bevorratungsmaterialien und damit auch den gleichen ASL-Wert wie die Überplanungstechnik - dies kann man auch mit der mathematischen Definition der Heuristik (siehe (4.42)) in Verbindung mit Gleichung (4.50) relativ leicht mathematisch beweisen.

(4) Die Heuristik NLP/UBB/ASL liefert bei fünf der zwölf Planungsszenarien eine beachtlichen Verbesserung, aber bei fünf Planungsszenarien auch eine beachtliche bzw. massive Verschlechterung bei den ASL-Werten.

(5) Wenn man die Genauigkeit der Schätzung der ASL-Werte in Relation zu den Differenzen der ASL-Werte der einzelnen Heuristiken setzt, sind die obigen Aussagen in Hinblick auf die erreichte Genauigkeit der Schätzung der ASL-Werte relativ unproblematisch.

Bei der Interpretation der obigen Beobachtungen ist folgendes zu beachten:

(1) Bei den in den Heuristiken NLP/SIM/ASL-vS und NLP/SIM/ASL-vN eingesetzten Algorithmen zur nichtlinearen Programmierung kann der Ablauf der Optimierung durch eine ganze Reihe von Parametern beeinflußt werden. Ein "Feintuning" dieser Parameter erfolgte nicht, weil bereits mit den Standardeinstellungen hohe Verbesserungen gebenüber der Überplanungstechnik erzielt wurden. Es kann daher nicht mit Sicherheit gesagt werden, daß für unser Optimierungsmodell 1 der in der Heuristik NLP/SIM/ASL-vS eingesetzte GRG-Algorithmus dem in der Heuristik NLP/SIM/ASL-vN eingesetzten SQP-Algorithmus in den meisten Fällen überlegen ist.

(2) Die einfachen Heuristiken NLP/UBB/ASL und LP/UBB/gleicheW haben den Vorteil, daß Sie mit einfachsten Mitteln realisiert werden können (z.B. in wenigen Minuten in MS-EXCEL) und die Rechenzeit im Sekundenbereich liegt. Um den mit ihnen erreichten ASL-Wert zu ermitteln (schätzen), ist jedoch die Implementierung eines (wenn auch sehr einfachen) Simulationsprogrammes erforderlich.

(3) Auf einem PC mit einem Pentium III-Prozessor mit 730 MHz betrug die mittlere Rechenzeit eines Optimierungslaufes mit NLP/SIM/ASL-vS bzw. NLP/SIM/ASL-vN 7,4 Minuten, die maximale Rechenzeit eines Optimierungslaufes von den insgesamt durchgeführten 360 Optimierungsläufen betrug 24 Minuten. Diese kurzen Rechenzeiten und die geringen Anschaffungskosten der eingesetzten Optimierungspakete (z. B. $750 USD Anschaffungskosten für die in NLP/SIM/ASL-vS eingesetzte "Small-Scale NLP/MIP Solver DLL Version 3.5" - Preisstand 1999) relativieren den Vorteil der einfachen Heuristiken NLP/UBB/ASL und LP/UBB/gleicheW allerdings wieder.

In Abbildung 4.2 ist die Spalte "ASL-Differenz relativ in % zur ÜT" von Tabelle 4.8 grafisch aufbereitet. In dieser Abbildung fällt auf, daß bei gleichem *üps* die relative ASL-Differenz der Heuristiken NLP/SIM/ASL-vN bzw. NLP/SIM/ASL-vS um so größer ist, je höher *vk* ist - eine Ausnahme ergab sich nur bei einem *üps* von null Prozent. Es wird vermutet, daß dieser Ausnahmefall auf die Tatsache zurückzuführen ist, daß bei diesem *üps* die Genauigkeit der Schätzung der ASL-Werte (siehe Tabelle 4.7) einfach zu gering war, damit sich hier der oben genannte Effekt einstellen konnte. Die sehr kurzen Rechenzeiten für die Optimierungsläufe bei einem *üps* von null Prozent (alle unter 3 Minuten) könnten ein weiteres Indiz dafür sein, daß die Heuristiken mehr oder weniger hilflos im Lösungsraum "herumgeirrt sind" und die Suche schlußendlich sehr früh mit weniger guten Lösungen aufgegeben haben. Eine Überprüfung dieser Vermutung ist durch eine Vervielfachung der Stichprobengröße zur Schätzung der ASL-Werte möglich, dies konnte jedoch auf Grund der Speicherplatzausstattung des für die Simulationsexperimente zur Verfügung stehenden PC's nicht durchgeführt werden - aufgrund der Tabelle 4.1 bis Tabelle 4.4 würde der Autor die Stichprobengröße verzehnfachen.

In Abbildung 4.3 ist ebenfalls die Spalte "ASL-Differenz relativ in % zur ÜT" von Tabelle 4.8 grafisch aufbereitet. Jedoch wurde im Unterschied zur Abbildung 4.2 nicht *üps*, sondern *vk* als erstes Sortierkriterium verwendet. In Abbildung 4.3 fällt auf, daß bei gleichem *vk* die relative ASL-Differenz der Heuristiken NLP/SIM/ASL-vN bzw. NLP/SIM/ASL-vS um so größer ist, je kleiner der *üps* ist - eine Ausnahme ergab sich nur bei einem *vk* von 30 Prozent, wo die relative ASL-Differenz von NLP/SIM/ASL-vS bei einem *üps* von null Prozent kleiner ist als bei einem *üps* von zehn Prozent. Es wird vermutet, daß dieser Ausnahmefall ebenfalls auf die Tatsache zurückzuführen ist, daß bei einem *üps* von null Prozent die Genauigkeit der Schätzung der ASL-Werte (siehe Tabelle 4.7) einfach zu gering war, damit sich hier der oben genannte Effekt einstellen konnte.

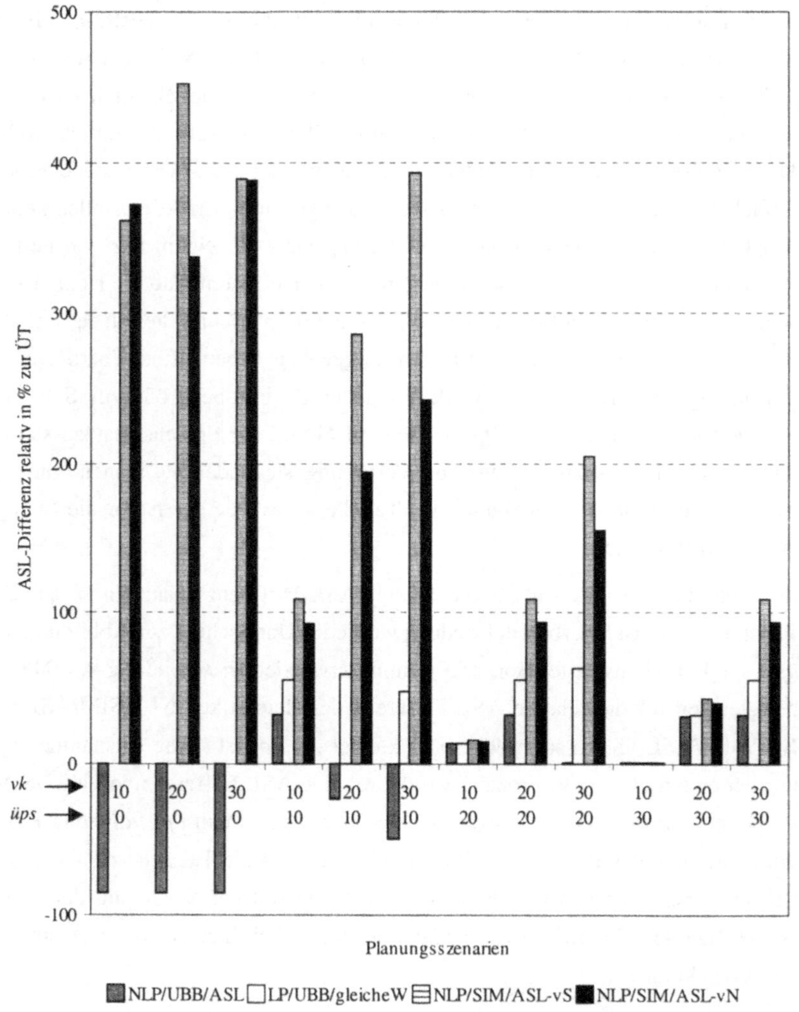

Abbildung 4.2: ASL-Differenz relativ in % zur Überplanungstechnik (sortiert nach *üps* und *vk*)

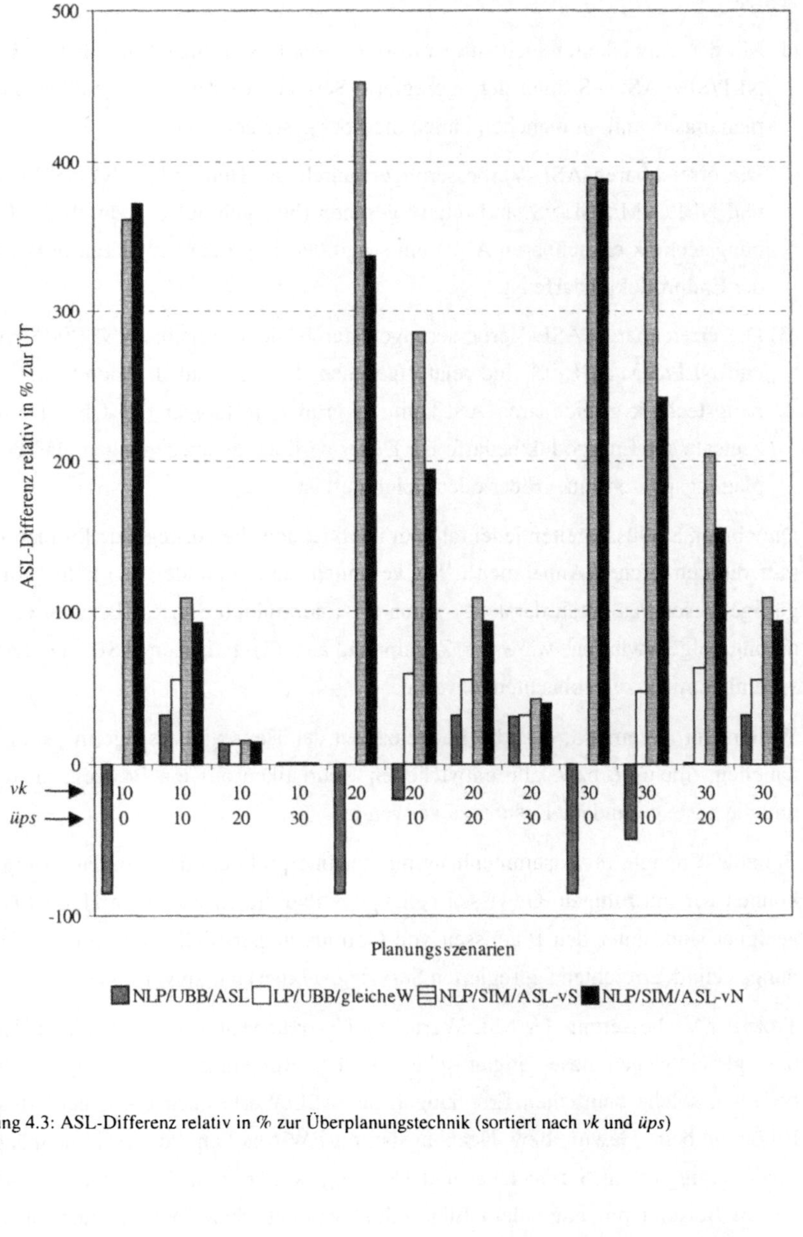

Abbildung 4.3: ASL-Differenz relativ in % zur Überplanungstechnik (sortiert nach *vk* und *üps*)

Aus den durchgeführten Simulationsexperimenten kann man folgende Schlüsse ziehen:

(1) Mit den entwickelten Heuristiken insb. Heuristik NLP/SIM/ASL-vN und Heuristik NLP/SIM/ASL-vS kann der aggregierte Servicelevel (ASL) gegenüber der Überplanungstechnik in manchen Fällen merkbar gesteigert werden.

(2) Die erreichbaren ASL-Verbesserungen durch die Heuristiken NLP/SIM/ASL-vN und NLP/SIM/ASL-vS sind relativ gesehen (bezogen auf den durch die Überplanungstechnik erreichbaren ASL) um so größer, je größer der Variationskoeffizient der Endproduktbedarfe ist.

(3) Die erreichbaren ASL-Verbesserungen durch die Heuristiken NLP/SIM/ASL-vN und NLP/SIM/ASL-vS sind relativ gesehen (bezogen auf den durch die Überplanungstechnik erreichbaren ASL) um so größer, je kleiner der Überplanungsprozentsatz der Endproduktbedarfe ist. Dabei wird davon ausgegangen, daß der Überplanungsprozentsatz größer oder gleich null ist.

Die obigen Schlüsse gelten jedenfalls im Hinblick auf die vorliegende Problemstellung (auf die getroffenen Annahmen). Wir vermuten, daß zumindest (3) keine allgemeingültige Gesetzmäßigkeit darstellt - wenn die Endproduktbedarfe z.B. einer Gleichverteilung folgen würden, wäre der Zusammenhang (3) zwischen ASL und *üps* wahrscheinlich nicht zu beobachten gewesen.

Weiters sei angemerkt, daß die Rechenzeiten der Heuristiken so gering sind, daß es naheliegt, mehrere bzw. alle entwickelten Heuristiken auf ein Problem anzuwenden und die beste gefundene Lösung zu verwenden.

Bei aller Vorsicht im Zusammenhang mit der Interpretation der Simulationsergebnisse können wir mit ruhigem Gewissen behaupten, daß die entwickelten Heuristiken dazu geeignet sind, unter den Prämissen von Optimierungsmodell 1 den mit der Überplanungstechnik erreichten aggregierten Servicelevel merkbar zu verbessern.

Trotz der Verbesserung der ASL-Werte von bis zu über 300 % ist noch keine Euphorie bzw. gerade wegen dieser "gigantischen" Verbesserungen ist Skepsis angebracht, denn bedeuten solche deutlichen Erhöhungen der ASL-Werte auch ebensolche deutlichen Erhöhung beim Gewinn bzw. Deckungsbeitrag? Wir wollen die Zusammenhänge zwischen aggregiertem Servicelevel und Deckungsbeitrag zunächst mit einem sehr einfachen Beispiel mit nur einem Endprodukt verdeutlichen. Wir nehmen an, daß der

Periodenbedarf dieses Endproduktes einer Normalverteilung mit dem Erwartungswert 100 Stück und der Standardabweichung 10, 20 bzw. 30 Stück folgt und der Deckungsbeitrag 0,1 Geldeinheiten pro Stück beträgt. Die Standardabweichungen 10, 20 und 30 Stück ergeben in Verbindung mit dem Erwartungswert 100 Stück einen Variationskoeffizienten der Endproduktbedarfe von 10, 20 bzw. 30 %. Das Endprodukt wird prognosegetrieben auf Lager gefertigt. Wir betrachten nur eine Planungsperiode. Wenn der tatsächliche Bedarf größer als der Planbedarf ist, gehen die in der Planungsperiode unbefriedigten Kundenaufträge verloren. Die Lagerkosten für die Endprodukte werden vernachlässigt. Gesucht ist der Verlauf des aggregierten Servicelevels und des Erwartungswertes des gesamten Deckungsbeitrages in Abhängigkeit vom Überplanungsprozentsatz *üps* im Bereich zwischen 0 und 30 %. Die Formeln zur Berechnung des aggregierten Servicelevels und des Erwartungswertes des gesamten Deckungsbeitrages in Abhängigkeit vom Überplanungsprozentsatz *üps* sind in (4.53) bzw. (4.54) ersichtlich, wobei die Dichtefunktion des Endproduktbedarfes mit $f(x)$ bezeichnet wurde.

$$ASL = \int_{-\infty}^{100 \cdot \frac{ups+100}{100}} f(x)dx \tag{4.53}$$

$$\mathrm{E}(DB) = 0{,}1 \cdot \left(\int_{-\infty}^{100 \cdot \frac{ups+100}{100}} x \cdot f(x)dx + 100 \cdot \frac{üps+100}{100} \cdot \int_{100 \cdot \frac{üps+100}{100}}^{\infty} f(x)dx \right) \tag{4.54}$$

Die beiden Terme innerhalb der runden Klammern von Gleichung (4.54) dienen zur Berechnung der erwarteten Verkaufsmenge des Endproduktes. Dabei muß unterschieden werden, ob der tatsächliche Endproduktbedarf x nicht größer (erster Term) bzw. größer (zweiter Term) als die vorproduzierten Endproduktmengen $100 \cdot \frac{ups+100}{100}$ ist.

Es wurde der gesuchte Kurvenverlauf für die Variationskoeffizienten der Endproduktbedarfe von 10, 20 und 30 % berechnet und in Abbildung 4.4, Abbildung 4.5 bzw. Abbildung 4.6 dargestellt.

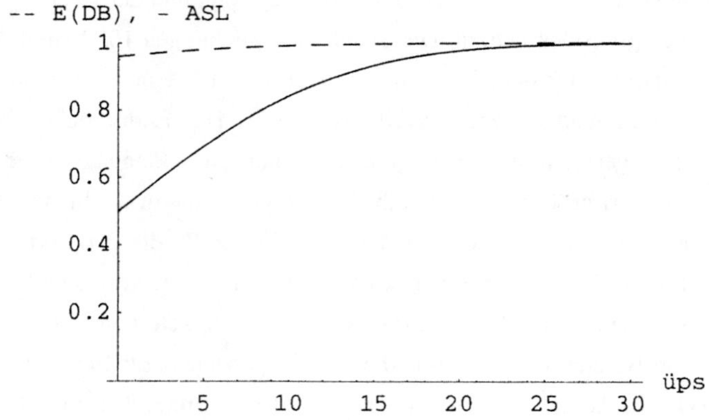

Abbildung 4.4: Verlauf von ASL und E(DB) bei einem Variationskoeffizienten von 10 %

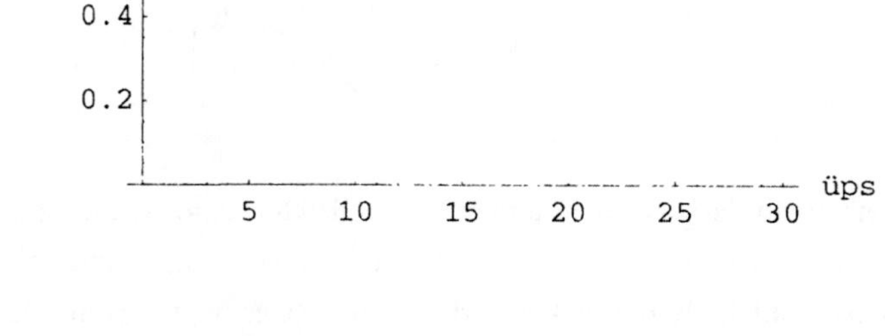

Abbildung 4.5: Verlauf von ASL und E(DB) bei einem Variationskoeffizienten von 20 %

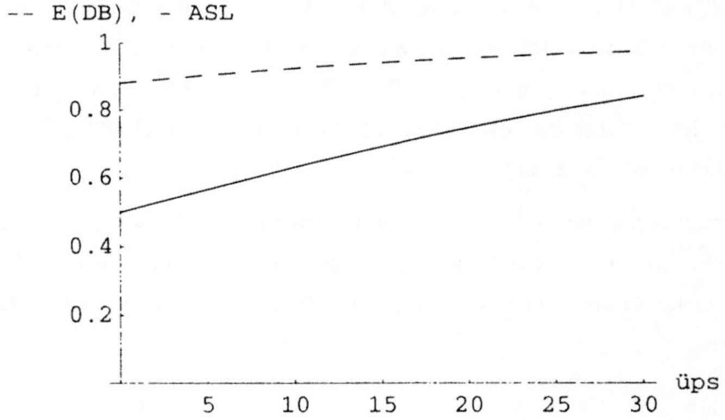

Abbildung 4.6: Verlauf von ASL und E(DB) bei einem Variationskoeffizienten von 30 %

Aus den obigen drei Abbildungen erkennt man, daß bei unserem Einproduktbeispiel durch eine Erhöhung des Überplanungsprozentsatzes der ASL-Wert deutlich stärker ansteigt als der Erwartungswert des gesamten Deckungsbeitrages. Dieser Zusammenhang gilt jedoch nur, so lange der ASL-Wert nicht bereits knapp bei eins liegt.

Diese Erkenntnis aus dem obigen Einproduktbeispiel läßt sich zwar nicht eins zu eins auf unsere ATO-Problemstellung übertragen, weil wir hier mehrere Endprodukte haben und den ASL-Wert nicht durch eine Erhöhung des Überplanungsprozentsatzes vergrößern, sondern durch eine Veränderung der Planbedarfe der Bevorratungsmaterialien. Aber sie veranlaßt uns dennoch zu der Annahme, daß bei unserer ATO-Problemstellung eine Maximierung des ASL-Wertes, die eine deutliche Verbesserung des ASL-Wertes im Vergleich zur Überplanungstechnik bringt, nicht unbedingt den Erwartungswert des Deckungsbeitrages im Vergleich zur Überplanungstechnik ebenso stark erhöht.

Weiters sei angemerkt, daß man im ATO-Fall auch nicht ausschließen kann, daß eine Maximierung des ASL-Wertes durch eine Veränderung der Planbedarfe der Bevorratungsmaterialien zu einer Verringerung des Erwartungswertes des Deckungsbeitrages führt.

Für die genauere Betrachtung dieser Gedankengänge wird in weiterer Folge das Optimierungsmodell 2 entwickelt, in dem als Zielfunktion die Maximierung des erwarteten Erlösüberschusses angesetzt wird. Im Gegensatz zum obigen, sehr einfachen Beispiel sprechen wird nicht vom Deckungsbeitrag, weil wir beim Erlösüberschuß auch die Lagerhaltungskosten für die vorausproduzierten, aber nicht in der betrachteten Periode benötigten Bevorratungsmaterialien einbeziehen.

Im Rahmen der Simulationsexperimente von Optimierungsmodell 2, werden wir uns unter anderem ansehen, ob die entwickelten Heuristiken für Optimierungsmodell 1 auch gute Ergebnisse für Optimierungsmodell 2 (für den Erwartungswert des Erlösüberschusses) liefern.

4.4 Optimierungsmodell 2: E(Erlösüberschuß) als Zielfunktion

Die Erkenntnisse bzw. Überlegungen von Abschnitt 4.3.4.2.3 veranlassen uns zur Aufstellung von Optimierungsmodell 2, bei dem wir als Zielfunktion den Erwartungswert des Erlösüberschusses ansetzen. Unter Erlösüberschuß verstehen wir die Erlöse minus die variablen Kosten der verkauften Endprodukte minus die Lagerhaltungskosten für die vorausproduzierten, aber nicht in der betrachteten Periode benötigten Bevorratungsmaterialien. Bevor wir zur mathematischen Formulierung des Erlösüberschusses kommen (siehe Gleichung (4.55)), müssen wir noch einige Definitionen einführen:

u_k	Erlös von Endprodukt k
$\mathbf{u}$	Vektor mit Dimension m für die Erlöse der m Endprodukte
w_k	variable Herstellkosten von Endprodukt k
$\mathbf{w}$	Vektor mit Dimension m für die variablen Herstellkosten der m Endprodukte
q_i	Lagerhaltungskosten pro Einheit von Bevorratungsmaterial i, die anfallen, wenn der Planbedarf den tatsächlichen Bedarf in der betrachteten Periode übersteigt
$\mathbf{q}$	Vektor mit Dimension d für die Lagerhaltungskosten q_i der d Bevorratungsmaterialien
$eü$	Erlösüberschuß

$$eü = \sum_{k=1}^{m} s_k \cdot (u_k - w_k) - \sum_{i=1}^{d} \left(p_i - \sum_{k=1}^{m} b_{ik} \cdot s_k \right) \cdot q_i \qquad (4.55)$$

Wie in Gleichung (4.55) ersichtlich, ist für die Ermittlung des Erlösüberschusses die Ermittlung der Verkaufsmengen der Endprodukte s_k notwendig und dazu ist wiederum die Allokation der Bevorratungsmaterialien erforderlich.

4.4.1 Die Rolle der Allokation der Bevorratungsmaterialien

Wenn für alle Bevorratungsmaterialien die vorproduzierten Mengen (=Planbedarfe p_i) nicht kleiner sind als die tatsächlichen Bedarfe zur Deckung aller Endproduktbedarfe, dann entspricht die Verkaufsmenge der Endprodukte deren Bedarfsmenge. Andernfalls ist eine Zuweisung (Allokation) der vorproduzierten Bevorratungsmaterialien zu den Endproduktbedarfen nach einer bestimmten Regel erforderlich, um die Verkaufsmengen der Endprodukte bestimmen zu können.

Im Gegensatz zu Optimierungsmodell 1 ist im Optimierungsmodell 2 also eine *Allokation der Bevorratungsmaterialien notwendig*, und dies erschwert die Problemlösung wesentlich. Die Regel, nach der die vorproduzierten Bevorratungsmaterialien zu Endproduktbedarfen zugeordnet werden, bezeichnen wir als Allokationsregel. Je nach Ausgestaltung der Allokationsregel entstehen mehrere Varianten von Optimierungsmodell 2.

Unabhängig von deren konkreter Ausgestaltung muß jede Allokationsregel folgende Bedingungen erfüllen:

$$s_k \leq \max\{D_k, 0\} \qquad \forall k = 1,\ldots,m \tag{4.56}$$

$$s_k \geq 0 \qquad \forall k = 1,\ldots,m \tag{4.57}$$

$$\sum_{k=1}^{m} b_{ik} \cdot s_k \leq p_i \qquad \forall i = 1,\ldots,d \tag{4.58}$$

In Worten ausgedrückt kann die verkaufte Menge eines Endproduktes nicht größer als seine nachgefragte Menge bzw. 0, wenn der Bedarf negativ ist, und nicht kleiner als Null sein. Wir nehmen also an, daß bei einem negativen Bedarf nichts verkauft wird. Ein negativer Bedarf kann eintreten, weil wir für **D** eine mehrdimensionale Normalverteilung angenommen haben. Einen negativen Bedarf könnte man als nicht erfüllten Rückgabewunsch oder aber auch als bewußten Modellierungsfehler interpretieren.

Weiters kann man auch nicht mehr Endprodukte verkaufen, als man aus den vorproduzierten Bevorratungsmaterialien montieren kann.

Den Lösungsraum von s, der sich durch die Restriktionen (4.56), (4.57) und (4.58) ergibt, bezeichnen wir als S^m.

Es werden im Folgenden drei Allokationsregeln bzw. Varianten von Optimierungsmodell 2 entwickelt.

4.4.2 Variante 2.1 - optimale Allokation der Bevorratungsmaterialien

Bei der optimalen Allokation der Bevorratungsmaterialien wird bei gegebenen Planbedarfen für die Bevorratungsmaterialien und gegebener Bedarfsrealisation für die Endprodukte jene zulässige Kombination von Verkaufsmengen für die Endprodukte ermittelt, die den Erlösüberschuß maximiert.

Die zulässigen Kombinationen werden durch den vorhin definierten Lösungsraum S^m beschrieben.

Gegebene Bedarfsrealisationen für die Endprodukte heißt, daß alle Endproduktbedarfe bzw. alle Kundenaufträge der betrachteten Periode zum Allokationszeitpunkt bekannt sein müssen. Unter der Annahme, daß bis zum Periodenende Aufträge eintreffen können, kann die Allokation erst am Periodenende erfolgen, daher kann auch die Montage der Endprodukte und auch die Auftragsablehnung oder -annahme nur zum Periodenende erfolgen.

Daraus folgt, daß unsere Einperiodenmodelle, bei denen typischerweise die Periode relativ lang ist, in Verbindung mit der obigen Allokationsregel wohl kaum eine Unterstützung für unser praktisches Planungs- bzw. Entscheidungsproblem liefern können. Bei Mehrperiodenmodellen sind die Perioden natürlich wesentlich kürzer und daher wäre eine Anwendung der obigen Allokationsregel schon eher denkbar.

Trotzdem werden wir im Folgenden eine Variante von Optimierungsmodell 2, die auf der obigen Allokationsregel beruht, entwickeln, weil sie zum besseren Verständnis der Allokationsproblematik beiträgt und man auch ähnliche Modelle in der Literatur (vgl. etwa Jönsson/Silver, 1989b) findet. Nach einer kurzen Betrachtung der Lösbarkeit dieser Variante werden wir sie jedoch im Rahmen der Arbeit aus dem oben erwähnten Grund nicht weiter verfolgen.

4.4.2.1 Mathematisches Modell

Das mathematische Modell für die Variante 2.1 von Optimierungsmodell 2, die auf der optimalen Allokation der Bevorratungsmaterialien beruht, ist in (4.59) angegeben und entspricht (bis auf kleine Unterschiede) dem von Jönsson/Silver (1989b), das in Abschnitt 2.4.2.2 erläutert wurde.

Input: E($\mathbf{D}$), Cov($\mathbf{D}$), $\mathbf{b}$, $\mathbf{v}$, g, $\mathbf{u}$, $\mathbf{w}$, $\mathbf{q}$

Optimierung:

$$\max_{\mathbf{p}} \mathrm{E}\left[\max_{s\in S^m}\{e\ddot{u}\}\right] = \max_{\mathbf{p}} \mathrm{E}\left[\max_{s\in S^m}\left\{\sum_{k=1}^{m} s_k\cdot(u_k - w_k) - \sum_{i=1}^{d}\left(p_i - \sum_{k=1}^{m} b_{ik}\cdot s_k\right)\cdot q_i\right\}\right]$$

$$\text{s.t.}\quad \sum_{i=1}^{d} v_i\cdot p_i \le g$$

$$p_i \ge 0 \qquad \forall i = 1,\ldots,d$$

Ouput: $\mathbf{p}_{\max}$, $\mathrm{E}\left[\max_{s\in S^m}\{e\ddot{u}\}\right]$ bei $\mathbf{p}_{\max}$

bzw. in Matrixschreibweise: (4.59)

Input: E($\mathbf{D}$), Cov($\mathbf{D}$), $\mathbf{b}$, $\mathbf{v}$, g, $\mathbf{u}$, $\mathbf{w}$, $\mathbf{q}$

Optimierung:

$$\max_{\mathbf{p}} \mathrm{E}\left[\max_{s\in S^m}\{e\ddot{u}\}\right] = \max_{\mathbf{p}} \mathrm{E}\left[\max_{s\in S^m}\left\{\mathbf{s}^{\mathrm{T}}\cdot(\mathbf{u}-\mathbf{w}) - (\mathbf{p}-\mathbf{b}\cdot\mathbf{s})^{\mathrm{T}}\cdot\mathbf{q}\right\}\right]$$

$$\text{s.t.}\quad \mathbf{v}^{\mathrm{T}}\cdot\mathbf{p} \le g$$

$$\mathbf{p} \ge \mathbf{0}$$

Ouput: $\mathbf{p}_{\max}$, $\mathrm{E}\left[\max_{s\in S^m}\{e\ddot{u}\}\right]$ bei $\mathbf{p}_{\max}$

Im Modell (4.59) wird also der Erwartungswert des Erlösüberschusses unter der Prämisse maximiert, daß bei gegebenen Planbedarfen für die Bevorratungsmaterialien und gegebener Bedarfsrealisation für die Endprodukte jene zulässige Kombination von Verkaufsmengen für die Endprodukte gewählt wird, die den Erlösüberschuß maximiert. Die Zusammensetzung des Erlösüberschusses *eü* wurde bereits zu Beginn von Abschnitt 4.4 diskutiert. Der Lösungsraum für die Verkaufsmengen der Endprodukte S^m ist in Abschnitt 4.4.1 definiert worden. Als Nebenbedingungen sind im Modell (4.59) die Budgetrestriktion (siehe Abschnitt 4.2.6) und die Nichtnegativitätsbedingung für die Planbedarfe der Bevorratungsmaterialien angesetzt.

Aus Modell (4.59) ist ersichtlich, daß man für die Berechnung des Erwartungswertes des Erlösüberschusses bei gegebenem **p** für jede Realisation der mehrdimensionalen Zufallsvariable **D** jene zulässige Kombination von Verkaufsmengen für die Endprodukte ermitteln muß, die den Erlösüberschuß maximiert. Diese Optimierung für jede Realisation von **D** bei gegebenem **p** ist jedoch noch lange nicht die Problemlösung, weil wir ja nicht den Erwartungswert des Erlösüberschusses für ein bestimmtes **p**, sondern jenes **p** ermitteln wollen, das den Erwartungswert des Erlösüberschusses maximiert. Es liegen somit gewissermaßen zwei Optimierungsstufen vor. Diese Zweistufigkeit ist darauf zurückzuführen, daß einerseits die Entscheidung über die Planbedarfe der Bevorratungsmaterialien vor dem Bekanntsein der Endproduktbedarfe zu treffen ist und andererseits die Allokation der Bevorratungsmaterialien erst nach dem Bekanntsein der Endproduktbedarfe durchgeführt werden kann.

Leider ist bei solchen zweistufigen stochastischen Modellen, sogar im Falle von diskreten Zufallsvariablen, eine optimale Lösung für praxisrelevante Problemgrößen kaum ermittelbar (vgl. Jönsson/Silver, 1989b). Wir werden uns deshalb im nächsten Abschnitt kurz mit Heuristiken zur näherungsweisen Lösung des Optimierungsmodells (4.59) beschäftigen.

4.4.2.2 Heuristiken zur Problemlösung

Das Optimierungsmodell (4.59) kann näherungsweise gelöst werden, indem man für ein gegebenes **p** nicht für jede Realisation der mehrdimensionalen Zufallsvariable **D** die erlösüberschußoptimale, zulässige Kombination von Verkaufsmengen ermittelt, sondern nur für eine Teilmenge der Realisationen von **D**. Für die Bestimmung der betrachteten Teilmenge kommen mehrere Methoden in Betracht:

(1) Zufallsauswahl mit Hilfe von Monte-Carlo-Methoden (analog zur Schätzung des Zielfunktionswertes in Heuristik NLP/SIM/ASL (siehe Abschnitt 4.3.3.1), wo auch nur eine Stichprobe betrachtet wird),

(2) Diskretisierung der stetigen Verteilung von **D** oder

(3) die Entwicklung von Szenarien (vgl. Schrage, 1997; S. 209ff).

Während bei den Methoden (1) und (2) die Anzahl der betrachteten Realisationen typischerweise eher relativ groß sein wird, ist bei Methode (3) die Anzahl der betrachteten Realisationen (die Anzahl der Szenarien) eher relativ klein. Die Grundidee des Szenarioansatzes ist ja die Auswahl einer kleinen Anzahl von Situationen aus einer sehr großen Anzahl von möglichen Situationen (vgl. Jönsson/Silver, 1990, S. 312).

Unabhängig davon, welche der drei obigen Methoden man einsetzt, vereinfacht sich durch die Beschränkung auf die gewählte Teilmenge der Realisationen von **D** das zweistufige stochastische Optimierungsmodell (4.59) zum Optimierungsmodell (4.60).

n	Anzahl der betrachteten Realisationen bzw. Stichprobengröße
$\mathbf{s}_r$	Vektor mit Dimension m, der die Verkaufsmengen der m Endprodukte für die r-te Realisation $\mathbf{z}_r$ der Zufallsvariablen **D** enthält
s_{kr}	k-tes Element des Vektors $\mathbf{s}_r$ = Variable für die Verkaufsmenge vom k-ten Endprodukt der r-ten Bedarfsrealisation von **D**
z_{kr}	k-tes Element des r-ten Realisationsvektors $\mathbf{z}_r$ von **D** = Variable für die r-te Bedarfsrealisation des k-ten Endproduktes

α_r Gewichtungsfaktor für Realisation bzw. Szenario $\mathbf{z}_r$; bei der Verwendung von Methode (1) ist α_r für alle r=1,...,n gleich 1/n, d.h., daß jede zufällig ausgewählte Realisation das gleiche Gewicht erhält (dies entspricht ja dem Wesen einer Zufallsauswahl); bei Methode (2) bzw. (3) entspricht α_r den Eintrittswahrscheinlichkeiten der möglichen Realisationen der diskretisierten Verteilung für **D** bzw. den Eintrittswahrscheinlichkeiten der Szenarien

Input: E(**D**), Cov(**D**), **b**, **v**, g, **u**, **w**, **q**, n

Ermittle $\mathbf{z}_1$ bis $\mathbf{z}_n$ von **D** und die zugehörigen α_r nach der gewählten Methode

Optimierung:

$$\max_{\mathbf{p}} \hat{\mathrm{E}}\left[\max_{s\in S^m}\{e\ddot{u}\}\right] = \max_{\mathbf{p},\mathbf{s}_1\ldots\mathbf{s}_n} \sum_{r=1}^{n}\left(\mathbf{s}_r^{\mathrm{T}}\cdot(\mathbf{u}-\mathbf{w})-(\mathbf{p}-\mathbf{b}\cdot\mathbf{s}_r)^{\mathrm{T}}\cdot\mathbf{q}\right)\cdot\alpha_r$$

$$\begin{aligned} \text{s.t.}\quad & \mathbf{v}^{\mathrm{T}}\cdot\mathbf{p}\le g \\ & \mathbf{p}\ge\mathbf{0} \\ & s_{kr}\le\max\{z_{kr},0\} && \forall r=1,\ldots,n \wedge k=1,\ldots,m \\ & \mathbf{s}_r\ge\mathbf{0} && \forall r=1,\ldots,n \\ & \mathbf{b}\cdot\mathbf{s}_r\le\mathbf{p} && \forall r=1,\ldots,n \end{aligned} \tag{4.60}$$

Ouput: $\mathbf{p}_{\max}$, $\hat{\mathrm{E}}\left[\max_{s\in S^m}\{e\ddot{u}\}\right]$ bei $\mathbf{p}_{\max}$

Die ersten beiden Nebenbedingungen im Modell (4.60) sind die Budgetrestriktion bzw. die Nichtnegativitätsbedingung für die Planbedarfe der Bevorratungsmaterialien. Die restlichen Nebenbedingungen spezifizieren den Lösungsraum für die Verkaufsmengen der Endprodukte S^m (siehe Abschnitt 4.4.1).

Modell (4.60) ist bis auf die Verwendung der max-Funktion in den Nebenbedingungen ein lineares Modell. Wir können (4.60) in ein vollständig lineares Optimierungsmodell transformieren, indem wir einfach die Bedarfsrealisationen der Endprodukte vor Optimierungsbeginn leicht modifizieren, d.h. auf null setzen, wenn sie kleiner als null sind:

$\hat{\mathbf{z}}_r$ Vektor mit Dimension m, der die r-te modifizierte Realisation der Zufallsvariablen $\mathbf{D}$ enthält

$\hat{z}_{kr}$ k-tes Element des r-ten modifizierten Realisationsvektors $\hat{\mathbf{z}}_r$ von $\mathbf{D}$ = Variable für die r-te modifizierte Bedarfsrealisation des k-ten Endproduktes

$$\hat{z}_{kr} = \max\{z_{kr}, 0\} \qquad \forall k = 1,\ldots,m \wedge r = 1,\ldots,n \tag{4.61}$$

Diese Transformation hat keine Auswirkung auf das Optimierungsergebnis und den Vorteil, daß wir die max-Funktion während der Optimierung weglassen können und somit ein lineares Optimierungsproblem vorliegt. Das Transformationsergebnis ist in Optimierungsmodell (4.62) ersichtlich.

Input: E($\mathbf{D}$), Cov($\mathbf{D}$), $\mathbf{b}$, $\mathbf{v}$, g, $\mathbf{u}$, $\mathbf{w}$, $\mathbf{q}$, n

Ermittle $\mathbf{z}_1$ bis $\mathbf{z}_n$ von $\mathbf{D}$ und die zugehörigen α_r nach der gewählten Methode

Berechne $\hat{\mathbf{z}}_1$ bis $\hat{\mathbf{z}}_n$ mit der Formel $\hat{z}_{kr} = \max\{z_{kr}, 0\}$ $\forall k = 1,\ldots,m \wedge r = 1,\ldots,n$

Optimierung:

$$\max_{\mathbf{p}} \hat{\mathrm{E}}\left[\max_{\mathbf{s}\in S^m}\{e\ddot{u}\}\right] = \max_{\mathbf{p},\mathbf{s}_1\ldots\mathbf{s}_n} \sum_{r=1}^{n}\left(\mathbf{s}_r^{\mathrm{T}}\cdot(\mathbf{u}-\mathbf{w})-(\mathbf{p}-\mathbf{b}\cdot\mathbf{s}_r)^{\mathrm{T}}\cdot\mathbf{q}\right)\cdot\alpha_r$$

$$\begin{aligned}
\text{s.t.}\quad & \mathbf{v}^{\mathrm{T}}\cdot\mathbf{p}\le g \\
& \mathbf{p}\ge\mathbf{0} \\
& \mathbf{s}_r\le\hat{\mathbf{z}}_r & \forall r=1,\ldots,n \\
& \mathbf{s}_r\ge\mathbf{0} & \forall r=1,\ldots,n \\
& \mathbf{b}\cdot\mathbf{s}_r\le\mathbf{p} & \forall r=1,\ldots,n
\end{aligned} \tag{4.62}$$

Ouput: $\mathbf{p}_{\max}$, $\hat{\mathrm{E}}\left[\max_{\mathbf{s}\in S^m}\{e\ddot{u}\}\right]$ bei $\mathbf{p}_{\max}$

Die Problemgröße des linearen Optimierungsmodells (4.62) läßt sich folgendermaßen errechnen:

$$\text{Anzahl der Variablen} = d + m \cdot n \tag{4.63}$$

$$\text{Anzahl der Restriktionen} = d \cdot n + 1 \tag{4.64}$$

$$\text{Anzahl oberer Grenzen} = m \cdot n \tag{4.65}$$

Wenn man zur Bestimmung der Teilmenge der Realisationen von **D** Methode (1) oder (2) einsetzt, wird n, wie bereits gesagt, relativ groß sein und damit das Optimierungsproblem sehr große, wenn nicht gigantische Ausmaße annehmen. In diesem Fall wird trotz seiner Linearität das Optimierungsmodell (4.62) äußerst schwierig zu lösen sein. Aufgrund der speziellen Problemstruktur kann "Benders' decomposition" zur Problemlösung angewandt werden (vgl. Benders, 1962). Dazu sei jedoch auf Jönsson/Silver (1989b) verwiesen, der die Anwendung dieses Ansatzes auf ein sehr ähnliches Optimierungsmodell zeigt und ausführt, daß dieser Ansatz zumindest Zwischenergebnisse liefert, die oft brauchbare Lösungen darstellen.

Bei Verwendung von Methode (3) zur Bestimmung der betrachteten Realisationen von **D** wird die Lösung des Optimierungsmodells (4.62) zwar kaum Probleme bereiten, weil die Anzahl der entwickelten Szenarien n typischerweise relativ klein ist, jedoch ist hier die Auswahl der Szenarien $\mathbf{z}_r$ bzw. $\hat{\mathbf{z}}_r$ und die Bestimmung ihrer Eintrittswahrscheinlichkeiten α_r das Hauptproblem. Jönsson/Silver (1990) wendet den Szenarioansatz auf ein Optimierungsmodell an, das unserem Modell (4.62) sehr ähnlich ist.

Damit schließen wir die Betrachtung der Variante 2.1 von Optimierungsmodell 2 ab. Wir verfolgen sie nicht weiter, weil uns, wie bereits erwähnt, die dieser Modellvariante zugrundeliegende Annahme, daß alle Endproduktbedarfe bzw. alle Kundenaufträge der betrachteten Periode zum Allokationszeitpunkt bekannt sind, für unser Planungs- bzw. Entscheidungsproblem nicht praktikabel erscheint.

4.4.3 Variante 2.2 - FIFO-Allokation der Bevorratungsmaterialien

Bei der FIFO-(First-In-First-Out-)Allokation werden den Kundenaufträgen in der Reihenfolge ihres Eintreffens die vorproduzierten Bevorratungsmaterialien zugeordnet.

Im Unterschied zur optimalen Allokation der Bevorratungsmaterialien müssen bei der FIFO-Allokation zum Allokationszeitpunkt noch nicht alle Endproduktbedarfe bzw. Kundenaufträge bekannt sein, und somit kann die Montage und auch Auftragsablehnung bzw. -annahme nicht nur zum Periodenende, sondern während der gesamten betrachteten Planungsperiode erfolgen. Bei der FIFO-Allokation ist nach jedem Kundenauftragseingang eine, wenn auch sehr einfache, Allokationsentscheidung zu treffen. Man spricht hier also besser von einem Allokationszeitraum und nicht von einem Allokationszeitpunkt.

In der betrieblichen Praxis gibt es viele Einflußgrößen bei der Allokation der Bevorratungsmaterialien zu Kundenaufträgen. Neben der Reihenfolge des Eintreffens der Kundenaufträge sind dies zum Beispiel der gewünschte Liefertermin des Kunden, die Bedeutung des Kunden (gemessen an Umsatzzahlen, an den erwarteten Folgegeschäften oder dgl.), Rahmenverträge, die Bereitschaft des Kunden sich bei Knappheit auf einen späteren Liefertermin vertrösten zu lassen bzw. auf ähnliche Endprodukte "auszuweichen" und dgl. Wie man bereits aus der obigen beispielhaften Aufzählung erkennen kann, ist die Allokation der Bevorratungsmaterialien in der Praxis eine äußerst komplexe Entscheidungssituation, bei der wohl nicht selten das Gefühl bzw. die Erfahrung des Entscheidungsträgers eine große Rolle spielt, weil sich die Vielzahl dieser Einflußgrößen schwer in einem formalen Modell abbilden läßt.

Die Beschränkung auf die Reihenfolge des Eintreffens der Kundenaufträge ist insbesondere darin begründet, daß sie wohl in vielen Situationen einer der Haupteinflußgrößen auf die Allokationsentscheidung sein wird, weil die Kunden meist sofort eine Auftragsannahme oder -ablehung erwarten und man nicht mit der Entscheidung noch zuwarten kann, bis man sieht, ob vielleicht noch lukrativere Aufträge hereinkommen.

Weiters sei noch angemerkt, daß wir mit unseren Modellen ja nicht die Allokationsentscheidungen selbst unterstützen wollen, sondern lediglich die Planbedarfe der Bevorratungsmaterialien möglichst gut festlegen wollen. Dazu müssen wir jedoch im Falle der Maximierung des Erwartungswertes des Erlösüberschusses eine Annahme über die spätere Allokation der Bevorratungsmaterialien treffen. Vor diesem Problemhintergrund ist es eher gerechtfertigt, sich nur auf die Reihenfolge des Eintreffens der Kundenaufträge zu beschränken.

Bereits in der obigen kurzen Betrachtung der FIFO-Allokation sieht man, daß sie wohl in vielen praktischen Situationen der Realität näher kommen wird als die optimale Allokation der Bevorratungsmaterialien der Variante 2.1 von Optimierungsmodell 2. Zu beachten ist, daß man den Begriff *optimale* Allokation in Vergleich zur FIFO-Allokation richtig deutet. Unter der Annahme, daß man vor der ersten Allokationsentscheidung noch nicht alle Endproduktbedarfe kennt, liefert ein Modell mit der optimalen Allokation der Bevorratungsmaterialien für die reale Entscheidungssituation nicht unbedingt bessere Ergebnisse als ein Modell mit FIFO-Allokation, weil die optimale Allokation ja genau das Gegenteil - die Kenntnis aller Endproduktbedarfe vor der ersten Allokationsentscheidung - annimmt.

Kommen wir zur mathematischen Formulierung der Variante 2.2 von Optimierungsmodell 2, die auf der FIFO-Allokation der Bevorratungsmaterialien beruht.

4.4.3.1 Mathematisches Modell

Bei der optimalen Allokation der Bevorratungsmaterialien mußten wir uns keine Gedanken über die Reihenfolge der Kundenaufträge und die Kundenauftragsgröße, d.h. wieviele Stück werden von einem Endprodukt gewünscht, machen - es ist nur einmal zum Periodenende eine Allokationsentscheidung zu treffen und daher genügt die Betrachtung des Periodenbedarfs der Endprodukte.

Bei der FIFO-Allokation ist hingegen die Reihenfolge der Kundenaufträge und die Kundenauftragsgröße von entscheidender Bedeutung, weil nach jedem Kundenauftragseingang eine, wenn auch sehr einfache, Allokationsentscheidung zu treffen ist.

Für unser mathematisches Modell (Variante 2.2 von Optimierungsmodell 2 mit der FIFO-Allokation) treffen wir folgende Annahmen:

(1) Ein Kundenauftrag bezieht sich nur auf ein Endprodukt. Reale Kundenaufträge über mehrere verschiedene Endprodukte sind im Modell also mehrere Kundenaufträge.

(2) Die Menge aller Kundenaufträge der betrachteten Planperiode wird als Kundenauftragspool bezeichnet. Die Summe der Bestellmengen der Kundenaufträge des

Kundenauftragspools für ein bestimmtes Endprodukt k entspricht seinem Periodenbedarf D_k bzw. 0, falls $D_k < 0$.

(3) Die Reihenfolge, in der die Kundenaufträge aus diesem Pool eintreffen, ist zufällig, d.h., daß jeder Kundenauftrag die gleiche Wahrscheinlichkeit hat als nächster dranzukommen. Es handelt sich um ein "Urnenmodell ohne Zurücklegen".

(4) Die Bestellmenge für ein Endprodukt ist für alle Kundenaufträge von diesem Endprodukt gleich. Eine Ausnahme bildet hier jedoch der letzte Kundenauftrag eines Endproduktes k, wenn der Periodenbedarf D_k kein ganzzahliges Vielfaches der Bestellmenge dieses Endproduktes ist. In der Realität ist die Bestellmenge eines Endproduktes natürlich eine stochastische Größe. Aus Vereinfachungsgründen wird im Modell jedoch nur ein fester Wert (typischerweise der Mittelwert) angesetzt.

(5) Wenn für einen Kundenauftrag nicht genügend Bevorratungsmaterialien verfügbar sind, dann wird jene Endproduktmenge verkauft, die sich aus den noch verfügbaren Bevorratungsmaterialien produzieren läßt. Der Kunde erteilt dann also den Auftrag für die produzierbare Teilmenge.

Für die Formulierung eines mathematischen Modells definieren wir folgende Variablen:

o_k	Bestellmenge pro Kundenauftrag von Endprodukt k
$\mathbf{o}$	Vektor mit Dimension m, der die Bestellmengen pro Kundenauftrag für die m Endprodukte angibt
kz_k	Kundenauftragsanzahl für Endprodukt k in der betrachteten Periode
kz	Gesamtanzahl der Kundenaufträge in der betrachteten Periode
c,y	Indizes für die Kundenaufträge
K_c	diskrete Zufallsvariable für Kundenauftrag c, die das Endprodukt k angibt, auf den sich der Kundenauftrag c bezieht
$f_c(k)$	Wahrscheinlichkeitsfunktion von K_c, die die Wahrscheinlichkeit angibt, daß sich der Kundenauftrag c auf das Endprodukt k bezieht, und die Kenntnis der Kundenaufträge 1 bis c-1 voraussetzt

kb_c Bestellmenge von Kundenauftrag c

ka_c Menge von Kundenauftrag c, für die genügend Bevorratungsmaterialien allokiert werden können

Die Kundenauftragsanzahl für Endprodukt k ergibt sich aus dessen Periodenbedarf dividiert durch dessen Bestellmenge pro Kundenauftrag und anschließender Aufrundung auf die nächstgrößere ganze Zahl:

$$kz_k = \max\{\left\lceil D_k / o_k \right\rceil, 0\} \qquad \forall k = 1,\ldots,m \tag{4.66}$$

Aufgrund der Annahme, daß bei einem negativen Bedarf nichts verkauft wird (siehe Abschnitt 4.4.1), muß bei einem negativen Bedarf für ein Endprodukt k dessen Kundenauftragszahl kz_k gleich null sein und daher brauchen wir die max-Funktion in (4.66).

Die Gesamtanzahl der Kundenaufträge in der betrachteten Periode ist die Summe der Kundenaufträge aller Endprodukte in dieser Periode:

$$kz = \sum_{k=1}^{m} kz_k \tag{4.67}$$

Die Wahrscheinlichkeit, daß sich der nächste Kundenauftrag c auf das Endprodukt k bezieht, ergibt sich durch folgende Berechnung:

$$f_c(k) = \frac{\text{Anzahl der Kundenaufträge, die für } k \text{ in dieser Periode noch eingehen}}{\text{Gesamtzahl der Kundenaufträge, die in dieser Periode noch eingehen}} \tag{4.68}$$

Die noch eingehenden Kundenaufträgen ergeben sich aus der Gesamtanzahl minus der bereits eingegangen Aufträge. Wir können (4.68) daher folgendermaßen umformulieren:

$$f_c(k) = \frac{\text{Auftragsanzahl für } k \text{ - bereits eingegangene Aufträge für } k}{\text{Gesamtanzahl der Aufträge - gesamte bereits eingegangene Aufträge}} \tag{4.69}$$

Aus (4.69) kann man sehr leicht erkennen, daß $f_c(k)$ die Kenntnis der Kundenaufträge 1 bis c-1 voraussetzt bzw. erst dann definiert ist, wenn die Realisationen von K_1 bis $K_{c\text{-}1}$ vorliegen.

Es folgt nun die mathematisch exakte Formulierung der Wahrscheinlichkeitsfunktion für die Zufallsvariablen der Kundenaufträge bzw. der Wahrscheinlichkeit, daß sich der Kundenauftrag c auf das Endprodukt k bezieht:

$$f_c(k) = P(K_c = k) = \begin{cases} \dfrac{kz_k - \sum\limits_{\substack{1 \le y \le c-1, \\ K_y = k}} 1}{kz - (c-1)} & \forall k = 1,\ldots,m \\ 0 & \text{sonst} \end{cases} \qquad \forall c = 1,\ldots,kz \tag{4.70}$$

Die Bestellmenge von Kundenauftrag c entspricht dem Minimum der Bestellmenge o_k und der noch ausstehenden Bestellmengen für Endprodukt k (= Periodenbedarf minus Summe der Bestellmengen der bereits für k eingegangenen Aufträge), auf das sich der Kundenauftrag c bezieht:

$$kb_c = \min\left\{ o_{K_c}, D_{K_c} - \sum_{\substack{1 \le y \le c-1, \\ K_y = K_c}} kb_y \right\} \qquad \forall c = 1,\ldots,kz \tag{4.71}$$

Durch (4.71) wird sichergestellt, daß die Summe der Bestellmengen für Endprodukt k auch dann dem Periodenbedarf D_k bzw. 0 entspricht, wenn der Periodenbedarf D_k kein ganzzahliges Vielfaches der Bestellmenge o_k ist.

Die Berechnung der Bestellmenge von Kundenauftrag c setzt das Vorliegen der Realisation von K_c und die Berechnung der Bestellmengen der Kundenaufträge 1 bis c-1 voraus. Anders gesagt, müssen für die Bestimmung von kb_c die Realisationen von K_1 bis K_c vorliegen.

Die Menge von Kundenauftrag c, für die genügend Bevorratungsmaterialien allokiert werden können, hängt von der Bestellmenge kb_c, den Planbedarfen der Bevorratungsmaterialien und den bereits verbrauchten (allokierten) Bevorratungsmaterialien für alle vorher eingegangenen Kundenaufträge 1 bis c-1 ab und wird in folgender Gleichung mathematisch definiert:

$$ka_c = \min\left\{kb_c, \min_{\substack{1\le i\le d,\\ b_{iK_c}>0}}\left\{\frac{p_i - \sum\limits_{1\le y\le c-1} ka_y \cdot b_{iK_y}}{b_{iK_c}}\right\}\right\} \qquad \forall c = 1,\ldots,kz \qquad (4.72)$$

ka_c ergibt sich aus dem Minimum von kb_c und der maximalen Menge von Endprodukt K_c, die sich aus den noch frei verfügbaren (allokierbaren) Bevorratungsmaterialien produzieren läßt. Zur Berechnung dieser maximalen Produktionsmenge muß man für jedes Bevorratungsmaterial *i,* das für die Produktion des Endproduktes K_c benötigt wird ($b_{iK_c} > 0$), die noch frei verfügbare (allokierbare) Menge ermitteln, die sich aus dem Planbedarf minus den bereits verbrauchten (allokierten) Bevorratungsmaterialien für alle vorher eingegangenen Kundenaufträge 1 bis c-1 ergibt ($p_i - \sum\limits_{1\le y\le c-1} ka_y \cdot b_{iK_y}$).

Die noch allokierbare Menge für jedes dieser Bevorratungsmaterialien muß durch den Mengenfaktor b_{iK_c} dividiert werden, um zu ermitteln, für wieviel Stück von Endprodukt K_c das betreffende Bevorratungsmaterial i noch reicht. Der minimale Wert aus der oben beschriebenen Berechnung für jedes im Endprodukt K_c vorkommende Bevorratungsmaterial entspricht der maximal möglichen Produktionsmenge von K_c.

Aus Gleichung (4.72) sieht man, daß die Berechnung von ka_c die Berechnung von kb_c und ka_1 bis ka_{c-1} und damit ebenfalls das Vorliegen der Realisationen von K_1 bis K_c voraussetzt.

Die Verkaufsmengen der Endprodukte s_k ergeben sich durch einfache Summierung der Kundenauftragsmengen, für die genügend Bevorratungsmaterialien verfügbar waren:

$$s_k = \sum_{\substack{1\le c\le kz,\\ K_c = k}} ka_c \qquad \forall k = 1,\ldots,m \qquad (4.73)$$

Zu beachten ist, daß die im Abschnitt 4.4.1 genannten Mindestbedingungen für jede Allokationsregel (4.56) bis (4.58) in den Gleichungen (4.66) bis (4.73) enthalten sind.

Nach der obigen Variablendefinition und Erklärung der Zusammenhänge zwischen den Variablen folgt die Angabe des mathematischen Modells für die FIFO-Allokation der Bevorratungsmaterialien:

Input: E(**D**), Cov(**D**), **b**, **v**, g, **u**, **w**, **q**, **o**

Optimierung:

$$\max_{\mathbf{p}} \mathrm{E}\left[eü\right] = \max_{\mathbf{p}} \mathrm{E}\left[\sum_{k=1}^{m} s_k \cdot (u_k - w_k) - \sum_{i=1}^{d}\left(p_i - \sum_{k=1}^{m} b_{ik} \cdot s_k\right) \cdot q_i\right]$$

$$\text{s.t.} \quad \sum_{i=1}^{d} v_i \cdot p_i \le g$$

$$p_i \ge 0 \qquad \forall i = 1,\ldots,d$$

$$kz_k = \max\{\left\lceil D_k / o_k \right\rceil, 0\} \qquad \forall k = 1,\ldots,m$$

$$kz = \sum_{k=1}^{m} kz_k \tag{4.74}$$

$$f_c(k) = P(K_c = k) = \begin{cases} \dfrac{kz_k - \sum\limits_{\substack{1 \le y \le c-1, \\ K_y = k}} 1}{kz - (c-1)} & \forall k = 1,\ldots,m \\ 0 & \text{sonst} \end{cases} \qquad \forall c = 1,\ldots,kz$$

$$kb_c = \min\left\{ o_{K_c}, D_{K_c} - \sum_{\substack{1 \le y \le c-1, \\ K_y = K_c}} kb_y \right\} \qquad \forall c = 1,\ldots,kz$$

$$ka_c = \min\left\{ kb_c, \min_{\substack{1 \le i \le d, \\ b_{iK_c} > 0}} \left\{ \frac{p_i - \sum\limits_{1 \le y \le c-1} ka_y \cdot b_{iK_y}}{b_{iK_c}} \right\} \right\} \qquad \forall c = 1,\ldots,kz$$

$$s_k = \sum_{\substack{1 \le c \le kz, \\ K_c = k}} ka_c \qquad \forall k = 1,\ldots,m$$

Ouput: $\mathbf{p}_{\max}$, $\mathrm{E}\left[eü\right]$ bei $\mathbf{p}_{\max}$

Im Modell (4.74) wird also der Erwartungswert des Erlösüberschusses unter der Prämisse maximiert, daß den Kundenaufträgen in der Reihenfolge ihres Eintreffens die vorproduzierten Bevorratungsmaterialien zugeordnet werden. Die Zusammensetzung des Erlösüberschusses *eü* wurde bereits zu Beginn von Abschnitt 4.4 diskutiert. Als Nebenbedingungen sind im Modell (4.74) die Budgetrestriktion (siehe Abschnitt 4.2.6), die Nichtnegativitätsbedingung für die Planbedarfe der Bevorratungsmaterialien und die Gleichungen (4.66), (4.67), (4.70), (4.71), (4.72) und (4.73), die die

Beziehung zwischen dem Periodenbedarf und der verkauften Menge eines Endproduktes bzw. die Allokationsregel definieren, angesetzt.

Neben den Zufallsvariablen für die Endprodukte weist Modell (4.74) auch eine Zufallsvariable pro Kundenauftrag auf, die jeweils von den Realisationen der Zufallsvariablen für alle vorher eingegangen Kundenaufträge abhängt. Zusätzlich zu diesen Zufallsvariablen enthält das Modell (4.74) auch noch die nicht-differenzierbaren Funktionen $\min\{\ldots\}$, $\max\{\ldots\}$ und $\lceil\ldots\rceil$.

Diese Modelleigenschaften machen das Finden einer optimalen Lösung nicht gerade leicht. Wie bei Variante 2.1 von Optimierungsmodell 2 (optimale Allokation der Bevorratungsmaterialien; siehe Modell (4.59)) wird bei Modell (4.74) wohl ebenfalls keine optimale Lösung für praxisrelevante Problemgrößen ermittelbar sein. Wir beschränken uns deshalb wiederum auf Heuristiken zur Ermittlung von möglichst guten Lösungen.

4.4.3.2 Heuristiken zur Problemlösung

Wir werden versuchen für Optimierungsmodell (4.74) möglichst gute Lösungen zu finden, indem wir nicht für jede Realisation der Zufallsvariablen **D** die Erlösüberschüsse für alle möglichen Realisationen der Zufallsvariablen K_l bis K_{k_z} für die jeweilige Realisation von **D** berechnen und anschließend daraus den Erwartungswert des Erlösüberschusses ermitteln, sondern nur eine Teilmenge der Realisationen von **D** und K_l bis K_{k_z} betrachten.

Die betrachtete Teilmenge der Realisationen von **D** und K_l bis K_{k_z} ermitteln wir durch eine Zufallsauswahl mit Hilfe von Monte-Carlo-Methoden, d.h. durch eine Simulation der Zufallsvariablen.

Wie bei Heuristik NLP/SIM/ASL (siehe Abschnitt 4.3.3.1) wird zuerst die betrachtete Teilmenge der Realisationen von **D** ermittelt. Anschließend werden daraus die modifizierten Realisationen für **D** und **B** berechnet und abgespeichert. Wir brauchen dazu Algorithmus (4.34) der Heuristik NLP/SIM/ASL unter Verwendung der Formel (4.61) nur geringfügig modifizieren und kommen zu Algorithmus (4.75):

Input: $\mathrm{E}(\mathbf{D})$, $\mathrm{Cov}(\mathbf{D})$, $\mathbf{b}$, n
Repeat for $r = 1$ to n:
  Generate $\mathbf{z}_r$ from an $\mathcal{N}_m(\mathrm{E}(\mathbf{D}), \mathrm{Cov}(\mathbf{D}))$
  Repeat for $k = 1$ to m:
    if $z_{kr} < 0$ then
      $\hat{z}_{kr} = 0$
    else
      $\hat{z}_{kr} = z_{kr}$
  $\hat{\mathbf{x}}_r = \mathbf{b} \cdot \hat{\mathbf{z}}_r$
Output: $\hat{\mathbf{x}}_1 \ldots \hat{\mathbf{x}}_n, \hat{\mathbf{z}}_1 \ldots \hat{\mathbf{z}}_n$

(4.75)

Die Vektoren $\hat{\mathbf{x}}_1$ bis $\hat{\mathbf{x}}_n$ werden als die modifizierten Realisationsvektoren der Zufallsvariablen **B** bezeichnet.

Die Modifikation der Realisationen von **D** bzw. **B** hat, wie bereits in Abschnitt 4.4.2.2 erwähnt, keine Auswirkung auf das Optimierungsergebnis und bringt uns rechentechnische Vorteile (oftmaliges Ausführen der max-Funktion wird überflüssig).

Während der Optimierung (Lösungssuche) erfolgt laufend die Schätzung des Zielfunktionswertes für ein bestimmtes **p** mit Hilfe von Algorithmus (4.76):

Input: $\hat{\mathbf{x}}_1 \ldots \hat{\mathbf{x}}_n$, $\hat{\mathbf{z}}_1 \ldots \hat{\mathbf{z}}_n$, $\mathbf{p}$, n, $\mathbf{b}$, $\mathbf{u}$, $\mathbf{w}$, $\mathbf{q}$, $\mathbf{o}$
$h = 0$
Repeat for $r = 1$ to n:
  if $\hat{\mathbf{x}}_r \leq \mathbf{p}$ then
    $h = h + \hat{\mathbf{z}}_r^{\mathrm{T}} \cdot (\mathbf{u} - \mathbf{w}) - (\mathbf{p} - \hat{\mathbf{x}}_r)^{\mathrm{T}} \cdot \mathbf{q}$
  else
    Ermittle den Erwartungswertvektor der Verkaufsmengen
    $\mathrm{E}(\mathbf{s}_r)$, der sich aus $\hat{\mathbf{z}}_r$ aufgrund der FIFO-Allokation ergibt
    $h = h + \mathrm{E}(\mathbf{s}_r)^{\mathrm{T}} \cdot (\mathbf{u} - \mathbf{w}) - (\mathbf{p} - \mathbf{b} \cdot \mathrm{E}(\mathbf{s}_r))^{\mathrm{T}} \cdot \mathbf{q}$
$\hat{\mathrm{E}}[e\ddot{u}] = h/n$
Output: $\hat{\mathrm{E}}[e\ddot{u}]$ für $\mathbf{p}$

(4.76)

Die Hilfsvariable h dient zur Aufsummierung der bei den einzelnen Realisationen erzielten erwarteten Erlösüberschüsse. Für die Berechnung von $\hat{E}[eü]$ braucht der Endwert von h nur noch durch die Anzahl der Realisationen n dividiert werden.

Wenn für alle Bevorratungsmaterialien der modifizierte realisierte Bedarf nicht größer als der Planbedarf ist ($\hat{\mathbf{x}}_r \leq \mathbf{p}$), dann ist die Ermittlung des Erlösüberschusses sehr einfach, weil die Verkaufsmengen $\mathbf{s}_r$ in diesem Fall den modifizierten realisierten Bedarfsmengen $\hat{\mathbf{z}}_r$ der Endprodukte entsprechen und somit eine Betrachtung der Allokationsentscheidungen nicht notwendig ist.

Bei einer Knappheit der Bevorratungsmaterialien ($\hat{\mathbf{x}}_r \leq \mathbf{p}$ ist nicht erfüllt) entsprechen die Verkaufsmengen nicht mehr den modifizierten Bedarfsrealisationen, sondern sind stochastische Größen, deren Erwartungswerte unter Berücksichtigung der FIFO-Allokationsregel berechnet werden müssen. Daß die Ermittlung bzw. Schätzung von $\mathrm{E}(\mathbf{s}_r)$ für ein bestimmtes $\hat{\mathbf{z}}_r$ kein leichtes Unterfangen ist, sieht man, wenn man sich die Formeln (4.66) bis (4.73) betrachtet, die nach dem Ersetzen von D_k durch $\hat{z}_{kr}$ die Berechnungsformeln von $\mathbf{s}_r$ angeben und die Zufallsvariablen K_1 bis K_{kz} enthalten.

Bei der Entwicklung der Heuristiken wurde zuerst nur jeweils eine Realisation der Zufallsvariablen K_1 bis K_{kz} pro modifizierter Realisation der Endproduktbedarfe $\hat{\mathbf{z}}_r$ für die Schätzung der erwarteten Verkaufsmengen herangezogen, weil bereits dies bei einer größeren Anzahl von Kundenaufträgen sehr rechenaufwendig ist. Algorithmus (4.77) zeigt, wie im Falle der Knappheit der Bevorratungsmaterialien bei Realisation r die erwarteten Verkaufsmengen $\mathrm{E}(\mathbf{s}_r)$ aufgrund nur einer Realisation der Zufallsvariablen K_1 bis K_{kz} geschätzt werden.

Algorithmus (4.77) basiert auf den Formeln (4.66) bis (4.73) - die Zufallsvariablen in diesen Formeln sind im Algorithmus durch die modifizierten Bedarfsrealisationen bzw. die Realisationen für die Zufallsvariablen der Kundenaufträge ersetzt. Für die Erklärung der einzelnen Zeilen von Algorithmus (4.77) sei deshalb auf die Erklärungen zu diesen Formeln verwiesen.

Input: $\hat{\mathbf{x}}_r$, $\hat{\mathbf{z}}_r$, $\mathbf{p}$, $\mathbf{b}$, $\mathbf{o}$

Repeat for $k = 1$ *to* m:

$$kz_k = \left\lceil \frac{\hat{z}_{kr}}{o_k} \right\rceil$$

$$kz = \sum_{k=1}^{m} kz_k$$

Repeat for $c = 1$ to kz:

$$\text{Berechne } f_c(k) = \begin{cases} \dfrac{kz_k - \sum\limits_{\substack{1 \le y \le c-1, \\ zz_y = k}} 1}{kz - (c-1)} & \forall k = 1, \ldots, m \\ 0 & \text{sonst} \end{cases} \tag{4.77}$$

Erzeuge eine Realisation zz_c für die Zufallsvariable K_c

$$kb_c = \min \left\{ o_{zz_c}, \hat{z}_{zz_c r} - \sum_{\substack{1 \le y \le c-1, \\ zz_y = zz_c}} kb_y \right\}$$

$$ka_c = \min \left\{ kb_c, \min_{\substack{1 \le i \le d, \\ b_{i,zz_c} > 0}} \left\{ \frac{p_i - \sum\limits_{1 \le y \le c-1} ka_y \cdot b_{i,zz_y}}{b_{i,zz_c}} \right\} \right\}$$

Repeat for $k = 1$ *to* m:

$$\hat{\mathrm{E}}(s_{kr}) = \sum_{\substack{1 \le c \le kz, \\ zz_c = k}} ka_c$$

Output: $\hat{\mathrm{E}}(\mathbf{s}_r)$

Nach den ersten Tests von Algorithmus (4.77) ergab sich die Notwendigkeit einer Rechenzeitverkürzung, die durch die Annahme erreicht wurde, daß die Bestellmenge pro Kundenauftrag o_k für jedes Endprodukte k gegen null strebt. Diese Annahme erlaubt die Formulierung der FIFO-Allokationsregel ohne Verwendung von Zufallszahlen. Wenn o_k für alle k gegen null strebt, dann ist bis zum Auftreten der ersten Knappheit bei den Bevorratungsmaterialien die Lagerabgangsrate (=modifizierte Bedarfsrealisation/Periodenlänge) für jedes Endprodukt konstant und somit der Anteil des befriedigten Bedarfs an der modifizierten Bedarfsrealisation für jedes Endprodukt gleich. Da eine konstante Lagerabgangsrate für die Endprodukte auch eine konstante Lagerabgangsrate für die Bevorratungsmaterialien bedeutet, ist der Anteil des befriedigten Bedarfs an der modifizierten Bedarfsrealisation für alle Endprodukte und Bevorratungsmaterialien bis zum Auftreten der ersten Knappheit bei den Bevorratungsmaterialien gleich. Dieser Anteil, den wir im folgenden als a bezeichnen, kann mit (4.78) sehr schnell berechnet werden.

$$\hat{\mathbf{x}}_r > \mathbf{p} \Rightarrow a = \min_{\substack{1 \le i \le d, \\ \hat{x}_{ir} > 0}} \left\{ \frac{p_i}{\hat{x}_{ir}} \right\} \qquad \forall r = 1, \ldots, n \qquad (4.78)$$

Für jedes Bevorratungsmaterial i mit einer modifizierten Bedarfsrealisation $\hat{x}_{ir}$ größer null wird durch eine einfache Division von p_i durch $\hat{x}_{ir}$ der Anteil des Bedarfs bestimmt, der durch die vorausproduzierte Menge befriedigt werden kann. Das Minimum von diesen berechneten Anteilen entspricht dem gesuchten Anteil a.

Für jene Endprodukte, die von der ersten Knappheit bei den Bevorratungsmaterialien betroffen sind - d.h. das knappe (die knappen) Bevorratungsmaterial(ien) benötigen, ergeben sich die Verkaufsmengen aus der Multiplikation von ihrer modifizierten Bedarfsrealisation mit dem Anteil a. Die restlichen Endprodukte können mit ihren konstanten Lagerabgangsraten weiter verkauft werden, bis die nächste Knappheit bei den Bevorratungsmaterialien auftritt ... Die Berechnung der Verkaufsmengen für alle Endprodukte ist im folgenden Algorithmus (4.79) ersichtlich.

Ω	Menge der noch produzierbaren Endprodukte
$\breve{z}_k$	Bedarfsmenge von Endprodukt k, die noch nicht befriedigt wurde
$\breve{x}_i$	Bedarf an Bevorratungsmaterial i für die noch nicht befriedigte Menge der noch produzierbaren Endprodukte
$\breve{p}_i$	noch nicht verbrauchte (allokierte) Menge von Bevorratungsmaterial i

$$
\begin{array}{l}
\text{Input: } \widehat{\mathbf{x}}_r, \widehat{\mathbf{z}}_r, \mathbf{p}, \mathbf{b} \\
\text{//Initialisierung der Hilfsvariablen} \\
\Omega = \{1,\ldots,m\} \\
\text{Repeat for } k = 1 \text{ to } m\text{:} \\
\qquad s_{kr} = 0 \\
\qquad \breve{z}_k = \widehat{z}_{kr} \\
\text{end repeat} \\
\text{Repeat for } i = 1 \text{ to } d\text{:} \\
\qquad \breve{x}_i = \widehat{x}_{ir} \\
\qquad \breve{p}_i = p_i \\
\text{end repeat} \\
\text{While } \Omega \neq \{\ \} \text{ do:} \\
\qquad \text{//Bestimmung des Anteils } a \text{ für die noch nicht befriedigte Menge} \\
\qquad \text{//der noch produzierbaren Endprodukte} \\
\qquad a = 1 \\
\qquad \text{Repeat for } i = 1 \text{ to } d\text{:} \\
\qquad\quad \text{if } \breve{x}_i > 0 \text{ and } \dfrac{\breve{p}_i}{\breve{x}_i} < a \text{ then} \\
\qquad\qquad a = \dfrac{\breve{p}_i}{\breve{x}_i} \\
\qquad\quad \text{end if} \\
\qquad \text{end repeat} \\
\qquad \text{//Aktualisierung der Verkaufsmengen der} \\
\qquad \text{//noch produzierbaren Endprodukte} \\
\qquad \text{Repeat for } k = 1 \text{ to } m\text{:} \\
\qquad\quad \text{if } k \in \Omega \text{ then} \\
\qquad\qquad s_{kr} = s_{kr} + \breve{z}_k \cdot a \\
\qquad\qquad \breve{z}_k = \breve{z}_k \cdot (1-a) \\
\qquad\qquad \text{if } \breve{z}_k = 0 \text{ then} \\
\qquad\qquad\quad \Omega = \Omega - \{k\} \\
\qquad\qquad \text{end if} \\
\qquad\quad \text{end if} \\
\qquad \text{end repeat}
\end{array}
\tag{4.79}
$$

```
//Aktualisierung der Menge der noch produzierbaren Endprodukte
Repeat for i = 1 to d:
   //War Bevorratungsmaterial i Engpaß?
   if x̆_i > 0 and p̆_i = x̆_i · a then
        Repeat for k = 1 to m:
           if k ∈ Ω and b_ik > 0 then
                Ω = Ω − {k}
           end if
        end repeat
   end if
end repeat
//Aktualisierung der noch nicht verbrauchten Bevorratungsmaterialmengen und
//der Bevorratungsmaterialbedarfe für die noch nicht befriedigte Menge der
//noch produzierbaren Endprodukte
Repeat for i = 1 to d:
   p̆_i = p̆_i − x̆_i · a
   x̆_i = 0
   Repeat for k = 1 to m:
        if k ∈ Ω and b_ik > 0 then
           x̆_i = x̆_i + b_ik · z̆_k
        end if
   end repeat
end repeat
end while
Output: s_r
```

Zu beachten ist, daß die Schätzung des Zielfunktionswertes (Erwartungswert des Erlösüberschusses) bei Verwendung von Algorithmus (4.76) in Verbindung mit Algorithmus (4.79) unabhängig von den Kundenauftrags-Bestellmengen der einzelnen Endprodukte ist, weil Algorithmus (4.79) annimmt, daß die Bestellmenge pro Kundenauftrag o_k für jedes Endprodukte k gegen null strebt. Wir könnten unser FIFO-Allokationsmodell auch durch die Integration dieser Annahme (alle o_k streben gegen null) modifizieren - wir betrachten sie jedoch als ein Hilfsmittel zur Ermittlung von möglichst guten Lösungen für unser FIFO-Allokationsmodell.

Bisher haben wir uns nur mit der Schätzung des Zielfunktionswertes für ein bestimmtes **p** beschäftigt. Jetzt stellt sich noch die Frage, mit welchem Algorithmus man im Lösungsraum nach möglichst guten Lösungen (Werten für **p**) sucht? Je nach eingesetztem Algorithmus unterscheiden wir die Heuristiken NLP/SIM/FIFO-vN, NLP/SIM/FIFO-vS und EVO/SIM/FIFO.

In den Heuristiken NLP/SIM/FIFO-vN und NLP/SIM/FIFO-vS werden Algorithmen zur nichtlinearen Programmierung für die Lösungssuche eingesetzt. Wie bereits bei Optimierungsmodell 1 erwähnt, setzen die Standardalgorithmen der nichtlinearen Programmierung die Differenzierbarkeit aller Funktionen an jedem Punkt voraus. Diese Bedingung ist im FIFO-Allokationsmodell (4.74) jedenfalls nicht erfüllt, weil im Modell die nicht-differenzierbaren Funktionen $\min\{...\}$, $\max\{...\}$ und $\lceil ... \rceil$ vorkommen. Die Algorithmen zur nichtlinearen Programmierung dienen in den beiden Heuristiken daher nur zur Ermittlung von möglichst guten Lösungen. Das Finden des globalen oder eines lokalen Optimums ist nicht gewährleistet.

In der Heuristik EVO/SIM/FIFO wird hingegen ein evolutionärer Algorithmus eingesetzt, der zwar keine bestimmte Annahmen über die mathematische Form der Zielfunktion und Restriktionen macht, aber gerade auch deshalb nicht das Finden des globalen oder eines lokalen Optimums gewährleistet.

4.4.3.2.1 Heuristik NLP/SIM/FIFO-vN

In der Heuristik NLP/SIM/FIFO-vN wird zur Lösungssuche ein Algorithmus der nichtlinearen Programmierung (NLP) eingesetzt, der Zielfunktionswert mit Simulation (SIM) geschätzt und die Allokationsregel FIFO angenommen. Die Namenserweiterung "vN" steht für Variante ("v") bzw. NAG ("N"). Es wird wie in der Heuristik NLP/SIM/ASL-vN die Funktion "e04ucc" (Synonym: "nag_opt_nlp") der NAG C Library (Mark 5) eingesetzt. Diese Funktion löst Probleme der nichtlinearen Programmierung mit der Methode der sequentiellen quadratischen Programmierung. Eine kurze Erklärung zu dieser Funktion bzw. zur Library erfolgte bereits in Abschnitt 4.3.3.1.1.

Wie bereits kurz erwähnt, ist das Finden des globalen oder eines lokalen Optimums nicht gewährleistet, weil u.a. der eingesetzte Algorithmus zur nichtlinearen Programmierung die Differenzierbarkeit aller Funktionen an jedem Punkt annimmt, im zu lösenden Modell (4.74) jedoch die nicht-differenzierbaren Funktionen min{...}, max{...} und $\lceil ... \rceil$ vorkommen.

Kommen wir zum Ablauf von Heuristik NLP/SIM/FIFO-vN, der folgendermaßen aussieht:

(1) Einlesen der Eingabedaten: E(**D**), Cov(**D**), **b**, **v**, *g*, **u**, **w**, **q**, **o**, *n* und Startwert für **p**

(2) Berechnung von $\hat{\mathbf{x}}_1 \ldots \hat{\mathbf{x}}_n$ und $\hat{\mathbf{z}}_1 \ldots \hat{\mathbf{z}}_n$ mit Algorithmus (4.75)

(3) Aufruf der Funktion "e04ucc" mit folgenden Parametern:

- Name der Funktion, die den Wert der Zielfunktion mit Algorithmus (4.76) in Verbindung mit Algorithmus (4.77) bzw. (4.79) aufgrund der modifizierten Realisationen $\hat{\mathbf{x}}_1 \ldots \hat{\mathbf{x}}_n$ und $\hat{\mathbf{z}}_1 \ldots \hat{\mathbf{z}}_n$ für ein gegebenes **p** berechnet (schätzt),
- Koeffizienten der Budgetrestriktion, d.h. **v**,
- rechte Seite der Budgetrestriktion, d.h. maximales Gesamtbudget *g*,
- untere und obere Grenzen für die Entscheidungsvariablen **p**, d.h. 0 bzw. unendlich,
- Startwert für die Entscheidungsvariablen **p**.

(4) Die Funktion "e04ucc" ruft während der Optimierung laufend die an sie "übergebene Funktion", die den Wert der Zielfunktion mit Algorithmus (4.76) in Verbindung mit Algorithmus (4.77) bzw. (4.79) berechnet (schätzt), mit den aktuellen Werten für **p** als Parameter zur Berechnung des Zielfunktionswertes bzw. zur Berechnung der Gradienten der Zielfunktion auf.

(5) Die Funktion "e04ucc" liefert für die Entscheidungsvariablen **p** jene Werte, die den Zielfunktionswert "aus ihrer Sicht" maximieren - dies wird jedoch kaum dem theoretischen Maximum entsprechen, sondern ist hoffentlich eine gute Lösung.

Es sei angemerkt, daß genaugenommen die Funktion, die den Wert der Zielfunktion berechnet (schätzt), nicht den Wert der Zielfunktion, sondern den Wert der Zielfunktion multipliziert mit -1 zurückgibt, weil die Funktion "e04ucc" minimiert und nicht maximiert - siehe Kurzbeschreibung zur Funktion "e04ucc" in Abschnitt 4.3.3.1.1.

Der obige Ablauf von Heuristik NLP/SIM/FIFO-vN wurde in C++ unter Einbindung der Funktion "e04ucc" programmiert und in das Programm OSATO-I eingebettet (siehe Abschnitt 4.4.5.1).

4.4.3.2.2 Heuristik NLP/SIM/FIFO-vS

Wie in der Heuristik NLP/SIM/FIFO-vN wird in der Heuristik NLP/SIM/FIFO-vS zur Lösungssuche ein Algorithmus der nichtlinearen Programmierung (NLP) eingesetzt, der Zielfunktionswert mit Simulation (SIM) geschätzt und die Allokationsregel FIFO angenommen. Die Namenserweiterung "vS" steht für Variante ("v") bzw. Solver ("S"). Es werden wie in der Heuristik NLP/SIM/ASL-vS die Funktionen "loadnlp" (zur Problemdefinition), "optimize" (zur Optimierung) und "solution" (zur Abfrage der optimalen Lösung) der "Small-Scale NLP/MIP Solver DLL Version 3.5" eingesetzt. Diese Funktionen lösen Probleme der nichtlinearen Programmierung mit der allgemeinen reduzierten Gradienten (GRG)-Methode. Eine kurze Erklärung zu diesen Funktionen bzw. zur Solver-DLL erfolgte bereits in Abschnitt 4.3.3.1.2 .

Wie bei NLP/SIM/FIFO-vN ist das Finden des globalen oder eines lokalen Optimums nicht gewährleistet, weil u.a. die Bedingung der Differenzierbarkeit aller Funktionen an jedem Punkt im zu lösenden Modell (4.74) nicht erfüllt ist.

Der Ablauf der Heuristik NLP/SIM/FIFO-vS ist dem Ablauf der NAG-Variante sehr ähnlich und sieht folgendermaßen aus:

(1) Einlesen der Eingabedaten: $E(\mathbf{D})$, $Cov(\mathbf{D})$, $\mathbf{b}$, $\mathbf{v}$, g, $\mathbf{u}$, $\mathbf{w}$, $\mathbf{q}$, $\mathbf{o}$, n und Startwert für $\mathbf{p}$

(2) Berechnung von $\hat{\mathbf{x}}_1 \ldots \hat{\mathbf{x}}_n$ und $\hat{\mathbf{z}}_1 \ldots \hat{\mathbf{z}}_n$ mit Algorithmus (4.75)

(3) Aufruf der Funktion "loadnlp" zur Problemdefinition mit folgenden Parametern:

- Name der Funktion, die den Wert der Zielfunktion mit Algorithmus (4.76) in Verbindung mit Algorithmus (4.77) bzw. (4.79) aufgrund der modifizierten Realisationen $\hat{\mathbf{x}}_1 \ldots \hat{\mathbf{x}}_n$ und $\hat{\mathbf{z}}_1 \ldots \hat{\mathbf{z}}_n$ für ein gegebenes $\mathbf{p}$ berechnet (schätzt) und ebenfalls die linke Seite der Budgetrestriktion ($\mathbf{v}^T \cdot \mathbf{p}$) berechnet,
- rechte Seite der Budgetrestriktion, d.h. maximales Gesamtbudget g,

- untere und obere Grenzen für die Entscheidungsvariablen **p**, d.h. 0 bzw. unendlich,
- Startwert für die Entscheidungsvariablen **p**.

(4) Aufruf der Funktion "optimize", die während der Optimierung laufend die an die Funktion "loadnlp" "übergebene Funktion", die den Wert der Zielfunktion mit Algorithmus (4.76) in Verbindung mit Algorithmus (4.77) bzw. (4.79) berechnet (schätzt) und die ebenfalls die linke Seite der Budgetrestriktion ($\mathbf{v}^T \cdot \mathbf{p}$) berechnet, mit den aktuellen Werten für **p** als Parameter zur Berechnung des Zielfunktionswertes, der linken Seite der Budgetrestriktion und der Gradienten aufruft.

(5) Aufruf der Funktion "solution", die die Optimierungsergebnisse liefert, d.h. für die Entscheidungsvariablen **p** werden jene Werte geliefert, die den Zielfunktionswert "aus Sicht" der Funktion "optimize" maximieren - dies wird jedoch kaum dem theoretischen Maximum entsprechen, sondern ist hoffentlich eine gute Lösung.

Der obige Ablauf von Heuristik NLP/SIM/FIFO-vS wurde in C++ unter Einbindung der oben genannten Funktionen der "Small-Scale NLP/MIP Solver DLL Version 3.5" programmiert und in das Programm OSATO-I eingebettet (siehe Abschnitt 4.4.5.1).

4.4.3.2.3 Heuristik EVO/SIM/FIFO

In der Heuristik EVO/SIM/FIFO wird ebenfalls der Zielfunktionswert mit Simulation (SIM) geschätzt und die Allokationsregel FIFO angenommen. Zur Lösungssuche wird jedoch der Evolutionary Solver (EVO) der "Small-Scale NLP/MIP Solver DLL Version 3.5" eingesetzt.

Im Benutzerhandbuch der "Small-Scale NLP/MIP Solver DLL Version 3.5" findet man unterem anderem folgende Erläuterungen zum Evolutionary Solver:

"The nonsmooth (Evolutionary) Solver, based on genetic or evolutionary algorithms, is the most general-purpose Solver "engine" in that it makes no assumptions about the mathematical form of the problem functions (objective and constraints): They may be linear, quadratic, smooth nonlinear, nonsmooth, or even discontinuous and nonconvex functions. Moreover, for smooth nonlinear problems where the GRG Solver is guaranteed to find only a locally optimal solution, the Evolutionary Solver can often find a better, globally optimal solution. Like the nonlinear Solver, it calls a function funceval() that you write to evaluate the objective and constraints for given values of the decision variables.

However, this generality comes at a considerable price of both speed and reliability. Unlike the Simplex and GRG Solvers which are deterministic optimization methods, the Evolutionary Solver is a nondeterministic method: Because it is based partly on random choices of trial solutions, it will often find a different "best solution" each time you run it, even if you haven't changed your problem at all. And unlike the Simplex and GRG Solvers, the Evolutionary Solver has no way of knowing for certain that a given solution is optimal – even "locally optimal." Similarly, the Evolutionary Solver has no way of knowing for certain whether it should stop, or continue searching for a better solution – it is forced to rely on tests for slow improvement in the solution to determine when to stop." (Frontline, 1999; S. 9)

Im oben genannten Benutzerhandbuch findet sich nur eine sehr allgemeine Beschreibung der Arbeitsweise von genetischen bzw. evolutionären Algorithmen (vgl. Frontline, 1999; S. 21f). Eine konkrete Beschreibung des im Evolutionary Solver eingesetzten Algorithmus fehlt leider.

Die Heuristik EVO/SIM/FIFO kann also auch nicht das Finden des globalen oder eines lokalen Optimums für unser Optimierungsmodell gewährleisten. Es werden wie in der Heuristik NLP/SIM/FIFO-vS die Funktionen "loadnlp" (zur Problemdefinition), "optimize" (zur Optimierung) und "solution" (zur Abfrage der optimalen Lösung) der "Small-Scale NLP/MIP Solver DLL Version 3.5" eingesetzt. Vor dem Aufruf der Funktion "optimize" muß der Solver DLL jedoch mit der Funktion "loadnltype" mitgeteilt werden, daß der Evolutionary Solver eingesetzt werden soll.

Der Ablauf der Heuristik EVO/SIM/FIFO ist mit dem Ablauf der Heuristik NLP/SIM/FIFO-vS bis auf den Aufruf der Funktion "loadnltype" vor der Funktion "optimize" völlig ident, wird daher hier nicht angeführt und wurde ebenfalls in C++ unter Einbindung der oben genannten Funktionen der "Small-Scale NLP/MIP Solver DLL Version 3.5" programmiert und in das Programm OSATO-I eingebettet (siehe Abschnitt 4.4.5.1).

Kommen wir nun zur Betrachtung der dritten und letzten Variante von Optimierungsmodell 2.

4.4.4 Variante 2.3 - Allokation der Bevorratungsmaterialien nach Prioritäten

Bei der Allokation der Bevorratungsmaterialien nach Prioritäten werden bei gegebenen Planbedarfen für die Bevorratungsmaterialien und gegebener Bedarfsrealisation für die Endprodukte zuerst dem Endprodukt mit der höchsten Priorität Bevorratungsmaterialien zugewiesen, die verbleibenden Bevorratungsmaterialien werden dann dem Endprodukt mit der zweithöchsten Priorität zugewiesen usw. Jedem Endprodukt wird also eine für die gesamte Planperiode gleichbleibende Priorität zugewiesen, die die Reihenfolge der Allokation der Bevorratungsmaterialien steuert.

Wie bei der optimalen Allokation der Bevorratungsmaterialien (siehe Abschnitt 4.4.2) wird auch bei der Allokation der Bevorratungsmaterialien nach Prioritäten von gegebenen Bedarfsrealisationen für die Endprodukte ausgegangen - es müssen also alle Endproduktbedarfe bzw. alle Kundenaufträge der betrachteten Periode zum Allokationszeitpunkt bekannt sein und daher kann die Allokation erst am Periodenende erfolgen, daher kann auch die Montage der Endprodukte erst am Periodenende erfolgen und auch die Auftragsablehnung oder -annahme nur zum Periodenende stattfinden. Da bei Einperiodenmodellen die Planungsperiode typischerweise relativ lang ist, ist es sehr fraglich ist, ob ein Einperiodenmodell mit der obigen Allokationsregel eine gute Unterstützung für unser praktisches Planungs- bzw. Entscheidungsproblem liefern kann. Bei Mehrperiodenmodellen sind die Perioden natürlich wesentlich kürzer und daher wäre eine Anwendung der obigen Allokationsregel schon eher denkbar.

Es wurde trotzdem eine Variante von Optimierungsmodell 2 für die obige Allokationsregel entwickelt, weil zum Zeitpunkt der Entwicklung der Heuristiken die ersten Tests mit den Heuristiken auch für die schnellste Variante der FIFO-Allokation sehr lange Rechenzeiten in Anspruch nahmen. Aufgrund dieser Rechenzeitprobleme entstand die Idee, daß sich vielleicht die Allokation nach Prioritäten, die vergleichsweise wenig Rechenzeit braucht, unter bestimmten Bedingungen für eine Näherung der FIFO-Allokation verwenden läßt. Diese "Notlösung" erwies sich jedoch später als nicht mehr notwendig, weil wir im Verlaufe der Arbeit einen wesentlich leistungsfähigeren Rechner zur Verfügung gestellt bekommen haben. Daher wird die Allokation nach Prioritäten bei unseren Simulationsexperimenten nicht betrachtet. Dennoch werden wir das dafür entwickelte Optimierungsmodell und Heuristiken zu dessen Lösung kurz präsentieren, weil bei größeren als in der Arbeit betrachteten Problemstellungen die Rechenzeit der Heuristiken für eine FIFO-Allokation wieder ein Thema werden könnte.

4.4.4.1 Mathematisches Modell

In unserem mathematischen Modell werden die Prioritäten der Endprodukte einfach durch den Index der Endprodukte dargestellt, d.h. je kleiner der Index des Endproduktes ist, um so höher ist seine Priorität. Die Verkaufsmengen der Endprodukte können dann mit folgender Formel ermittelt werden:

$$s_k = \min\left\{ \min_{\substack{1 \le i \le d, \\ b_{ik} > 0}} \left\{ \frac{p_i - \sum_{1 \le l \le k-1} s_l \cdot b_{il}}{b_{ik}} \right\}, \max\{D_k, 0\} \right\} \qquad \forall k = 1, \ldots, m \tag{4.80}$$

Es folgt eine kurze verbale Erläuterung von Formel (4.80). Die Verkaufsmenge s_k eines Endproduktes k ergibt sich aus dem Minimum von der maximalen Menge von k, die man aus den noch frei verfügbaren Bevorratungsmaterialien produzieren kann, und dem Bedarf von k bzw. 0, wenn der Bedarf von k negativ ist. Die Ermittlung der maximalen Produktionsmenge von k erfolgt folgendermaßen:

- Die noch frei verfügbare Menge eines Bevorratungsmaterials i für ein Endprodukt k erhält man, in dem man seinen Planbedarfe p_i um die Menge verringert, die für die Produktion der Verkaufsmengen aller Endprodukte mit höherer Priorität benötigt wird: $p_i - \sum_{1 \le l \le k-1} s_l \cdot b_{il}$
- Für jedes Bevorratungsmaterial i, das in das Endprodukt k eingeht $(b_{ik} > 0)$, muß die vorhin errechnete frei verfügbare Menge durch den Mengenfaktor b_{ik} dividiert werden, um zu ermitteln, für wieviel Stück von Endprodukt k Bevorratungsmaterial i noch reicht.
- Das Minimum dieser Berechnung für jedes in Endprodukt k eingehende Bevorratungsmaterial entspricht der maximalen Menge von k, die man aus den noch frei verfügbaren Bevorratungsmaterialien produzieren kann.

Aus Formel (4.80) und der obigen Beschreibung geht hervor, daß die Berechnung der Verkaufsmengen eines Endproduktes k die Berechnung der Verkaufsmengen der Endprodukte mit höher Priorität 1 bis k-1 voraussetzt.

Zu beachten ist, daß die im Abschnitt 4.4.1 genannten Mindestbedingungen für jede Allokationsregel (4.56) bis (4.58) in Gleichung (4.80) enthalten sind.

Wir können nun das Optimierungsmodell für die Allokation nach Prioritäten in folgender, sehr kompakter Form anschreiben:

Input: E(**D**), Cov(**D**), **b**, **v**, g, **u**, **w**, **q**

Optimierung:

$$\max_{\mathbf{p}} \mathrm{E}[e\ddot{u}] = \max_{\mathbf{p}} \mathrm{E}\left[\sum_{k=1}^{m} s_k \cdot (u_k - w_k) - \sum_{i=1}^{d}\left(p_i - \sum_{k=1}^{m} b_{ik} \cdot s_k\right) \cdot q_i\right]$$

$$\text{s.t.} \quad \sum_{i=1}^{d} v_i \cdot p_i \le g$$

$$p_i \ge 0 \qquad \forall i = 1,\ldots,d$$

$$s_k = \min\left\{\min_{\substack{1 \le i \le d,\\ b_{ik} > 0}} \left\{\frac{p_i - \sum_{1 \le l \le k-1} s_l \cdot b_{il}}{b_{ik}}\right\}, \max\{D_k, 0\}\right\} \qquad \forall k = 1,\ldots,m$$

Ouput: $\mathbf{p}_{\max}$, $\mathrm{E}[e\ddot{u}]$ bei $\mathbf{p}_{\max}$

bzw. in Matrixschreibweise: (4.81)

Input: E(**D**), Cov(**D**), **b**, **v**, g, **u**, **w**, **q**

Optimierung:

$$\max_{\mathbf{p}} \mathrm{E}[e\ddot{u}] = \max_{\mathbf{p}} \mathrm{E}\left[\mathbf{s}^{\mathrm{T}} \cdot (\mathbf{u} - \mathbf{w}) - (\mathbf{p} - \mathbf{b} \cdot \mathbf{s})^{\mathrm{T}} \cdot \mathbf{q}\right]$$

$$\text{s.t.} \quad \mathbf{v}^{\mathrm{T}} \cdot \mathbf{p} \le g$$

$$\mathbf{p} \ge \mathbf{0}$$

$$s_k = \min\left\{\min_{\substack{1 \le i \le d,\\ b_{ik} > 0}} \left\{\frac{p_i - \sum_{1 \le l \le k-1} s_l \cdot b_{il}}{b_{ik}}\right\}, \max\{D_k, 0\}\right\} \qquad \forall k = 1,\ldots,m$$

Ouput: $\mathbf{p}_{\max}$, $\mathrm{E}[e\ddot{u}]$ bei $\mathbf{p}_{\max}$

Im Modell (4.81) wird also der Erwartungswert des Erlösüberschusses unter der Prämisse maximiert, daß zuerst die Bevorratungsmaterialbedarfe von Endprodukt 1 befriedigt werden, dann von Produkt 2, 3 usw. Die Zusammensetzung des Erlösüberschusses *eü* wurde bereits zu Beginn von Abschnitt 4.4 diskutiert. Als Nebenbedingungen sind im Modell (4.81) die Budgetrestriktion (siehe Abschnitt 4.2.6), die Nichtnegativitätsbedingung für die Planbedarfe der Bevorratungsmaterialien und die Gleichung (4.80), die die Beziehung zwischen dem Periodenbedarf und der verkauften Menge eines Endproduktes bzw. die Allokationsregel definieren, angesetzt.

Obwohl Modell (4.81) im Vergleich zum Modell (4.74) mit der FIFO-Allokation "einfacher" zu lösen ist, weil die Reihenfolge der Kundenaufträge keine Rolle mehr spielt und damit wesentlich weniger Zufallsvariablen benötigt werden, ist wohl ebenfalls keine optimale Lösung für praxisrelevante Problemgrößen ermittelbar, weil Modell (4.81) neben den Zufallsvariablen auch noch die nicht-differenzierbaren Funktionen min{...} und max{...} aufweist. Wir beschränken uns deshalb wiederum auf Heuristiken zur Ermittlung von möglichst guten Lösungen.

4.4.4.2 Heuristiken zur Problemlösung

Wir werden versuchen für Optimierungsmodell (4.81) möglichst gute Lösungen zu finden, indem wir nicht für jede Realisation der Zufallsvariablen **D** die Verkaufsmengen s_k und die zugehörigen Erlösüberschüsse ermitteln und anschließend daraus den Erwartungswert des Erlösüberschusses berechnen, sondern nur eine Teilmenge der Realisationen von **D** betrachten.

Wie bei den bisher entwickelten Heuristiken ermitteln wir die betrachtete Teilmenge der Realisationen durch eine Zufallsauswahl mit Hilfe von Monte-Carlo-Methoden, d.h. durch eine Simulation der Zufallsvariablen.

Als erster Schritt werden wiederum die modifizierten Realisationen für **D** und **B** mit Algorithmus (4.75) berechnet und abgespeichert (siehe Abschnitt 4.4.3.2). Die Modifikation der Realisationen von **D** bzw. **B** hat keine Auswirkung auf das Optimierungsergebnis, bringt uns jedoch rechentechnische Vorteile (oftmaliges Ausführen der max-Funktion wird überflüssig).

Während der Optimierung (Lösungssuche) erfolgt laufend die Schätzung des Zielfunktionswertes für ein bestimmtes **p** mit Hilfe von Algorithmus (4.82):

Input: $\hat{\mathbf{x}}_1 \ldots \hat{\mathbf{x}}_n$, $\hat{\mathbf{z}}_1 \ldots \hat{\mathbf{z}}_n$, $\mathbf{p}$, n, $\mathbf{b}$, $\mathbf{u}$, $\mathbf{w}$, $\mathbf{q}$

$h = 0$

Repeat for $r = 1$ to n:

if $\hat{\mathbf{x}}_r \leq \mathbf{p}$ then

$$h = h + \hat{\mathbf{z}}_r^{\mathrm{T}} \cdot (\mathbf{u} - \mathbf{w}) - (\mathbf{p} - \hat{\mathbf{x}}_r)^{\mathrm{T}} \cdot \mathbf{q}$$

else

Repeat for $k = 1$ *to* m: (4.82)

$$s_{kr} = \min\left\{ \min_{\substack{1 \leq i \leq d, \\ b_{ik} > 0}} \left\{ \frac{p_i - \sum\limits_{1 \leq l \leq k-1} s_{lr} \cdot b_{il}}{b_{ik}} \right\}, \hat{z}_{kr} \right\}$$

$$h = h + \mathbf{s}_r^{\mathrm{T}} \cdot (\mathbf{u} - \mathbf{w}) - (\mathbf{p} - \mathbf{b} \cdot \mathbf{s}_r)^{\mathrm{T}} \cdot \mathbf{q}$$

$\hat{\mathrm{E}}[eü] = h/n$

Output: $\hat{\mathrm{E}}[eü]$ für $\mathbf{p}$

Wenn für alle Bevorratungsmaterialien der modifizierte realisierte Bedarf nicht größer als der Planbedarf ist ($\hat{\mathbf{x}}_r \leq \mathbf{p}$), dann ist die Ermittlung des Erlösüberschusses sehr einfach, weil die Verkaufsmengen $\mathbf{s}_r$ in diesem Fall den modifizierten realisierten Bedarfsmengen $\hat{\mathbf{z}}_r$ der Endprodukte entsprechen und somit eine Betrachtung der Allokationsentscheidungen nicht notwendig ist.

Bei einer Knappheit der Bevorratungsmaterialien ($\hat{\mathbf{x}}_r \leq \mathbf{p}$ ist nicht erfüllt) müssen hingegen die Verkaufsmengen $\mathbf{s}_r$ für die modifizierten realisierten Bedarfsmengen $\hat{\mathbf{z}}_r$ der Endprodukte durch eine Betrachtung der Allokationsentscheidungen ermittelt werden und dies ist schon rechenaufwendiger, aber im Vergleich zur FIFO-Allokation bei der Allokation nach Prioritäten wesentlich einfacher und schneller.

Bisher haben wir uns nur mit der Schätzung des Zielfunktionswertes für ein bestimmtes $\mathbf{p}$ beschäftigt. Jetzt stellt sich wiederum die Frage, mit welchem Algorithmus man im Lösungsraum nach möglichst guten Lösungen (Werten für $\mathbf{p}$) sucht? Je nach eingesetztem Algorithmus unterscheiden wir die Heuristiken NLP/SIM/PRIO-vN, NLP/SIM/PRIO-vS und EVO/SIM/PRIO, die in C++ programmiert und in das Programm OSATO-I (siehe Abschnitt 4.4.5.1) eingebettet wurden.

4.4.4.2.1 Heuristik NLP/SIM/PRIO-vN

Wie in der Heuristik NLP/SIM/FIFO-vN wird in der Heuristik NLP/SIM/PRIO-vN die Funktion "e04ucc" der NAG C Library (Mark 5) nur zur Suche nach guten Lösungen eingesetzt, weil das Finden des globalen oder eines lokalen Optimums u.a. aufgrund der nicht-differenzierbaren Funktionen min{...} und max{...} nicht gewährleistet werden kann. Der Zielfunktionswert wird ebenfalls mit Simulation ermittelt. Der einzige Unterschied ist, daß nun die Allokation der Bevorratungsmaterialien nach den Prioritäten der Endprodukte durchgeführt wird.

Der Ablauf der Heuristik NLP/SIM/PRIO-vN ist mit dem Ablauf der Heuristik NLP/SIM/FIFO-vN bis auf den Einsatz von Algorithmus (4.82) statt des Algorithmus (4.76) in Verbindung mit Algorithmus (4.77) bzw. (4.79) zur Schätzung des Zielfunktionswertes völlig ident und deshalb wird auf eine detaillierte Beschreibung des Ablaufs von Heuristik NLP/SIM/PRIO-vN verzichtet bzw. auf die Ablaufbeschreibung von NLP/SIM/FIFO-vN (siehe Abschnitt 4.4.3.2.1) verwiesen.

4.4.4.2.2 Heuristik NLP/SIM/PRIO-vS

Wie in der Heuristik NLP/SIM/FIFO-vS wird in der Heuristik NLP/SIM/PRIO-vS der NLP-Solver der "Small-Scale NLP/MIP Solver DLL Version 3.5" nur zur Suche nach guten Lösungen eingesetzt, weil das Finden des globalen oder eines lokalen Optimums u.a. aufgrund der nicht-differenzierbaren Funktionen min{...} und max{...} nicht gewährleistet werden kann. Der Zielfunktionswert wird ebenfalls mit Simulation ermittelt. Der einzige Unterschied ist, daß nun die Allokation der Bevorratungsmaterialien nach den Prioritäten der Endprodukte durchgeführt wird.

Der Ablauf der Heuristik NLP/SIM/PRIO-vS ist mit dem Ablauf der Heuristik NLP/SIM/FIFO-vS bis auf den Einsatz von Algorithmus (4.82) statt des Algorithmus (4.76) in Verbindung mit Algorithmus (4.77) bzw. (4.79) zur Schätzung des Zielfunktionswertes völlig ident und deshalb wird auf eine detaillierte Beschreibung des Ablaufs von Heuristik NLP/SIM/PRIO-vS verzichtet bzw. auf die Ablaufbeschreibung von NLP/SIM/FIFO-vS (siehe Abschnitt 4.4.3.2.2) verwiesen.

4.4.4.2.3 Heuristik EVO/SIM/PRIO

Wie in der Heuristik EVO/SIM/FIFO wird in der Heuristik EVO/SIM/PRIO der Evolutionary Solver der "Small-Scale NLP/MIP Solver DLL Version 3.5" zur Suche nach guten Lösungen eingesetzt und der Zielfunktionswert mit Simulation ermittelt. Der einzige Unterschied ist, daß nun die Allokation der Bevorratungsmaterialien nach den Prioritäten der Endprodukte durchgeführt wird.

Der Ablauf der Heuristik EVO/SIM/PRIO ist mit dem Ablauf der Heuristik EVO/SIM/FIFO bis auf den Einsatz von Algorithmus (4.82) statt des Algorithmus (4.76) in Verbindung mit Algorithmus (4.77) bzw. (4.79) zur Schätzung des Zielfunktionswertes völlig ident und deshalb wird auf eine detaillierte Beschreibung des Ablaufs von Heuristik EVO/SIM/PRIO verzichtet bzw. auf die Ablaufbeschreibung von EVO/SIM/FIFO (siehe Abschnitt 4.4.3.2.3) verwiesen.

4.4.5 Vergleich der Heuristiken mit Hilfe der Simulation

Wie wir in den vorangegangenen Abschnitten gesehen haben, ist die exakte Bestimmung von E(*eü*) - unabhängig von der eingesetzten Allokationsregel - nicht möglich und daher können alle drei Varianten von Optimierungsmodell 2 nicht optimal gelöst werden. Wir schätzen die E(*eü*)-Werte aufgrund einer Stichprobe, die wir mit Hilfe der Simulation der Zufallsvariablen für die Endproduktbedarfe erhalten, und versuchen mit den entwickelten Heuristiken zumindest möglichst gute Lösungen zu finden. Weil wir kein theoretisches Optimum für die drei Varianten von Optimierungsmodell 2 ermitteln können, müssen wir uns mit dem Vergleich der Heuristiken untereinander und dem Vergleich mit dem Ergebnis der Überplanungstechnik begnügen. Eine Verbesserung der mit der Überplanungstechnik erreichten E(*eü*)-Werte wäre bereits ein Fortschritt, weil es für praxisrelevante Problemgrößen noch keine besseren Methoden gibt.

Wir sprechen vom Vergleich "mit Hilfe der Simulation", weil wir die Zielfunktionswerte (E(*eü*)-Werte), die durch die Heuristiken bzw. die Überplanungstechnik erreicht werden, mit Algorithmus (4.76) in Verbindung mit Algorithmus (4.79) simulieren, d.h. aufgrund einer Stichprobe, die mit Hilfe der Simulation der Zufallsvariablen der Endproduktbedarfe gewonnen wurde, schätzen. Algorithmus (4.76) nimmt eine FIFO-Allokation der Bevorratungsmaterialien an, die mit Algorithmus (4.79) unter der Annahme, daß die Bestellmenge pro Kundenauftrag für alle Endprodukte gegen null strebt, umgesetzt wird.

Daraus ergibt sich, daß wir uns bei den Simulationsexperimenten auf die FIFO-Allokation der Bevorratungsmaterialien beschränken, bei der den Kundenaufträgen in der Reihenfolge ihres Eintreffens die vorproduzierten Bevorratungsmaterialien zugeordnet werden. Im Unterschied zur optimalen Allokation und der Allokation nach Endproduktprioritäten müssen bei der FIFO-Allokation zum Allokationszeitpunkt noch nicht alle Endproduktbedarfe bzw. Kundenaufträge bekannt sein, und dies erscheint uns insbesondere für Einperiodenmodelle am realistischsten.

Aus Rechenzeitgründen wurde zur Umsetzung der FIFO-Allokation der Algorithmus (4.79) dem Algorithmus (4.77) vorgezogen. Mehrere Tests (Vorsimulationen) haben ergeben, daß sich die Ergebnisse beider Algorithmen ohnehin kaum unterscheiden.

Bevor wir im Rahmen des dritten Teils der Fallstudie zur Landmaschinen AG die entwickelten Heuristiken anhand realer Betriebsdaten vergleichen bzw. anschließend die Heuristiken anhand einer "künstlich" konstruierten Produktfamilie testen, wird im folgenden Abschnitt die Implementierung der Heuristiken und der Schätzung (Simulation) der E(*eü*)-Werte in Computer-Progammen bzw. die Vorgehensweise bei deren Anwendung kurz beschrieben.

4.4.5.1 Implementierung bzw. Vorgehensweise

In diesem Abschnitt wird die Realisierung (Implementierung) der Heuristiken zur Lösung von Optimierungsmodell 2 und der Simulation der E(*eü*)-Werte überblicksmäßig beschrieben. Weiters wird die Vorgehensweise bei der Anwendung der entwickelten Programme kurz angesprochen. Für das Verständnis der Arbeit ist die Kenntnis der jetzt folgenden "technischen Details" nicht unbedingt erforderlich.

Die Berechnung (Schätzung) des Erwartungswertes des Erlösüberschusses bei gegebenem **p** und die Umsetzung der Heuristiken NLP/SIM/FIFO-vN, NLP/SIM/FIFO-vS, EVO/SIM/FIFO, NLP/SIM/PRIO-vN, NLP/SIM/PRIO-vS und EVO/SIM/PRIO erfolgte im Programm OSATO-I.

Der in OSATO-I implementierte Ablauf der vorhin genannten Heuristiken ist in den vorangegangenen Abschnitten beschrieben. Die Arbeitsweise von OSATO-I wurde bereits im Abschnitt 4.3.4.1 erläutert und läuft für die Berechnung (Schätzung) des Erwartungswertes des Erlösüberschusses bei gegebenem **p** und für die oben genannten

Heuristiken analog ab - statt dem aggregierten Servicelevel (ASL) wird natürlich der Erwartungswert des Erlösüberschusses ausgegeben, der bei der FIFO-Allokation mit Algorithmus (4.76) in Verbindung mit Algorithmus (4.77) bzw. (4.79) und bei der Allokation nach Prioritäten mit Algorithmus (4.82) geschätzt wird.

Für eine genaue Beschreibung des Ein- und Ausgabeformates von OSATO-I sei auf Anhang 6.1 verwiesen.

Weiters wurde das in Abschnitt 4.3.4.1 beschriebene MS-EXCEL-Blatt "UBB/ÜPT-Blatt" um die Eingabe der Erlöse **u** und der variablen Herstellkosten **w** für die Endprodukte und der Lagerhaltungskosten **q** für die Bevorratungsmaterialien erweitert.

In Zusammenhang mit dieser Form der Implementierung ergibt sich folgende Vorgehensweise für den Simulationsvergleich der oben genannten Heuristiken:

(1) Eintippen bzw. Übernahme der Eingabedaten E(**D**), Cov(**D**), **b**, **v**, **u**, **w**, **q** und aller $üps_k$ in das UBB/ÜPT-Blatt.

(2) Berechnung der Planbedarfe der Bevorratungsmaterialien, die sich nach der Überplanungstechnik ergeben, und des zugehörigen Gesamtbudgets *gü* für die Bevorratungsmaterialien im UBB/ÜPT-Blatt.

(3) Erstellung der Eingabedatei für OSATO-I. Dazu wird ein weiteres Blatt in MS-EXCEL 97 verwendet, daß die Daten von Blatt UBB/ÜPT in eine für OSATO-I lesbare Form bringt und um die Parameter für die durchzuführenden Versuche (Simulationen und Optimierungen) ergänzt. Um die Vergleichbarkeit der entwickelten Heuristiken mit der Überplanungstechnik zu gewährleisten, wird für *g* der Wert von *gü* eingesetzt. Nach Abspeicherung dieses weiteren Blattes im Textformat liegt eine fertige Eingabedatei für OSATO-I vor.

(4) Aufruf von OSATO-I mit der erstellten Eingabedatei. Bei einer größeren Anzahl von Versuchen wird die Ausgabe in eine Textdatei umgeleitet.

(5) Aufbereitung der Ergebnisse mit MS-ACCESS 97 und MS-EXCEL 97.

4.4.5.2 Fallstudie Landmaschinen AG - Teil 3

Im zweiten Teil der Fallstudie wurde mit den entwickelten Heuristiken für Optimierungsmodell 1 bei der Produktfamilie "Kleine Mähwerke" der Landmaschinen AG bei den meisten der angenommenen Planungsszenarien im Vergleich zur Überplanungstechnik eine merkbare ASL-Verbesserung erzielt.

Im dritten Teil der Fallstudie wollen wir für die Produktfamilie "Kleine Mähwerke" untersuchen, wie sich die Anwendung der für Optimierungsmodell 1 entwickelten Heuristiken auf den Erwartungswert des Erlösüberschusses auswirkt und ob mit den für Optimierungsmodell 2 entwickelten Heuristiken der Erwartungswert des Erlösüberschusses im Vergleich zur Überplanungstechnik gesteigert werden kann.

Zuerst werden wiederum die Bedingungen beschrieben, unter denen der Vergleich der entwickelten Heuristiken mit der Überplanungstechnik erfolgte.

4.4.5.2.1 Untersuchungsplanung

Wie im zweiten Teil der Fallstudie erfolgte der Vergleich der Heuristiken mit der Überplanungstechnik unter zwölf unterschiedlichen Ausprägungskombinationen für die Eingangsparameter. Dazu wurden die Planungsszenarien von Abschnitt 4.3.4.2.2 um jene Daten erweitert, die für die Berechnung des Erwartungswertes des Erlösüberschusses benötigt werden. Als Erlöse **u**, variable Herstellkosten **w** und daraus resultierende Deckungsbeiträge für die Endprodukte der Produktfamilie "Kleine Mähwerke" wurden die entsprechenden Daten des letzten Geschäftsjahres der Landmaschinen AG herangezogen, die in Tabelle 4.9 ersichtlich sind.

k	1	2	3	4	5	6	7	8	9	10
u_k	39660	25405	24270	25755	20658	23453	23355	25840	36048	45083
w_k	23796	15243	14562	15453	12395	14072	14013	15504	21629	27050
$u_k - w_k$	15864	10162	9708	10302	8263	9381	9342	10336	14419	18033

Tabelle 4.9: Erlöse, variable Herstellkosten und Deckungsbeiträge für die Endprodukte (in ATS)

Die Lagerkosten für die vorausproduzierten, aber nicht benötigten Bevorratungsmaterialien wurden vernachlässigt (alle q_i wurden mit null angesetzt). Wir wollten nicht durch den Ansatz von hohen Werten für **q** ein großes Optimierungspotential "künstlich erzeugen" - weil im Regelfall bei einer Verbesserung des Erwartungswertes des Deckungsbeitrages (=E(*eü*) ohne die obigen Lagerkosten) auch die erwarteten Endproduktverkaufsmengen steigen und damit die Erwartungswerte für die vorausproduzierten, aber nicht benötigten Bevorratungsmaterialien und auch die dafür anfallenden Lagerkosten sinken, wird das Optimierungspotential um so größer sein, je größer die Werte von **q** sind.

Als Allokationsregel für die Bevorratungsmaterialien wurde die FIFO-Allokation angenommen.

Die Werte der restlichen Eingangsparameter (Erwartungswertvektor der Endproduktbedarfe E(**D**), Kovarianzmatrix der Endproduktbedarfe Cov(**D**), Stücklistenmatrix **b**, variable Herstellkosten für die Bevorratungsmaterialien **v** und maximales Gesamtbudget für die variablen Herstellkosten der Bevorratungsmaterialien *g*) werden wie bei den zwölf Planungsszenarien in Abschnitt 4.3.4.2.2 angesetzt, d.h. E(**D**), **b** und **v** sind fixe Werte, Cov(**D**) und *g* werden über den Variationskoeffizienten der Endproduktbedarfe *vk* (10 %, 20% und 30 %) bzw. den Überplanungsprozentsatz der Endprodukte *üps* (0 %, 10 %, 20 % und 30 %) variiert.

Aufgrund der Schwierigkeiten bei der Ermittlung des Erwartungswertes des Erlösüberschusses und der Eigenart der Heuristiken NLP/SIM/FIFO-vN, NLP/SIM/FIFO-vS und EVO/SIM/FIFO ergeben sich noch weitere Eingangsparameter für den Simulationsvergleich:

(1) Bei der Schätzung des Erwartungswertes des Erlösüberschusses E(*eü*) nehmen wir an, daß die Bestellmenge pro Kundenauftrag für alle Endprodukte gegen null strebt - zur Schätzung von E(*eü*) wird Algorithmus (4.76) in Verbindung mit Algorithmus (4.79) eingesetzt. Die Stichprobengröße *n*, die die Anzahl der Realisationen der Zufallsvariablen **D** zur Schätzung von E(*eü*) angibt, wird wieder mit 500.000 festgelegt. Dieser Wert ergab sich aus den guten Erfahrungen mit dieser Stichprobengröße bei der Schätzung von ASL.

(2) Zur Schätzung des mit einer Heuristik erreichten E(*eü*)-Wertes wurden jeweils fünf Simulationswiederholungen mit unterschiedlichen Zufallszahlen gemacht. Das arithmetische Mittel der E(*eü*)-Werte dieser fünf Simulationswiederholungen ist die Punktschätzung, anhand derer wir die Heuristiken vergleichen. Weiters wurden aufgrund der fünf Simulationswiederholungen auch Konfidenzintervalle für E(*eü*)

berechnet, um Aussagen über die Genauigkeit der Schätzung von E(*eü*) treffen zu können.

(3) Weil die Heuristiken NLP/SIM/FIFO-vN, NLP/SIM/FIFO-vS und EVO/SIM/FIFO nicht das Finden des Optimums für E(*eü*) gewährleisten, wird die Qualität der gefundenen Lösungen von den Startwerten für die Entscheidungsvariablen **p** abhängen. Wir verwenden wiederum jeweils drei unterschiedliche Startwerte für **p**, nämlich die Werte für **p**, die sich aus der Überplanungstechnik, Heuristik NLP/UBB/ASL bzw. Heuristik LP/UBB/gleicheW ergeben.

(4) Die Qualität der Ergebnisse von NLP/SIM/FIFO-vN, NLP/SIM/FIFO-vS und EVO/SIM/FIFO hängt auch von den betrachten Realisationen (verwendeten Zufallszahlen) für die Zufallsvariable **D** ab, weil während eines Optimierungslaufes die gleichen Zufallszahlen eingesetzt werden. Für jede der drei Heuristiken wird die Anzahl der Optimierungswiederholungen mit unterschiedlichen Zufallszahlen mit drei festgelegt, wobei die Anzahl der Realisationen jeweils 300.000 beträgt. Im Vergleich zu Abschnitt 4.3.4.2.2 erfolgte eine Kürzung von fünf auf drei Optimierungswiederholungen und 500.000 auf 300.000 Realisationen. Grund dafür waren die langen Rechenzeiten der drei Heuristiken (im Vergleich zu den Heuristiken für eine ASL-Optimierung), deren Ursache in der sehr rechenzeitintensiven Allokation der Bevorratungsmaterialien liegt. In einer Voruntersuchung (in mehren Simulationsexperimenten mit den Heuristiken) hatte sich herausgestellt, daß eine Reduktion von 500.000 auf 300.000 Realisationen keine großen Auswirkungen auf die Qualität der gefundenen Lösung hatte.

Aus der obigen Beschreibung der Eingangsparameter ergibt sich, daß wir für jedes der zwölf Planungsszenarien

(1) für die Planbedarfe, die sich aus der Überplanungstechnik und den Heuristiken zur Optimierung von ASL (NLP/UBB/ASL, LP/UBB/gleicheW, NLP/SIM/ASL-vN und NLP/SIM/ASL-vS) ergaben, jeweils fünf Simulationswiederholungen zur Schätzung von E(*eü*) durchführen müssen,

(2) für die Heuristiken NLP/SIM/FIFO-vN, NLP/SIM/FIFO-vS und EVO/SIM/FIFO jeweils für drei unterschiedliche Startwert von **p** jeweils drei Optimierungswiederholungen mit unterschiedlichen Zufallszahlen durchführen müssen,

(3) für die Planbedarfe, die sich aus den obigen 3 x 3 x 3 = 27 Optimierungswiederholungen ergeben, jeweils fünf Simulationswiederholungen zur Schätzung von E(*eü*) durchführen müssen.

Für unseren Simulationsvergleich sind somit 12 x (5 x 5 + 27 x 5) = 1920 Simulationswiederholungen notwendig, anhand deren Ergebnisse wir im folgenden Abschnitt überprüfen wollen, ob die entwickelten Heuristiken für Optimierungsmodell 1 auch gute Ergebnisse für Optimierungsmodell 2 (für den Erwartungswert des Erlösüberschusses) liefern und ob mit den für Optimierungsmodell 2 entwickelten Heuristiken der Erwartungswert des Erlösüberschusses im Vergleich zur Überplanungstechnik gesteigert werden kann.

4.4.5.2.2 Simulationsergebnisse

4.4.5.2.2.1 Erreichter E(*eü*)-Wert der Heuristiken für Optimierungsmodell 1

Es sei darauf hingewiesen, daß in diesem Abschnitt nicht die Effizienz der Heuristiken für Optimierungsmodell 2 getestet wird, sondern untersucht wird, inwieweit sich die für Optimierungsmodell 1 zur Steigerung des ASL-Wertes entwickelten Heuristiken auch zur Steigerung des E(*eü*)-Wertes eignen.

Tabelle 4.10 zeigt die E(*eü*)-Werte (in 1.000 ATS), die mit den Heuristiken für Optimierungsmodell 1 (zur Optimierung von ASL) bei den 12 Planungsszenarien erreicht wurden. Die Spalten *üps* (Überplanungsprozentsatz) und *vk* (Variationskoeffizient der Endproduktbedarfe) geben das Planungsszenario an. Die Spalten ÜT, NLP/UBB/ASL und LP/UBB/gleicheW zeigen die E(*eü*)-Ergebnisse der Überplanungstechnik, der Heuristik NLP/UBB/ASL bzw. der Heuristik LP/UBB/gleicheW. Für die Heuristiken NLP/SIM/ASL-vS und NLP/SIM/ASL-vN sind jeweils drei Spalten angeführt, die pro Startwert (Planbedarfe der Überplanungstechnik, der Heuristik NLP/UBB/ASL bzw. der Heuristik LP/UBB/gleicheW) den erzielten E(*eü*)-Wert jenes Optimierungslaufes zeigen, der den höchsten ASL-Wert lieferte. Die angegebenen E(*eü*)-Werte sind das arithmetische Mittel der E(*eü*)-Werte von fünf Simulationswiederholungen mit unterschiedlichen Zufallszahlen (siehe Abschnitt 4.4.5.2.1). Der maximal erreichte E(*eü*)-Wert in jedem Planungsszenario ist fettgedruckt.

üps	*vk*	ÜT	NLP/ UBB/ ASL	LP/ UBB/ gleicheW	NLP/SIM/ASL-vS			NLP/SIM/ASL-vN		
					UT	NLP/ UBB/ ASL	LP/ UBB/ gleicheW	UT	NLP/ UBB/ ASL	LP/ UBB/ gleicheW
0	10	**31.714**	30.573	**31.714**	31.032	30.968	31.032	31.491	30.609	31.491
0	20	**30.420**	28.114	**30.420**	29.087	29.273	29.087	29.856	28.178	29.856
0	30	**29.130**	25.675	**29.130**	26.725	25.640	26.725	27.980	25.748	27.980
10	10	32.802	32.746	**32.844**	32.817	32.814	32.822	32.765	32.738	32.812
10	20	31.801	30.838	**31.844**	31.553	31.614	31.568	31.556	31.111	31.595
10	30	30.616	28.524	**30.655**	30.077	30.104	29.997	29.779	29.208	30.048
20	10	33.037	**33.055**	33.054	**33.055**	**33.055**	**33.055**	33.046	**33.055**	33.054
20	20	32.547	32.422	**32.628**	32.587	32.595	32.590	32.419	32.456	32.591
20	30	31.636	30.706	**31.724**	31.501	31.484	31.445	31.293	30.999	31.484
30	10	33.062	**33.063**	**33.063**	**33.063**	**33.063**	**33.063**	**33.062**	**33.063**	**33.063**
30	20	32.887	32.939	32.954	**32.957**	32.955	32.956	32.906	32.934	32.948
30	30	32.298	32.057	**32.409**	32.337	32.357	32.343	32.158	32.215	32.336

Tabelle 4.10: E(*eü*) der Heuristiken zur Optimierung von ASL bei den 12 Planungsszenarios (in 1.000 ATS)

Um Fehlinterpretationen der Simulationsergebnisse vorzubeugen, betrachten wir uns anlog zur Schätzung der ASL-Werte auch bei der E(*eü*)-Schätzung die Genauigkeit der Schätzungen mit der Kenngröße *lkr*:

$$lkr = \frac{\begin{array}{c}\text{Länge des Konfidenzintervalls}\\ \text{für den unbekannten Wert}\end{array}}{\begin{array}{c}\text{arithmetisches Mittel der}\\ \text{Werte der 5 Simulationsläufe}\end{array}} \cdot \frac{100}{2} \tag{4.83}$$

Bei der Berechnung der Länge des Konfidenzintervalls wurde unterstellt, daß die Punktschätzungen für E(*eü*) (E(*eü*)-Werte der 5 Simulationsläufe) einer Normalverteilung mit unbekannten Varianz folgen, und eine Sicherheitswahrscheinlichkeit von 95 % angenommen. Je kleiner *lkr* ist, je genauer ist die Schätzung. Für eine genauere Interpretation von *lkr* sei auf Abschnitt 4.3.4.2.3 verwiesen.

In Tabelle 4.11 wird *lkr* für die E(*eü*)-Werte von Tabelle 4.10 angegeben. *lkr*-Werte über 0,05 % sind in Tabelle 4.11 fettgedruckt.

üps	*vk*	ÜT	NLP/ UBB/ ASL	LP/ UBB/ gleicheW	NLP/SIM/ASL-vS			NLP/SIM/ASL-vN		
					UT	NLP/ UBB/ ASL	LP/ UBB/ gleicheW	UT	NLP/ UBB/ ASL	LP/ UBB/ gleicheW
0	10	0,0000	0,0342	0,0000	0,0000	0,0299	0,0000	0,0000	0,0000	0,0000
0	20	0,0240	0,0000	0,0240	**0,0517**	0,0000	**0,0517**	0,0000	0,0337	0,0000
0	30	0,0000	**0,0544**	0,0000	0,0000	**0,0566**	0,0000	0,0488	0,0311	0,0488
10	10	0,0000	0,0000	0,0000	0,0030	0,0000	0,0000	0,0000	0,0364	0,0492
10	20	0,0262	0,0000	0,0287	0,0278	0,0244	0,0245	0,0183	**0,0661**	**0,0526**
10	30	0,0289	0,0374	0,0191	0,0000	**0,0614**	**0,0552**	0,0464	0,0302	0,0499
20	10	0,0133	0,0000	0,0000	0,0000	0,0394	0,0000	0,0000	0,0387	0,0000
20	20	0,0422	0,0000	0,0353	0,0440	0,0196	0,0071	0,0000	0,0000	0,0000
20	30	**0,0527**	0,0429	0,0390	0,0154	0,0000	0,0415	0,0000	0,0441	0,0406
30	10	0,0000	0,0234	0,0000	0,0000	0,0500	0,0471	0,0000	0,0234	0,0000
30	20	0,0000	**0,0501**	0,0440	0,0202	0,0000	0,0327	0,0070	0,0000	0,0341
30	30	0,0000	0,0213	0,0329	0,0279	0,0000	0,0000	0,0000	0,0000	0,0000

Tabelle 4.11: Genauigkeit (*lkr*) der E(*eu*)-Schätzungen von Tabelle 4.10

In Tabelle 4.11 sieht man, daß die meisten E(*eü*)-Schätzungen einen *lkr*-Werte unter 0,05 % haben. Der maximale *lkr*-Wert beträgt 0,0661 %, das arithmetische Mittel 0,0195 %.

Wenden wir uns wieder den mit den Heuristiken erreichen E(*eü*)-Werten zu, ohne zu vergessen, daß es eben nur Schätzwerte sind. In Tabelle 4.12 werden die E(*eü*)-Werte (in 1.000 ATS) von Tabelle 4.10 weiter aufbereitet. Es werden die E(*eü*)-Ergebnisse der entwickelten Heuristiken mit denen der Überplanungstechnik verglichen. Die Spalte "E(*eü*)-Differenz absolut zur ÜT" gibt das Ergebnis von E(*eü*)-Wert der jeweiligen Heuristik minus E(*eü*)-Wert der Überplanungstechnik an. Die Spalte

"E(*eü*)-Differenz relativ in % zur ÜT" bezieht die errechnete absolute Differenz auf das E(*eü*)-Ergebnis der Überplanungsnechnik:

$$\text{E}(eü)\text{-Differenz relativ in \% zur ÜT} = \frac{\text{E}(eü)\text{-Differenz absolut zur ÜT}}{\text{E}(eü)\text{-Ergebnis der ÜT}} \cdot 100 \qquad (4.84)$$

Bei den Heuristiken NLP/SIM/ASL-vS und NLP/SIM/ASL-vN wurde nicht mehr nach den Startwerten für **p** unterschieden, sondern es wurden die Berechnungen nur noch für jenes Optimierungsergebnis durchgeführt, bei dem der ASL-Wert am höchsten war. Die höchste E(*eü*)-Differenz (absolut bzw. relativ) in jedem Planungsszenario ist fettgedruckt.

üps	*vk*	E(*eü*)-Differenz absolut zur ÜT				E(*eü*)-Differenz relativ in % zur ÜT			
		NLP/ UBB/ ASL	LP/ UBB/ gleicheW	NLP/ SIM/ ASL-vS	NLP/ SIM/ ASL-vN	NLP/ UBB/ ASL	LP/ UBB/ gleicheW	NLP/ SIM/ ASL-vS	NLP/ SIM/ ASL-vN
0	10	-1.141	**0**	-682	-223	-3,60	**0,00**	-2,15	-0,70
0	20	-2.306	**0**	-1.333	-564	-7,58	**0,00**	-4,38	-1,85
0	30	-3.455	**0**	-2.405	-1.150	-11,86	**0,00**	-8,26	-3,95
10	10	-56	**42**	15	10	-0,17	**0,13**	0,05	0,03
10	20	-963	**43**	-233	-206	-3,03	**0,14**	-0,73	-0,65
10	30	-2.092	**39**	-539	-568	-6,83	**0,13**	-1,76	-1,86
20	10	**18**	17	**18**	17	**0,05**	0,05	**0,05**	0,05
20	20	-125	**81**	48	44	-0,38	**0,25**	0,15	0,14
20	30	-930	**88**	-135	-152	-2,94	**0,28**	-0,43	-0,48
30	10	**1**	**1**	**1**	**1**	**0,00**	**0,00**	**0,00**	**0,00**
30	20	52	67	**68**	61	0,16	0,20	**0,21**	0,19
30	30	-241	**111**	45	38	-0,75	**0,34**	0,14	0,12

Tabelle 4.12: Differenz der E(*eü*)-Werte von Tabelle 4.10

In Tabelle 4.12 fallen folgende Sachverhalte auf:

(1) Heuristik NLP/SIM/ASL-vS liefert bei sechs der zwölf Planungsszenarien eine Verschlechterung des E(*eü*)-Wertes. Bei drei Szenarien bleibt der E(*eü*)-Wert nahezu gleich und bei drei weiteren liefert NLP/SIM/ASL-vS eine leichte Steigerung des E(*eü*)-Wertes.

(2) Bei Heuristik NLP/SIM/ASL-vN ergibt sich das gleiche Bild wie bei NLP/SIM/ASL-vS.

(3) Die Heuristik NLP/UBB/ASL liefert bei neun der zwölf Planungsszenarien eine Verschlechterung des E(*eü*)-Wertes. Bei zwei Szenarien bleibt der E(*eü*)-Wert nahezu gleich und nur bei einem Szenario ergab sich eine leichte Steigerung des E(*eü*)-Wertes.

(4) Die Heuristik LP/UBB/gleicheW liefert bei sieben der zwölf Planungsszenarien eine Verbesserung des E(*eü*)-Wertes. Bei den drei Planungsszenarien mit einem Überplanungsprozentsatz von 0 % liefert die Heuristik LP/UBB/gleicheW immer die gleichen Planbedarfe für die Bevorratungsmaterialien und damit auch den gleichen E(*eü*)-Wert wie die Überplanungstechnik - dies kann man auch mit der mathematischen Definition der Heuristik (siehe (4.42)) in Verbindung mit Gleichung (4.50) relativ leicht mathematisch beweisen. Bei zwei weiteren Szenarien bleibt der E(*eü*)-Wert nahezu gleich.

(5) Wenn man die Genauigkeit der Schätzung der E(*eü*)-Werte in Relation zu den Differenzen der E(*eü*)-Werte der einzelnen Heuristiken setzt, sind die obigen Aussagen in Hinblick auf die erreichte Genauigkeit der Schätzung der E(*eü*)-Werte relativ unproblematisch. Nur wenn die relative E(*eü*)-Differenz größer als 0,1 % bzw. kleiner als -0,1 % war, wurde von (leichter) Verbesserung bzw. Verschlechterung gesprochen.

Aus den Simulationsexperimenten kann man folgende Schlüsse ziehen:

(1) Die entwickelten Heuristiken zur Optimierung des aggregierten Servicelevels (ASL) müssen im Vergleich zur Überplanungstechnik zu keiner Verbesserung des E(*eü*)-Wertes bzw. können auch zu einer massiven Verschlechterung des E(*eü*)-Wertes führen.

(2) Heuristik LP/UBB/gleicheW lieferte in unserem Fallbeispiel sowohl gute ASL-Werte als auch kleine Verbesserungen bzw. zumindest keine Verschlechterungen bei den E(*eü*)-Werten. Dies dürfte auf den Umstand zurückzuführen sein, daß in dieser Heuristik der aggregierte Servicelevel ja nicht im eigentlichen Sinne maximiert wird, sondern ein möglichst hoher für jedes Bevorratungsmaterial gleicher Servicelevel angestrebt wird.

Es stellt sich die Frage, warum massive Verbesserungen beim ASL-Wert sogar zu großen Verschlechterungen beim E(*eü*)-Wert führen können? Die Erhöhung des Servicelevels eines Endproduktes ist um so kostengünstiger, je kleiner sein Erwartungswert des Bedarfes ist. Tabelle 4.5 zeigt uns, daß die Erwartungswerte der Bedarfe für die einzelnen Endprodukte sehr unterschiedlich sind (bei einem für alle Endprodukte gleichen Variationskoeffizienten der Bedarfe). Bei der vorliegenden Produkt- und Kostenstruktur wird eine "gute Heuristik" durch eine entsprechende Festlegung der Planbedarfe der Bevorratungsmaterialien den Servicelevel der Endprodukte mit kleinem Erwartungswert des Bedarfes zu Lasten der Endprodukte mit großem Erwartungswert des Bedarfes erhöhen, um den aggregierten Servicelevel zu bessern. Dies hat aber bei der vorliegenden Erlös- und Kostenstruktur oft negative Auswirkungen auf den Erwartungswert des Erlösüberschusses.

Betrachten wir uns beispielhaft das Szenario 0/30. Einer maximalen ASL-Differenz von +389 % für Heuristik NLP/SIM/ASL-vS (siehe Tabelle 4.8) steht eine E(*eü*)-Differenz von -8,26 % (siehe Tabelle 4.12) gegenüber. Tabelle 4.13 zeigt den Erwartungswert der Endproduktbedarfe und den Mittelwert der Endproduktverkaufsmengen, die sich aufgrund der Überplanungstechnik (ÜT) bzw. der Heuristik NLP/SIM/ASL-vS ergeben. Die Zeile "Veränderung", die sich aus Zeile "$\bar{s}_k$ bei NLP/SIM/ASL-vS" minus Zeile "$\bar{s}_k$ bei UT" ergibt, zeigt zwar nicht den Servicelevel der einzelnen Endprodukte (wurde nicht als Output der Simulationsexperimente definiert), läßt aber zumindest Rückschlüsse auf den Servicelevel zu und läßt in Verbindung mit Zeile "E(D_k)" vermuten, daß für Endprodukte mit kleinem (großem) Erwartungswert des Bedarfes der Servicelevel meist erhöht (verringert) wurde und dies zur Verschlechterung des E(*eü*)-Wertes führte.

k	1	2	3	4	5	6	7	8	9	10
$E(D_k)$	483,33	486,67	775	78,33	253,33	76,67	201,67	273,33	166,67	121,67
$\bar{s}_k$ bei ÜT	424,39	427,48	678,71	68,87	226,85	68,89	187,28	235,79	147,03	106,85
$\bar{s}_k$ bei NLP/ SIM/ ASL-vS	340,89	397,17	605,85	76,96	222,27	68,51	171,27	230,82	150,39	109,42
Veränderung	-83,50	-30,32	-72,86	8,09	-4,58	-0,38	-16,01	-4,97	3,36	2,57

Tabelle 4.13: Veränderung des Mittelwertes der Endproduktverkaufsmengen

Nachdem wir festgestellt haben, daß das Streben nach einem möglichst hohen aggregierten Servicelevel (ASL) nicht zu einer Verbesserung des E(*eü*)-Wertes führen muß, untersuchen wir im folgenden, ob wir mit den Heuristiken NLP/SIM/FIFO-vS, NLP/SIM/FIFO-vN und EVO/SIM/FIFO den E(*eü*)-Wert verbessern können.

4.4.5.2.2.2 Erreichter E(*eü*)-Wert der Heuristiken für Optimierungsmodell 2

Tabelle 4.14 zeigt die E(*eü*)-Werte (in 1.000 ATS), die mit der Überplanungstechnik, NLP/UBB/ASL, LP/UBB/gleicheW, NLP/SIM/FIFO-vS und NLP/SIM/FIFO-vN erreicht wurden. Die Spalten *üps* (Überplanungsprozentsatz) und *vk* (Variationskoeffizient der Endproduktbedarfe) geben das Planungsszenario an. Die Spalten ÜT, NLP/UBB/ASL und LP/UBB/gleicheW zeigen die E(*eü*)-Ergebnisse der Überplanungstechnik, der Heuristik NLP/UBB/ASL bzw. der Heuristik LP/UBB/ gleicheW. Für die Heuristiken NLP/SIM/FIFO-vS und NLP/SIM/FIFO-vN sind jeweils drei Spalten angeführt, die pro Startwert (Planbedarfe der Überplanungstechnik, der Heuristik NLP/UBB/ASL bzw. der Heuristik LP/UBB/gleicheW) den erreichten E(*eü*)-Wert zeigen. Die angegebenen E(*eü*)-Werte sind das arithmetische Mittel der E(*eü*)-Werte von fünf Simulationswiederholungen mit unterschiedlichen Zufallszahlen (siehe Abschnitt 4.4.5.2.1). Der maximal erreichte E(*eü*)-Wert in jedem Planungsszenario ist fettgedruckt.

Ergebnisse der Heuristik EVO/SIM/FIFO scheinen in dieser und den folgenden Tabellen nicht auf, weil diese Heuristik trotz einer wesentlich höheren Rechenzeit viel schlechtere E(*eü*)-Werte als NLP/SIM/FIFO-vS bzw. NLP/SIM/FIFO-vN lieferte und deshalb die Experimente mit dieser Heuristik aus Rechenzeitgründen abgebrochen wurden.

Obwohl die Heuristiken NLP/UBB/ASL und LP/UBB/gleicheW nicht zur Optimierung des E(*eü*)-Wertes entwickelt wurden, sind deren E(*eü*)-Ergebnisse trotzdem in den folgenden Tabellen zum Zwecke des Vergleichs angeführt, weil sie bei den bisherigen Experimenten (siehe Tabelle 4.12) meist die schlechtesten bzw. besten E(*eü*)-Werte lieferten. Außerdem stellen deren Ergebnisse neben der Überplanungstechnik die Startwerte für die Optimierung mit NLP/SIM/FIFO-vS bzw. NLP/SIM/FIFO-vN dar und geben somit den Ausgangspunkt für diese Optimierungen an.

üps	*vk*	ÜT	NLP/ UBB/ ASL	LP/ UBB/ gleicheW	NLP/SIM/FIFO-vS			NLP/SIM/FIFO-vN		
					UT	NLP/ UBB/ ASL	LP/ UBB/ gleicheW	UT	NLP/ UBB/ ASL	LP/ UBB/ gleicheW
0	10	31.714	30.573	31.714	**31.748**	30.573	**31.748**	31.735	31.129	31.735
0	20	30.420	28.114	30.420	**30.464**	29.592	**30.464**	30.441	29.289	30.441
0	30	29.130	25.675	29.130	**29.177**	26.428	**29.177**	29.130	27.913	29.130
10	10	32.802	32.746	32.844	32.808	32.806	**32.875**	32.822	32.831	32.844
10	20	31.801	30.838	31.844	31.832	31.028	31.844	31.841	31.431	**31.868**
10	30	30.616	28.524	30.655	30.632	28.565	30.655	30.629	29.730	**30.663**
20	10	33.037	33.055	33.054	33.046	**33.056**	**33.056**	33.040	**33.056**	33.054
20	20	32.547	32.422	32.628	32.570	32.568	**32.663**	32.567	32.579	32.631
20	30	31.636	30.706	31.724	31.658	30.707	**31.777**	31.632	31.543	31.739
30	10	33.062	**33.063**	**33.063**	33.062	**33.063**	**33.063**	33.062	**33.063**	**33.063**
30	20	32.887	32.939	32.954	32.913	32.940	32.963	32.898	**32.966**	32.956
30	30	32.298	32.057	32.409	32.345	32.064	**32.463**	32.340	32.342	32.443

Tabelle 4.14: Erreichter E(*eü*) der Heuristiken bei den 12 Planungsszenarios (in 1.000 ATS)

Um Fehlinterpretationen der Simulationsergebnisse vorzubeugen, wird wiederum zur Beurteilung der Genauigkeit der E(*eü*)-Schätzwerte die Kenngröße *lkr* mit Formel (4.83) berechnet. In Tabelle 4.15 wird *lkr* für die E(*eü*)-Werte von Tabelle 4.14 angegeben. Es wurde eine Sicherheitswahrscheinlichkeit von 95 % angenommen. *lkr*-Werte über 0,05 % sind in Tabelle 4.15 fettgedruckt.

üps	*vk*	ÜT	NLP/ UBB/ ASL	LP/ UBB/ gleicheW	NLP/SIM/FIFO-vS			NLP/SIM/FIFO-vN		
					UT	NLP/ UBB/ ASL	LP/ UBB/ gleicheW	UT	NLP/ UBB/ ASL	LP/ UBB/ gleicheW
0	10	0,0000	0,0342	0,0000	0,0180	0,0369	0,0180	0,0000	**0,0526**	0,0000
0	20	0,0240	0,0000	0,0240	0,0350	0,0298	0,0350	0,0000	0,0000	0,0000
0	30	0,0000	**0,0544**	0,0000	0,0000	0,0267	0,0000	0,0406	0,0000	0,0406
10	10	0,0000	0,0000	0,0000	0,0000	0,0112	0,0196	0,0084	**0,0507**	0,0000
10	20	0,0262	0,0000	0,0287	0,0431	0,0292	0,0339	0,0000	0,0473	0,0000
10	30	0,0289	0,0374	0,0191	0,0256	0,0000	0,0000	0,0470	0,0000	0,0000
20	10	0,0133	0,0000	0,0000	0,0000	0,0000	0,0405	0,0000	0,0403	0,0351
20	20	0,0422	0,0000	0,0353	**0,0593**	0,0000	0,0307	0,0000	0,0000	0,0372
20	30	**0,0527**	0,0429	0,0390	0,0000	0,0000	0,0000	0,0000	0,0352	0,0000
30	10	0,0000	0,0234	0,0000	0,0414	0,0234	0,0180	0,0000	0,0234	0,0000
30	20	0,0000	**0,0501**	0,0440	0,0362	0,0463	0,0000	0,0273	0,0382	0,0059
30	30	0,0000	0,0213	0,0329	0,0000	0,0000	0,0000	0,0000	0,0406	0,0395

Tabelle 4.15: Genauigkeit (*lkr*) der E(*eü*)-Schätzungen von Tabelle 4.14

In Tabelle 4.15 sieht man, daß die meisten E(*eü*)-Schätzungen einen *lkr*-Werte unter 0,05 % haben. Der maximale *lkr*-Wert beträgt 0,0593 %, das arithmetische Mittel liegt bei 0,018 %.

Wenden wir uns wieder den mit den Heuristiken erreichen E(*eü*)-Werten zu, ohne zu vergessen, daß es eben nur Schätzwerte sind. In Tabelle 4.16 werden die E(*eü*)-Werte (in 1.000 ATS) von Tabelle 4.14 weiter aufbereitet. Die Begriffe "E(*eü*)-Differenz absolut zur ÜT" und "E(*eü*)-Differenz relativ in % zur ÜT" wurden bereits weiter oben erklärt (siehe auch Formel (4.84)). Bei den Heuristiken NLP/SIM/ FIFO-vS und NLP/ SIM/FIFO-vN wurde nicht mehr nach den Startwerten für **p** unterschieden, sondern es wurden die Berechnungen nur noch für jenes Optimierungsergebnis durchgeführt, bei dem der E(*eü*)-Wert am höchsten war. Die höchste E(*eü*)-Differenz (absolut bzw. relativ) in jedem Planungsszenario ist fettgedruckt.

üps	*vk*	E(*eü*)-Differenz absolut zur ÜT				E(*eü*)-Differenz relativ in % zur ÜT			
		NLP/ UBB/ ASL	LP/ UBB/ gleicheW	NLP/ SIM/ FIFO-vS	NLP/ SIM/ FIFO-vN	NLP/ UBB/ ASL	LP/ UBB/ gleicheW	NLP/ SIM/ FIFO-vS	NLP/ SIM/ FIFO-vN
0	10	-1.141	0	**34**	21	-3,60	0,00	**0,11**	0,07
0	20	-2.306	0	**44**	21	-7,58	0,00	**0,14**	0,07
0	30	-3.455	0	**47**	0	-11,86	0,00	**0,16**	0,00
10	10	-56	42	**73**	42	-0,17	0,13	**0,22**	0,13
10	20	-963	43	43	**67**	-3,03	0,14	0,14	**0,21**
10	30	-2.092	39	39	**47**	-6,83	0,13	0,13	**0,15**
20	10	18	17	**19**	**19**	0,05	0,05	**0,06**	**0,06**
20	20	-125	81	**116**	84	-0,38	0,25	**0,36**	0,26
20	30	-930	88	**141**	103	-2,94	0,28	**0,45**	0,33
30	10	**1**	**1**	**1**	**1**	**0,00**	**0,00**	**0,00**	**0,00**
30	20	52	67	76	**79**	0,16	0,20	0,23	**0,24**
30	30	-241	111	**165**	145	-0,75	0,34	**0,51**	0,45

Tabelle 4.16: Differenz der E(*eü*)-Werte von Tabelle 4.14

In Tabelle 4.16 fallen folgende Sachverhalte auf:

(1) Heuristik NLP/SIM/FIFO-vS liefert bei zehn der zwölf Planungsszenarien eine (leichte) Verbesserung des E(*eü*)-Wertes. Bei zwei Szenarien bleibt der E(*eü*)-Wert nahezu gleich.

(2) Heuristik NLP/SIM/FIFO-vN liefert bei sieben der zwölf Planungsszenarien eine (leichte) Verbesserung des E(*eü*)-Wertes. Bei fünf Szenarien bleibt der E(*eü*)-Wert nahezu gleich.

(3) Bei sechs der zwölf Planungsszenarien konnte der mit Heuristik LP/UBB/gleicheW erzielte E(*eü*)-Wert mit Heuristik NLP/SIM/FIFO-vS oder Heuristik NLP/SIM/FIFO-vN leicht verbessert werden.

(4) Wenn man die Genauigkeit der Schätzung der E(*eü*)-Werte in Relation zu den Differenzen der E(*eü*)-Werte der einzelnen Heuristiken setzt, sind die obigen Aussagen in Hinblick auf die erreichte Genauigkeit der Schätzung der E(*eü*)-Werte relativ unproblematisch. Nur wenn die relative E(*eü*)-Differenz größer als 0,1 % war, wurde von (leichter) Verbesserung gesprochen.

Bei der Interpretation der obigen Beobachtungen ist folgendes zu beachten:

(1) Bei den in den Heuristiken NLP/SIM/FIFO-vS und NLP/SIM/FIFO-vN eingesetzten Algorithmen zur nichtlinearen Programmierung kann der Ablauf der Optimierung durch eine ganze Reihe von Parametern beeinflußt werden. Ein "Feintuning" dieser Parameter erfolgte nicht. Es kann daher nicht mit Sicherheit gesagt werden, daß für unser Optimierungsmodell 2 der in der Heuristik NLP/SIM/FIFO-vS eingesetzte GRG-Algorithmus dem in der Heuristik NLP/SIM/FIFO-vN eingesetzten SQP-Algorithmus in den meisten Fällen überlegen ist.

(2) Die Heuristik LP/UBB/gleicheW hat den Vorteil, daß Sie mit einfachsten Mitteln realisiert werden kann (z.B. in wenigen Minuten in MS-EXCEL) und die Rechenzeit im Sekundenbereich liegt. Um den mit ihr erreichten E(*eü*)-Wert zu ermitteln, ist jedoch die Implementierung eines (wenn auch sehr einfachen) Simulationsprogrammes erforderlich.

(3) Auf einem PC mit einem Pentium III-Prozessor mit 730 MHz betrug die mittlere Rechenzeit eines Optimierungslaufes mit NLP/SIM/FIFO-vS bzw. NLP/SIM/FIFO-vN 103 Minuten, die maximale Rechenzeit eines Optimierungslaufes von den insgesamt durchgeführten 216 Optimierungsläufen betrug 512 Minuten. Dies bedeutet im Vergleich zu den Heuristiken NLP/SIM/ASL-vS bzw. NLP/SIM/ASL-vN zwar eine Vervierzehnfachung der mittleren Rechenzeit, stellt aber insb. in Hinblick auf die Entwicklungen am Hardwaresektor kein Problem dar und relativiert in Verbindung mit den geringen Anschaffungskosten der eingesetzten Optimierungspakete (z. B. $750 USD Anschaffungskosten für die in NLP/SIM/ASL-vS eingesetzte "Small-Scale NLP/MIP Solver DLL Version 3.5" - Preisstand 1999) den Vorteil der einfachen Heuristik LP/UBB/gleicheW wieder.

Untersuchen wir nun, warum die E(*eü*)-Verbesserungen durch die Heuristiken NLP/SIM/FIFO-vS bzw. NLP/SIM/FIFO-vN nicht so deutlich (wie vielleicht erwartet) ausgefallen sind. Ist die "schlechte Performance" der entwickelten Heuristiken evtl. auf die große Anzahl von Bevorratungsmaterialien zurückzuführen? Je nach Gestalt der Zielfunktion sind 41 Entscheidungsvariablen für einen Algorithmus zur nichtlinearen Optimierung bereits oft kein kleines Problem mehr (auch wenn man den Zielfunktionswert exakt berechnen könnte). Um der obigen Frage nachzugehen, wurden die E(*eü*)-Optimierungsversuche für die zwölf Planungsszenarien wiederholt, wobei nicht mehr die ersten 41 aggregierten Bevorratungsmaterialien, sondern nur mehr die ersten zehn aggregierten Bevorratungsmaterialien, die sich aus der ABC-Analyse ergaben (siehe Abschnitt 4.3.4.2.1.2), berücksichtigt wurden. Mit dieser Verkürzung der Stücklistenmatrix von 41 auf zehn Zeilen verringert sich auch die Anzahl der Entscheidungsvariablen von 41 auf zehn. Die restlichen Eingangsparameter blieben unverändert. Für die Experimente mit dieser "verkürzten Stücklistenmatrix" zeigt Tabelle 4.17 den mit den Heuristiken erreichten E(*eü*)-Wert, Tabelle 4.18 die Genauigkeit der E(*eü*)-Schätzwerte und Tabelle 4.19 eine Aufbereitung der E(*eü*)-Werte von Tabelle 4.17. Der höchste E(*eü*)-Wert pro Planungsszenario, *lkr*-Werte über 0,05 % bzw. die höchste E(*eü*)-Differenz pro Planungsszenario ist bzw. sind wieder fettgedruckt.

üps	*vk*	ÜT	NLP/ UBB/ ASL	LP/ UBB/ gleicheW	NLP/SIM/FIFO-vS			NLP/SIM/FIFO-vN		
					UT	NLP/ UBB/ ASL	LP/ UBB/ gleicheW	UT	NLP/ UBB/ ASL	LP/ UBB/ gleicheW
0	10	32.013	31.660	32.013	**32.064**	31.683	**32.064**	32.050	31.987	32.050
0	20	30.999	30.332	30.999	**31.059**	30.468	**31.059**	31.056	30.696	31.056
0	30	29.986	28.977	29.986	**30.058**	28.987	**30.058**	30.026	29.819	30.026
10	10	32.883	32.879	32.900	32.898	32.882	32.908	32.902	**32.909**	32.900
10	20	32.157	31.846	32.144	32.187	31.848	**32.195**	32.191	32.175	32.159
10	30	31.264	30.617	31.226	31.304	30.627	31.290	**31.310**	31.203	31.242
20	10	33.045	33.056	33.055	33.052	33.056	33.056	33.049	**33.057**	33.055
20	20	32.705	32.694	32.740	32.734	32.693	**32.767**	32.738	32.763	32.740
20	30	32.055	31.791	32.063	32.122	31.865	**32.125**	32.083	32.104	32.065
30	10	33.062	**33.063**	**33.063**	33.062	**33.063**	**33.063**	33.062	**33.063**	**33.063**
30	20	32.941	32.969	32.979	32.976	32.970	**32.988**	32.956	32.980	32.980
30	30	32.531	32.479	32.580	32.531	32.486	32.607	32.575	**32.622**	32.576

Tabelle 4.17: Erreichter E(*eu*) der Heuristiken bei verkürzter Stücklistenmatrix (in 1.000 ATS)

üps	*vk*	ÜT	NLP/ UBB/ ASL	LP/ UBB/ gleicheW	NLP/SIM/FIFO-vS			NLP/SIM/FIFO-vN		
					UT	NLP/ UBB/ ASL	LP/ UBB/ gleicheW	UT	NLP/ UBB/ ASL	LP/ UBB/ gleicheW
0	10	0,0093	0,0342	0,0093	0,0000	0,0000	0,0000	0,0415	0,0376	0,0415
0	20	0,0000	0,0319	0,0000	0,0000	0,0433	0,0000	0,0335	0,0000	0,0335
0	30	0,0000	**0,0530**	0,0000	0,0368	0,0000	0,0368	0,0000	0,0000	0,0000
10	10	0,0000	0,0306	0,0309	0,0190	0,0102	**0,0565**	0,0000	0,0000	0,0309
10	20	0,0141	0,0449	0,0000	0,0000	0,0419	0,0000	0,0000	0,0000	0,0000
10	30	0,0319	0,0330	0,0408	0,0000	0,0000	0,0251	0,0421	0,0000	0,0360
20	10	0,0000	0,0317	0,0000	**0,0626**	0,0197	0,0361	0,0348	0,0147	0,0000
20	20	**0,0501**	0,0000	0,0000	0,0000	0,0000	0,0000	0,0275	0,0000	0,0000
20	30	0,0000	0,0087	0,0000	0,0000	0,0000	0,0244	**0,0691**	0,0000	0,0462
30	10	0,0000	0,0000	0,0000	0,0000	0,0000	0,0000	0,0000	0,0000	0,0000
30	20	0,0000	0,0243	0,0000	0,0098	0,0000	0,0497	0,0392	0,0122	0,0000
30	30	0,0000	0,0000	0,0126	0,0416	0,0000	0,0383	0,0078	0,0000	0,0318

Tabelle 4.18: Genauigkeit (*lkr*) der E(*eü*)-Schätzungen von Tabelle 4.17

In Tabelle 4.18 sieht man, daß die meisten E(*eü*)-Schätzungen einen *lkr*-Werte unter 0,05 % haben. Der maximale *lkr*-Wert beträgt 0,0691 %, das arithmetische Mittel liegt bei 0,015 %.

üps	*vk*	E(*eü*)-Differenz absolut zur ÜT				E(*eü*)-Differenz relativ in % zur ÜT			
		NLP/ UBB/ ASL	LP/ UBB/ gleicheW	NLP/ SIM/ FIFO-vS	NLP/ SIM/ FIFO-vN	NLP/ UBB/ ASL	LP/ UBB/ gleicheW	NLP/ SIM/ FIFO-vS	NLP/ SIM/ FIFO-vN
0	10	-353	0	**51**	37	-1,10	0,00	**0,16**	0,12
0	20	-667	0	**60**	57	-2,15	0,00	**0,19**	0,18
0	30	-1.009	0	**72**	40	-3,36	0,00	**0,24**	0,13
10	10	-4	17	25	**26**	-0,01	0,05	0,08	**0,08**
10	20	-311	-13	**38**	34	-0,97	-0,04	**0,12**	0,11
10	30	-647	-38	40	**46**	-2,07	-0,12	0,13	**0,15**
20	10	11	10	11	**12**	0,03	0,03	0,03	**0,04**
20	20	-11	35	**62**	58	-0,03	0,11	**0,19**	0,18
20	30	-264	8	**70**	49	-0,82	0,02	**0,22**	0,15
30	10	**1**	**1**	**1**	**1**	**0,00**	**0,00**	**0,00**	**0,00**
30	20	28	38	**47**	39	0,09	0,12	**0,14**	0,12
30	30	-52	49	76	**91**	-0,16	0,15	0,23	**0,28**

Tabelle 4.19: Differenz der E(*eü*)-Werte von Tabelle 4.17

Beim Vergleich von Tabelle 4.16 (E(*eü*)-Differenz bei 41 Bevorratungsmaterialien) mit Tabelle 4.19 (E(*eü*)-Differenz bei 10 Bevorratungsmaterialien) sieht man, daß die Verkürzung der Stücklistenmatrix (die Reduzierung von 41 auf zehn Entscheidungsvariablen) bei den drei Planungsszenarien mit einem *üps* von null Prozent zu einer sehr, sehr kleinen Verbesserung (wenn man überhaupt von einer Verbesserung in Anbetracht der Genauigkeit der Schätzungen sprechen kann), bei sechs Szenarien jedoch zu vergleichsweise größeren Verschlechterungen führte.

Die geringen E(*eü*)-Verbesserungen durch NLP/SIM/FIFO-vS und NLP/SIM/FIFO-vN in unserem Fallbeispiel können also nicht auf eine zu große Anzahl von Entscheidungsvariablen zurückgeführt werden. Die Ursache wird vielmehr in der Produkt-, Kosten- und Erlösstruktur liegen. Um dies zu verdeutlichen, wurden in Tabelle 4.20

die Daten der ABC-Analyse der Bevorratungsmaterialien (siehe Tabelle 6.1 von Anhang 6.2) für die betrachteten (ersten) 41 Bevorratungsmaterialien in der Art aufbereitet, daß Bevorratungsmaterialien, die in jeweils die gleiche Anzahl von Endprodukten eingehen, in Gruppen (Klassen) zusammengefaßt werden. Für jede dieser Gruppen ist in Tabelle 4.20 die Anzahl von Bevorratungsmaterialien, die ihr angehören, die Anzahl der Endprodukte, in die die Bevorratungsmaterialien (BVM) dieser Gruppe eingehen, und der relative Anteil der Bevorratungsmaterialien dieser Gruppe am gesamten Jahresbedarfswert aller 41 Bevorratungsmaterialien in % und kumuliert in % angegeben.

Anzahl Bevorratungs-materialien	Anzahl Endprodukte, in die die BVM eingehen	relativer Anteil am Jahresbedarfswert in %	kumulierter relativer Anteil am Jahres-bedarfswert in %
7	1	35,98	35,98
8	2	20,92	56,90
5	3	4,5	61,40
3	4	8,47	69,87
2	5	3,35	73,22
5	6	16,01	89,23
2	7	3,97	93,20
3	8	2,09	95,29
4	9	3,56	98,85
2	10	1,15	100

Tabelle 4.20: Klassifizierung der Bevorratungsmaterialien nach Anzahl der Endprodukte, in die sie eingehen

Aus Tabelle 4.20 ergibt sich, daß in unserem Fallbeispiel jene Bevorratungsmaterialien, die in relativ wenige Endprodukte eingehen ("Spezialteile"), im Vergleich zu den Bevorratungsmaterialien, die in relativ viele Endprodukte eingehen ("Gleichteile"), einen sehr großen Anteil am Jahresbedarfswert haben und dies dürfte sich nicht gut auf das Optimierungspotential auswirken, denn dann erlaubt eine Verringerung der Planbedarfe der "Gleichteile" keine ebenso große Erhöhung der Planbedarfe der "Spezialteile".

Weiters sei angemerkt, daß eine Erhöhung der Planbedarfe der "Spezialteile" zu Lasten der "Gleichteile" (auf genau diesem Prinzip beruht Heuristik LP/UBB/ gleicheW) nicht immer zu einer E(*eü*)-Verbesserung führen muß. Dies zeigt uns auch Tabelle 4.19. Für die Planungsszenarien 10/20 und 10/30 liefert die Heuristik LP/UBB/ gleicheW eine Verschlechterung des E(*eü*)-Wertes. Die wahrscheinliche Ursache dafür konnte nach eingehender, detaillierter Analyse der Simulationsergebnisse gefunden werden: Durch die Erhöhung der Planbedarfe der "Spezialteile" zu Lasten der "Gleichteile" kommt es zu einer Erhöhung der mittleren Verkaufsmengen der Endprodukte, in die viele "Spezialteile" eingehen, und zu einer Verringerung der Endprodukte, in die viele "Gleichteile" eingehen. Dies führte zu einer Verringerung des E(*eü*)-Wertes, weil bei den Produkten mit vielen "Spezialteilen" das Verhältnis Deckungsbeitrag zu variable Herstellkosten der notwendigen Bevorratungsmaterialien kleiner war als bei den Produkten mit vielen "Gleichteilen".

Die obigen Ausführungen verdeutlichen, daß das Verbesserungspotential des E(*eü*)-Wertes von vielen Faktoren (im Prinzip von allen Eingangsparametern) abhängt, und deshalb auch schwer im vorhinein abgeschätzt werden kann.

Im Falle der Produktfamilie "Kleine Mähwerke" vermutet der Autor, daß die relativ geringen Verbesserungen der E(*eü*)-Werte nicht auf eine "geringe Performance" der Heuristiken NLP/SIM/FIFO-vS bzw. NLP/SIM/FIFO-vN zurückzuführen ist, sondern auf eine ungünstige Produkt- und Kostenstruktur bzw. (schärfer formuliert) auf eine schlechte Modularisierung.

Es sei hier nochmals angemerkt, daß in den Simulationsexperimenten bei den Lagerkosten für die vorausproduzierten, aber nicht benötigten Bevorratungsmaterialien in Hinblick auf ein hohes Verbesserungspotential der ungünstigste Fall (alle q_i wurden mit null angesetzt) angenommen wurde. Wenn man die Werte für $\mathbf{q}$ höher ansetzt, dann dürften die mit den entwickelten Heuristiken erzielten E(*eü*)-Verbesserungen auch etwas höher ausfallen.

Wir werden uns in weiterer Folge (Abschnitt 4.4.5.3) eine Produktfamilie "künstlich" konstruieren, und zwar so, daß wir uns aufgrund der angenommenen Produkt-, Kosten- und Erlösstruktur ein größeres E(*eü*)-Verbesserungspotential als bei der Produktfamilie "Kleine Mähwerke" erwarten können, und sehen uns an, welche E(*eü*)-Verbesserung mit den entwickelten Heuristiken möglich ist. Zuvor untersuchen wir jedoch noch, welcher aggregierte Servicelevel für die Produktfamilie "Kleine Mähwerke" mit den für Optimierungsmodell 2 entwickelten Heuristiken erreicht werden kann.

4.4.5.2.2.3 Erreichter ASL-Wert der Heuristiken für Optimierungsmodell 2

Tabelle 4.21 zeigt die ASL-Werte, die bei einer Optimierung von E(*eü*) mit den Heuristiken NLP/SIM/FIFO-vS bzw. NLP/SIM/FIFO-vN in Abhängigkeit von den Startwerten erreicht wurden, und die ASL-Werte, die sich aufgrund der Überplanungstechnik und der Heuristiken NLP/UBB/ASL bzw. LP/UBB/gleicheW ergaben.

üps	*vk*	ÜT	NLP/ UBB/ ASL	LP/ UBB/ gleicheW	NLP/SIM/FIFO-vS			NLP/SIM/FIFO-vN		
					UT	NLP/ UBB/ ASL	LP/ UBB/ gleicheW	UT	NLP/ UBB/ ASL	LP/ UBB/ gleicheW
0	10	0,0029	0,0004	0,0029	0,0032	0,0004	0,0032	0,0036	0,0011	0,0036
0	20	0,0029	0,0004	0,0029	0,0031	0,0023	0,0031	0,0031	0,0008	0,0031
0	30	0,0029	0,0004	0,0029	0,0031	0,0010	0,0031	0,0029	0,0027	0,0029
10	10	0,2588	0,3401	0,3998	0,2655	0,3728	0,3871	0,2815	0,2644	0,3998
10	20	0,0498	0,0378	0,0788	0,0549	0,0453	0,0788	0,0556	0,0188	0,0906
10	30	0,0225	0,0113	0,0331	0,0233	0,0111	0,0331	0,0231	0,0170	0,0386
20	10	0,8453	0,9575	0,9533	0,8589	0,9593	0,9585	0,8516	0,9568	0,9555
20	20	0,2588	0,3401	0,3998	0,2689	0,3665	0,4195	0,2785	0,2691	0,4026
20	30	0,0966	0,0971	0,1565	0,0977	0,0971	0,1660	0,0966	0,1538	0,1660
30	10	0,9905	0,9996	0,9995	0,9910	0,9996	0,9995	0,9905	0,9996	0,9995
30	20	0,5937	0,7718	0,7777	0,6534	0,7715	0,7790	0,6083	0,7539	0,7857
30	30	0,2588	0,3402	0,3998	0,2817	0,3401	0,3981	0,3073	0,2794	0,4592

Tabelle 4.21: ASL-Ergebnisse der Heuristiken zur Optimierung von E(*eü*) bei den 12 Planungsszenarios

Tabelle 4.22 gibt Auskunft über die Genauigkeit der Schätzungen der ASL-Werte von Tabelle 4.21 (*lkr*-Werte über 1 % sind fettgedruckt).

üps	*vk*	ÜT	NLP/ UBB/ ASL	LP/ UBB/ gleicheW	NLP/SIM/FIFO-vS			NLP/SIM/FIFO-vN		
					UT	NLP/ UBB/ ASL	LP/ UBB/ gleicheW	UT	NLP/ UBB/ ASL	LP/ UBB/ gleicheW
0	10	**4,3755**	**1,4740**	**4,3755**	**3,9080**	**1,4403**	**3,9080**	**3,3083**	**4,2795**	**3,3083**
0	20	**4,3755**	**1,4403**	**4,3755**	**3,8976**	**4,4842**	**3,8976**	**3,9663**	**3,8336**	**3,9663**
0	30	**4,3755**	**1,4403**	**4,3755**	**3,9288**	**4,1317**	**3,9288**	**4,3755**	**2,6308**	**4,3755**
10	10	0,3104	0,2816	0,0602	0,2839	0,1736	0,1100	0,2524	0,1693	0,0692
10	20	0,5939	0,6955	0,5125	0,6639	**1,0588**	0,5141	0,5210	**1,0546**	0,4419
10	30	0,9292	**1,4195**	0,9596	0,7651	**1,0988**	0,9575	**1,0007**	**1,0307**	0,7333
20	10	0,0000	0,0399	0,0000	0,0000	0,0470	0,0460	0,0000	0,0321	0,0279
20	20	0,3104	0,2733	0,0602	0,2750	0,2541	0,1464	0,2570	0,1648	0,0571
20	30	0,5999	0,6335	0,5439	0,6275	0,6206	0,3771	0,5999	0,3491	0,4929
30	10	0,0000	0,0340	0,0000	0,0455	0,0340	0,0000	0,0000	0,0340	0,0000
30	20	0,0837	0,0585	0,0000	0,0589	0,0563	0,0364	0,0691	0,0555	0,0374
30	30	0,3062	0,2741	0,0644	0,3176	0,2763	0,0993	0,2097	0,2748	0,1344

Tabelle 4.22: Genauigkeit (*lkr*) der ASL-Schätzungen von Tabelle 4.21

Tabelle 4.23 ist eine Aufbereitung der ASL-Werte von Tabelle 4.21, wobei die Auswertung der ASL-Differenzen für die Heuristiken NLP/SIM/FIFO-vS und NLP/SIM/FIFO-vN nicht mehr getrennt nach Startwerte erfolgt, sondern nur mehr für jenen Startwert, bei dem der E(*eü*)-Wert maximal war.

üps	*vk*	ASL-Differenz absolut zur ÜT				ASL-Differenz relativ in % zur ÜT			
		NLP/ UBB/ ASL	LP/ UBB/ gleicheW	NLP/ SIM/ FIFO-vS	NLP/ SIM/ FIFO-vN	NLP/ UBB/ ASL	LP/ UBB/ gleicheW	NLP/ SIM/ FIFO-vS	NLP/ SIM/ FIFO-vN
0	10	-0,0025	0,0000	0,0002	0,0006	-85,6	0,0	8,5	22,0
0	20	-0,0025	0,0000	0,0002	0,0002	-85,6	0,0	5,5	6,0
0	30	-0,0025	0,0000	0,0001	0,0000	-85,6	0,0	4,3	0,0
10	10	0,0814	0,1410	0,1283	0,1410	31,4	54,5	49,6	54,5
10	20	-0,0120	0,0290	0,0290	0,0408	-24,1	58,2	58,2	81,8
10	30	-0,0112	0,0106	0,0106	0,0160	-49,8	46,9	46,9	71,1
20	10	0,1122	0,1080	0,1140	0,1114	13,3	12,8	13,5	13,2
20	20	0,0814	0,1410	0,1608	0,1438	31,5	54,5	62,1	55,6
20	30	0,0005	0,0598	0,0694	0,0694	0,5	61,9	71,8	71,8
30	10	0,0091	0,0090	0,0091	0,0091	0,9	0,9	0,9	0,9
30	20	0,1780	0,1840	0,1853	0,1602	30,0	31,0	31,2	27,0
30	30	0,0814	0,1410	0,1393	0,2004	31,5	54,5	53,8	77,5

Tabelle 4.23: Differenz der ASL-Werte von Tabelle 4.21

Ohne auf die einzelnen ASL-Werte einzugehen, kann man zu Tabelle 4.23 folgendes festhalten:

- In unserem Fallbeispiel lieferte eine Optimierung von E(*eü*) mit den Heuristiken NLP/SIM/FIFO-vS bzw. NLP/SIM/FIFO-vN meist auch eine Steigerung des ASL-Wertes.
- Die Steigerung des ASL-Wertes durch die Heuristiken NLP/SIM/FIFO-vS bzw. NLP/SIM/FIFO-vN ist zwar wesentlich geringer als bei den Heuristiken NLP/SIM/ASL-vS bzw. NLP/SIM/ASL-vN (vergleiche dazu Tabelle 4.23 mit Tabelle 4.8), kann aber mit den ASL-Steigerungen der Heuristik LP/UBB/gleicheW durchaus mithalten.

Kommen wir nun zur Anwendung der entwickelten Heuristiken auf die bereits im letzten Abschnitt erwähnten "künstlichen Produktfamilie".

4.4.5.3 Fallbeispiel "Künstliche Produktfamilie"

Nach den relativ kleinen E(*eü*)-Verbesserungen bei der Produktfamilie "Kleine Mähwerke" wird in diesem Abschnitt eine "künstliche" Produktfamilie konstruiert, und zwar so, daß wir uns aufgrund der angenommenen Produkt-, Kosten- und Erlösstruktur ein größeres E(*eü*)-Verbesserungspotential erwarten, und wir sehen uns an, welche E(*eü*)-Verbesserungen mit den entwickelten Heuristiken möglich sind.

4.4.5.3.1 Untersuchungsplanung

Wie bei der Produktfamilie "Kleine Mähwerke" erfolgte der Vergleich der Heuristiken mit der Überplanungstechnik unter zwölf unterschiedlichen Ausprägungskombinationen für die Eingangsparameter.

Der Erwartungswertvektor der Endproduktbedarfe E(**D**), die Erlöse **u** und die variablen Herstellkosten **w** der Endprodukte, die Stücklistenmatrix **b** und die variablen Herstellkosten für die Bevorratungsmaterialien **v** werden als fixe Werte angesehen. Die 12 Planungsszenarien entstehen wiederum durch eine Variation von *g* (maximales Gesamtbudget für die variablen Herstellkosten der Bevorratungsmaterialien) und der Kovarianzmatrix der Endproduktbedarfe Cov(**D**) über den Überplanungsprozentsatz der Endprodukte *üps* (0 %, 10 %, 20 % und 30 %) bzw. den Variationskoeffizienten der Endproduktbedarfe *vk* (10 %, 20% und 30 %) - das Vorgehen hierzu wurde bereits im Abschnitt 4.3.4.2.2 beschrieben.

Tabelle 4.24 zeigt den Erwartungswert der Endproduktbedarfe und die variablen Herstellkosten, Erlöse und Deckungsbeiträge für die Endprodukte. Für jedes der zehn Endprodukte wird E(D_k) mit 100 Stück angenommen. Die variablen Herstellkosten der Endprodukte **w** ergeben sich durch die Multiplikation der Summe der variablen Herstellkosten der in das jeweilige Endprodukt eingehenden Bevorratungsmaterialien (siehe Tabelle 4.25) mit dem Faktor 1,3.

$$w_k = 1{,}3 \cdot \sum_{i=1}^{10} b_{ik} \cdot v_i \qquad \forall k = 1,\dots,10 \tag{4.85}$$

Die variablen Herstellkosten eines Endproduktes wurden also um 30 % höher als die Summe der variablen Herstellkosten der eingehenden Bevorratungsmaterialien angenommen, weil die variablen Herstellkosten für die Montage und die Fertigungsschritte, die kundenauftragsbezogen erfolgen, bei den variablen Herstellkosten des Endproduktes enthalten sein müssen.

Der Erlös eines Endproduktes wurde folgendermaßen berechnet:

$$u_k = w_k \cdot \frac{5}{3} \qquad \forall k = 1,\ldots,10 \tag{4.86}$$

Es wurde also angenommen, daß das Verhältnis zwischen dem Erlös und den variablen Herstellkosten eines Endproduktes fünf zu drei beträgt.

k	1	2	3	4	5	6	7	8	9	10
$E(D_k)$	100	100	100	100	100	100	100	100	100	100
w_k	65.000	65.000	65.000	65.000	65.000	65.000	65.000	65.000	65.000	52.000
u_k	108.333	108.333	108.333	108.333	108.333	108.333	108.333	108.333	108.333	86.666
$u_k - w_k$	43.333	43.333	43.333	43.333	43.333	43.333	43.333	43.333	43.333	34.666

Tabelle 4.24: Erwartungswert des Bedarfes, variable Herstellkosten, Erlöse und DB für die Endprodukte in ATS

Tabelle 4.25 zeigt die Stücklistenmatrix **b**, die variablen Herstellkosten der Bevorratungsmaterialien **v** und eine ABC-Analyse für die Bevorratungsmaterialien nach den variablen Herstellkosten für den erwarteten Bedarf eines Bevorratungsmateriales. Jedes der zehn Endprodukte enthält das Bevorratungsmaterial 1 mit variablen Herstellkosten von 40.000. Die Endprodukte 1 bis 9 enthalten jeweils ein für sie ganz spezielles Bevorratungsmaterial mit variablen Herstellkosten von jeweils 10.000. Endprodukt 10 besteht nur aus dem Bevorratungsmaterial 1. Aus der ABC-Analyse erkennt man, daß die Produkt- und Kostenstruktur so angenommen wurde, daß der "Gleichteil" (Bevorratungsmaterial 1) gegenüber den "Spezialteilen" (Bevorratungsmaterial 2 bis 10) den wertmäßigen Hauptanteil stellt. Somit erlaubt im Gegensatz zur Produktfamilie "Kleine Mähwerke" eine Verringerung der Planbedarfe des "Gleichteils" eine größere Erhöhung der Planbedarfe der "Spezialteile" und wir erhoffen uns daher, eine größere E(*eü*)-Verbesserungen mit den entwickelten Heuristiken im Vergleich zur Überplanungstechnik. Der wertmäßige Anteil der "Spezialteile" wurde aber auch nicht so gering festgelegt, daß die "Spezialteile" vernachlässigt werden können - d.h. die Planbedarfe besser außerhalb des Optimierungsmodells mit einfachen Dispositionsmethoden (z. B. einem Bestellpunktsystem) festgelegt werden.

Stücklistenmatrix **b**											ABC-Analyse		
k / i	1	2	3	4	5	6	7	8	9	10	v_i	variable Herstellkosten für den erwarteten Bedarf	relativer Anteil in % kumuliert
1	1	1	1	1	1	1	1	1	1	1	40.000	40.000.000	81,63
2	1	0	0	0	0	0	0	0	0	0	10.000	1.000.000	83,67
3	0	1	0	0	0	0	0	0	0	0	10.000	1.000.000	85,71
4	0	0	1	0	0	0	0	0	0	0	10.000	1.000.000	87,76
5	0	0	0	1	0	0	0	0	0	0	10.000	1.000.000	89,80
6	0	0	0	0	1	0	0	0	0	0	10.000	1.000.000	91,84
7	0	0	0	0	0	1	0	0	0	0	10.000	1.000.000	93,88
8	0	0	0	0	0	0	1	0	0	0	10.000	1.000.000	95,92
9	0	0	0	0	0	0	0	1	0	0	10.000	1.000.000	97,96
10	0	0	0	0	0	0	0	0	1	0	10.000	1.000.000	100,00

Tabelle 4.25: Stücklistenmatrix, variable Herstellkosten der BVM, ABC-Analyse der BVM

Die Lagerkosten für die vorausproduzierten, aber nicht benötigten Bevorratungsmaterialien wurden wieder vernachlässigt (alle q_t wurden mit null angesetzt).

Als Allokationsregel für die Bevorratungsmaterialien wurde die FIFO-Allokation angenommen.

Die Eingangsparameter, die sich aufgrund der Schwierigkeiten bei der Ermittlung des Erwartungswertes des Erlösüberschusses und der Eigenart der Heuristiken NLP/SIM/FIFO-vN und NLP/SIM/FIFO-vS ergeben, werden wie beim dritten Teil der Fallstudie zur Landmaschinen AG (siehe Abschnitt 4.4.5.2.1) festgelegt und hier nochmals kurz zusammengefaßt:

(1) Bei der Schätzung des Erwartungswertes des Erlösüberschusses E(*eü*) nehmen wir an, daß die Bestellmenge pro Kundenauftrag für alle Endprodukte gegen null strebt - zur Schätzung von E(*eü*) wird Algorithmus (4.76) in Verbindung mit Algorithmus (4.79) eingesetzt. Die Stichprobengröße *n*, die die Anzahl der Realisationen der Zufallsvariablen **D** zur Schätzung von E(*eü*) angibt, wird wieder mit 500.000 festgelegt.

(2) Zur Schätzung des mit einer Heuristik erreichten E(*eü*)-Wertes wurden jeweils fünf Simulationswiederholungen mit unterschiedlichen Zufallszahlen gemacht. Das arithmetische Mittel der E(*eü*)-Werte dieser fünf Simulationswiederholungen ist die Punktschätzung, anhand derer wir die Heuristiken vergleichen. Weiters wurden aufgrund der fünf Simulationswiederholungen auch Konfidenzintervalle für E(*eü*) berechnet, um Aussagen über die Genauigkeit der Schätzung von E(*eü*) treffen zu können.

(3) Wir starten die Heuristiken NLP/SIM/FIFO-vN und NLP/SIM/FIFO-vS wiederum mit jeweils drei unterschiedliche Startwerte für **p**, nämlich die Werte für **p**, die sich aus der Überplanungstechnik, Heuristik NLP/UBB/ASL bzw. Heuristik LP/UBB/gleicheW ergeben.

(4) Für jede der zwei Heuristiken wird die Anzahl der Optimierungswiederholungen mit unterschiedlichen Zufallszahlen mit drei festgelegt, wobei die Anzahl der Realisationen jeweils 300.000 beträgt.

Aus der obigen Beschreibung der Eingangsparameter ergibt sich, daß wir für jedes der zwölf Planungsszenarien

(1) für die Heuristiken NLP/SIM/FIFO-vN und NLP/SIM/FIFO-vS jeweils für drei unterschiedliche Startwert von **p** jeweils drei Optimierungswiederholungen mit unterschiedlichen Zufallszahlen durchführen müssen,

(2) für die Planbedarfe, die sich aus den obigen 2 x 3 x 3 = 18 Optimierungswiederholungen ergeben, jeweils fünf Simulationswiederholungen zur Schätzung von E(*eü*) durchführen müssen.

Für unseren Simulationsvergleich sind somit 12 x 18 x 5 = 1080 Simulationswiederholungen notwendig, anhand derer Ergebnisse wir im folgenden Abschnitt überprüfen wollen, ob mit den für Optimierungsmodell 2 entwickelten Heuristiken der Erwartungswert des Erlösüberschusses im Vergleich zur Überplanungstechnik gesteigert werden kann.

Die Heuristik EVO/SIM/FIFO wurde im Simulationsvergleich nicht berücksichtigt, weil sich bei den Experimenten mit der Produktfamilie "Kleine Mähwerke" herausstellte, daß diese Heuristik trotz einer wesentlich höheren Rechenzeit viel schlechtere E(*eü*)-Werte als NLP/SIM/FIFO-vS bzw. NLP/SIM/FIFO-vN lieferte und deshalb die Experimente mit dieser Heuristik aus Rechenzeitgründen abgebrochen wurden.

4.4.5.3.2 Simulationsergebnisse

Tabelle 4.26 zeigt die E(*eü*)-Werte (in 1.000 ATS), die mit der Überplanungstechnik, NLP/UBB/ASL, LP/UBB/gleicheW, NLP/SIM/FIFO-vS und NLP/ SIM/FIFO-vN erreicht wurden. Die Spalten *üps* (Überplanungsprozentsatz) und *vk* (Variationskoeffizient der Endproduktbedarfe) geben das Planungsszenario an. Die Spalten ÜT, NLP/ UBB/ASL und LP/UBB/gleicheW zeigen die E(*eü*)-Ergebnisse der Überplanungstechnik, der Heuristik NLP/UBB/ASL bzw. der Heuristik LP/UBB/ gleicheW. Für die Heuristiken NLP/SIM/FIFO-vS und NLP/SIM/FIFO-vN sind jeweils drei Spalten angeführt, die pro Startwert (Planbedarfe der Überplanungstechnik, der Heuristik NLP/ UBB/ASL bzw. der Heuristik LP/UBB/gleicheW) den erreichten E(*eü*)-Wert zeigen. Die angegebenen E(*eü*)-Werte sind das arithmetische Mittel der E(*eü*)-Werte von fünf Simulationswiederholungen mit unterschiedlichen Zufallszahlen (siehe Abschnitt 4.4.5.3.1). Der maximal erreichte E(*eü*)-Wert in jedem Planungsszenario ist fettgedruckt.

Obwohl die Heuristiken NLP/UBB/ASL und LP/UBB/gleicheW nicht zur Optimierung des E(*eü*)-Wertes entwickelt wurden, sind deren E(*eü*)-Ergebnisse trotzdem in den folgenden Tabellen zum Zwecke des Vergleichs angeführt. Außerdem stellen deren Ergebnisse neben der Überplanungstechnik die Startwerte für die Optimierung mit NLP/SIM/FIFO-vS bzw. NLP/SIM/FIFO-vN dar und geben somit den Ausgangspunkt für diese Optimierungen an.

üps	*vk*	ÜT	NLP/ UBB/ ASL	LP/ UBB/ gleicheW	NLP/SIM/FIFO-vS			NLP/SIM/FIFO-vN		
					UT	NLP/ UBB/ ASL	LP/ UBB/ gleicheW	UT	NLP/ UBB/ ASL	LP/ UBB/ gleicheW
0	10	40.909	40.891	40.909	40.922	**41.452**	40.922	41.410	41.409	41.410
0	20	39.345	39.313	39.345	39.346	40.411	39.346	**40.413**	40.411	**40.413**
0	30	37.785	37.733	37.785	37.785	39.328	37.785	39.336	**39.353**	39.336
10	10	42.143	42.446	42.447	42.450	**42.451**	42.447	42.450	42.450	42.447
10	20	40.937	41.859	41.911	**42.051**	42.047	41.911	42.047	42.050	42.049
10	30	39.508	40.695	40.856	41.264	41.258	40.856	41.260	41.263	**41.275**
20	10	42.434	**42.466**	**42.466**	42.445	**42.466**	**42.466**	**42.466**	**42.466**	**42.466**
20	20	41.818	42.426	42.425	**42.436**	**42.436**	42.425	**42.436**	42.434	42.425
20	30	40.700	42.052	42.062	42.162	42.165	42.063	42.166	**42.168**	42.161
30	10	42.465	**42.466**	**42.466**	42.465	**42.466**	**42.466**	**42.466**	**42.466**	**42.466**
30	20	42.235	42.465	42.465	42.261	**42.466**	42.465	42.465	42.465	42.465
30	30	41.485	42.408	42.407	**42.420**	**42.420**	42.407	**42.420**	42.417	42.411

Tabelle 4.26: Erreichter E(*eü*) der Heuristiken bei den 12 Planungsszenarios (in 1.000 ATS)

Um Fehlinterpretationen der Simulationsergebnisse vorzubeugen, wird wiederum zur Beurteilung der Genauigkeit der E(*eü*)-Schätzwerte die Kenngröße *lkr* mit Formel (4.83) berechnet. In Tabelle 4.27 wird *lkr* für die E(*eü*)-Werte von Tabelle 4.26 angegeben. Es wurde eine Sicherheitswahrscheinlichkeit von 95 % angenommen. *lkr*-Werte über 0,05 % sind in Tabelle 4.27 fettgedruckt.

In Tabelle 4.27 sieht man, daß die meisten E(*eü*)-Schätzungen einen *lkr*-Werte unter 0,05 % haben. Der maximale *lkr*-Wert beträgt 0,0627 %, das arithmetische Mittel liegt bei 0,0197 %.

üps	*vk*	ÜT	NLP/ UBB/ ASL	LP/ UBB/ gleicheW	NLP/SIM/FIFO-vS			NLP/SIM/FIFO-vN		
					UT	NLP/ UBB/ ASL	LP/ UBB/ gleicheW	UT	NLP/ UBB/ ASL	LP/ UBB/ gleicheW
0	10	0,0237	**0,0506**	0,0237	0,0000	0,0000	0,0000	0,0000	0,0479	0,0000
0	20	0,0000	0,0000	0,0000	0,0382	0,0000	0,0382	0,0421	0,0000	0,0421
0	30	0,0259	0,0000	0,0259	0,0000	**0,0533**	0,0000	0,0000	0,0418	0,0000
10	10	0,0352	0,0000	0,0000	0,0175	0,0000	0,0456	0,0000	0,0208	0,0000
10	20	0,0000	0,0451	0,0401	0,0000	0,0119	**0,0587**	0,0298	0,0383	0,0000
10	30	0,0000	0,0460	0,0065	0,0000	0,0000	**0,0571**	0,0086	0,0000	0,0464
20	10	0,0000	0,0387	0,0297	0,0480	0,0387	0,0297	0,0000	0,0387	0,0297
20	20	0,0432	0,0000	0,0000	0,0103	0,0000	**0,0521**	0,0439	0,0265	0,0000
20	30	0,0136	0,0097	0,0364	0,0365	0,0000	0,0330	0,0000	**0,0598**	0,0000
30	10	0,0475	0,0000	0,0000	0,0475	0,0000	0,0000	0,0000	0,0000	0,0000
30	20	**0,0551**	0,0392	0,0117	0,0359	0,0247	0,0117	0,0344	**0,0583**	0,0117
30	30	0,0000	**0,0627**	0,0000	0,0394	0,0215	0,0000	0,0327	0,0183	0,0000

Tabelle 4.27: Genauigkeit (*lkr*) der E(*eü*)-Schätzungen von Tabelle 4.26

In Tabelle 4.28 werden die E(*eü*)-Werte (in 1.000 ATS) von Tabelle 4.26 weiter aufbereitet. Die Begriffe "E(*eü*)-Differenz absolut zur ÜT" und "E(*eü*)-Differenz relativ in % zur ÜT" wurden bereits in Abschnitt 4.4.5.2.2.1 erklärt (siehe auch Formel (4.84)). Bei den Heuristiken NLP/SIM/FIFO-vS und NLP/SIM/FIFO-vN wurde nicht mehr nach den Startwerten für **p** unterschieden, sondern es wurden die Berechnungen nur noch für jenes Optimierungsergebnis durchgeführt, bei dem der E(*eü*)-Wert am höchsten war. Die höchste E(*eü*)-Differenz (absolut bzw. relativ) in jedem Planungsszenario ist fettgedruckt.

üps	*vk*	E(*eü*)-Differenz absolut zur ÜT				E(*eü*)-Differenz relativ in % zur ÜT			
		NLP/ UBB/ ASL	LP/ UBB/ gleicheW	NLP/ SIM/ FIFO-vS	NLP/ SIM/ FIFO-vN	NLP/ UBB/ ASL	LP/ UBB/ gleicheW	NLP/ SIM/ FIFO-vS	NLP/ SIM/ FIFO-vN
0	10	-18	0	**543**	501	-0,04	0,00	**1,33**	1,22
0	20	-32	0	1.066	**1.068**	-0,08	0,00	2,71	**2,71**
0	30	-52	0	1.543	**1.568**	-0,14	0,00	4,08	**4,15**
10	10	303	304	**308**	307	0,72	0,72	**0,73**	0,73
10	20	922	974	**1.114**	1.113	2,25	2,38	**2,72**	2,72
10	30	1.187	1.348	1.756	**1.767**	3,00	3,41	4,44	**4,47**
20	10	**32**	**32**	**32**	**32**	**0,08**	**0,08**	**0,08**	**0,08**
20	20	608	607	**618**	**618**	1,45	1,45	**1,48**	**1,48**
20	30	1.352	1.362	1.465	**1.468**	3,32	3,35	3,60	**3,61**
30	10	**1**	**1**	**1**	**1**	**0,00**	**0,00**	**0,00**	**0,00**
30	20	230	230	**231**	230	0,54	0,54	**0,55**	0,54
30	30	923	922	**935**	**935**	2,22	2,22	**2,25**	**2,25**

Tabelle 4.28: Differenz der E(*eü*)-Werte von Tabelle 4.26

Nach Betrachtung der Tabelle 4.28 können wir festhalten, daß (wie erwartet bzw. erhofft) die Heuristiken NLP/SIM/FIFO-vS und NLP/SIM/FIFO-vN bei der "künstlichen Produktfamilie" deutlich größere E(*eü*)-Verbesserungen erzielen als bei der Produktfamilie "Kleine Mähwerke" (siehe Tabelle 4.16).

In Tabelle 4.28 fällt insbesondere auch das ausgezeichnete Abschneiden der Heuristik LP/UBB/gleicheW auf - eine Ausnahme stellen nur die Planungsszenarien mit einem Überplanungsprozentsatz von null dar, bei dem LP/UBB/gleicheW definitionsgemäß die gleichen Planbedarfe liefert als die Überplanungstechnik.

Auch die Heuristik NLP/UBB/ASL schneidet bis auf die Szenarien mit einem *üps* von null Prozent ausgezeichnet ab.

Das gute Abschneiden von LP/UBB/gleicheW und NLP/UBB/ASL dürfte wohl auf die Produktstruktur zurückzuführen sein - die Bedarfe der neun "Spezialteile" korrelieren untereinander nicht, sondern nur jeweils mit dem Bedarf des "Gleichteils" - insgesamt bestehen also geringe Korrelationen zwischen den Bedarfen der Bevorratungsmaterialien - die Vernachlässigung der Korrelationen zwischen den Bedarfen der Bevorratungsmaterialien bei LP/UBB/gleicheW und NLP/UBB/ASL wirkt sich nicht so nachteilig aus.

Im folgenden Abschnitt werden die Ergebnisse aller Simulationsexperimente der Arbeit zusammengefaßt.

5 Zusammenfassung der Simulationsexperimente und Ausblick

Im Rahmen unserer Modellannahmen konnte für die Produktfamilie "Kleine Mähwerke" der aggregierte Servicelevel (ASL) mit den Heuristiken NLP/SIM/ASL-vN und NLP/SIM/ASL-vS gegenüber der Überplanungstechnik in den meisten Fällen (Planungsszenarien) stark gesteigert werden (siehe Tabelle 4.8 von Abschnitt 4.3.4.2.3). Das der Einsatz dieser Heuristiken zur Maximierung des aggregierten Servicelevels nicht unbedingt zu einer Erhöhung des Erwartungswertes des Erlösüberschusses (E(*eü*)) führen muß, sondern den E(*eü*) im Vergleich zur Überplanungstechnik auch verringern kann, haben wir für die Produktfamilie "Kleine Mähwerke" im Abschnitt 4.4.5.2.2.1 (siehe Tabelle 4.12) gesehen.

Der Erwartungswert des Erlösüberschusses (E(*eü*)) konnte für die Produktfamilie "Kleine Mähwerke" mit den Heuristiken NLP/SIM/FIFO-vN und NLP/SIM/FIFO-vS gegenüber der Überplanungstechnik in den meisten Fällen leicht gesteigert werden (siehe Tabelle 4.16 von Abschnitt 4.4.5.2.2.2). Die Maximierung des E(*eü*)-Wertes mit diesen Heuristiken führte auch zu einer beträchtlichen Erhöhung der ASL-Werte im Vergleich zu Überplanungstechnik (siehe Tabelle 4.23 von Abschnitt 4.4.5.2.2.3).

Daß die E(*eü*)-Verbesserungen bei der Produktfamilie "Kleine Mähwerke" eher gering ausgefallen sind, ist wahrscheinlich nicht auf die "schlechte Performance" der Heuristiken NLP/SIM/FIFO-vN und NLP/SIM/FIFO-vS zurückzuführen, sondern auf die "ungünstige" Produkt- und Kostenstruktur dieser Produktfamilie ("Spezialteile" haben im Vergleich zu den "Gleichteilen" einen großen Wertanteil; siehe Tabelle 4.20 von Abschnitt 4.4.5.2.2.2). Daß die Heuristiken NLP/SIM/FIFO-vN und NLP/SIM/FIFO-vS bei einer "günstigeren" Produkt- und Kostenstruktur im Vergleich zur Überplanungstechnik größere E(*eü*)-Verbesserungen erzielen können, wurde mit einer "künstlich" konstruierten Produktfamilie gezeigt (siehe Tabelle 4.28 von Abschnitt 4.4.5.3.2).

Die Heuristik LP/UBB/gleicheW lieferte für die Produktfamilie "Kleine Mähwerke" im Vergleich zur Überplanungstechnik meist eine Verbesserung der ASL-Werte (siehe Tabelle 4.8 von Abschnitt 4.3.4.2.3) und auch eine Verbesserung der E(*eü*)-Werte (siehe Tabelle 4.12 von Abschnitt 4.4.5.2.2.1). Bei den Experimenten mit der verkürzten Stücklistenmatrix (nur zehn Bevorratungsmaterialien) trat beim Einsatz der Heuristik LP/UBB/gleicheW bei zwei Planungsszenarien jedoch eine Verschlechterung des E(*eü*)-Wertes auf (siehe Tabelle 4.19 von Abschnitt 4.4.5.2.2.2). Dies zeigt uns, daß eine Erhöhung der Planbedarfe der "Spezialteile" zu Lasten der "Gleichteile" (genau das macht Heuristik LP/UBB/gleicheW) nicht immer zu einer E(*eü*)-Verbesserung führen muß. Trotz allem muß man festhalten, daß die Heuristik LP/UBB/gleicheW bei sehr geringen Rechenzeiten für beide betrachtete Zielfunktionen (ASL und E(*eü*)) meist gute Ergebnisse lieferte. Dies ist insb. darum von Bedeutung, weil sich der Grundgedanke dieser Heuristik (Einstellung eines gleichen Servicelevels für alle Bevorratungsmaterialien unter Vernachlässigung der Korrelationen zwischen ihnen) auch zur näherungsweisen Lösung eines Mehrperiodenmodells verwenden läßt. Die Überlegungen von Büchel (1982) - siehe Abschnitt 2.2, Seite 41 - gewinnen damit deutlich an Gewicht.

Die Heuristik NLP/UBB/ASL lieferte bei der Produktfamilie "Kleine Mähwerke" oft eine Verschlechterung der ASL- bzw. E(*eü*)-Werte (siehe Tabelle 4.8 von Abschnitt 4.3.4.2.3 bzw. Tabelle 4.12 von Abschnitt 4.4.5.2.2.1). Bei der "künstlichen" Produktfamilie konnten mit der Heuristik NLP/UBB/ASL jedoch teilweise beachtliche E(*eü*)-Steigerungen erzielt werden (siehe Tabelle 4.28 von Abschnitt 4.4.5.3.2). Das gute Abschneiden der Heuristik NLP/UBB/ASL ist hier wahrscheinlich auf die geringe Korrelation zwischen den Bedarfen der Bevorratungsmaterialien zurückzuführen.

Die durchgeführten Simulationsexperimente haben uns also gezeigt,

(1) daß mit den entwickelten Heuristiken im Vergleich zur Überplanungstechnik eine Steigerung des aggregierten Servicelevels bzw. Erwartungswertes des Erlösüberschusses in manchen Fällen möglich ist,

(2) die Höhe der erzielten ASL- bzw. E(*eü*)-Verbesserungen von allen Eingangsparametern abhängt (Erwartungswertvektor und Kovarianz der Endproduktbedarfe, Stücklistenmatrix, Erlöse und variable Herstellkosten der Endprodukte, variable Herstellkosten für die Bevorratungsmaterialien und maximales Gesamtbudget für die Herstellkosten der produzierten Bevorratungsmaterialien) und

(3) die Maximierung des ASL-Wertes keine Verbesserung des E(*eü*)-Wertes mit sich bringen muß, sondern auch zu einer Verschlechterung des E(*eü*)-Wertes führen kann.

Ob eine Maximierung des E(*eü*)-Wertes zu einer Verbesserung des ASL-Wertes führen muß oder nicht, kann aus den Simulationsexperimenten nicht herausgelesen werden. Wenngleich bei der Produktfamilie "Kleine Mähwerke" die Maximierung des E(*eü*)-Wertes mit den Heuristiken NLP/SIM/FIFO-vN bzw. NLP/SIM/FIFO-vS auch zu ASL-Verbesserungen führte, vermutet der Autor eher, daß dies kein allgemein gültiger Zusammenhang ist, es also auch Datenkonstellationen gibt, bei dem eine Maximierung des E(*eü*)-Wertes zu einer Verschlechterung des ASL-Wertes führt.

In Anbetracht der obigen Ergebnisse ist der Autor davon überzeugt, daß die vorliegende Arbeit in Hinblick auf die Entwicklung von Heuristiken zur Ermittlung der Planbedarfe der Bevorratungsmaterialien für eine ATO-Fertigung, die bei unsicheren Absatzerwartungen für praxisrelevante Problemgrößen eine Verbesserung der Zielgrößen im Vergleich zur Überplanungstechnik liefern, ein Schritt in die richtige Richtung ist.

Im Folgenden werden mögliche weitere Schritte (Forschungsfelder) aufgezeigt:

(1) Bei den "besten" Heuristiken wurden Standardalgorithmen zur nichtlinearen Programmierung mit der Simulation des Zielfunktionswertes kombiniert. Können mit speziell entwickelten Optimierungsalgorithmen noch größere Verbesserungen beim ASL- bzw. E(*eü*)-Wert erzielt werden?

(2) Es wurde angenommen, daß die Endproduktbedarfe bzw. die Prognosefehler einer Normalverteilung folgen. Wie verhalten sich die entwickelten Heuristiken bei einer Adaptierung für andere Verteilungen? Die Lösungsmethode "Kombination von Algorithmen zur nichtlinearen Programmierung mit Simulation des Zielfunktionswertes" kann auch für andere Verteilungen verwendet werden, in dem man der Erzeugung der Zufallszahlen für die Endproduktbedarfe nicht eine Normalverteilung, sondern die gewählte andere Verteilung zugrundelegt.

(3) Wie gut sind die in der vorliegenden Arbeit entwickelten Heuristiken im Vergleich zu der von Jönsson/Silver (1989b) entwickelten "erweiterten Heuristik 2" (siehe Abschnitt 2.4.2.4)? Wir vermuten, daß die erweiterte Heuristik 2 bei Fällen, in denen erhebliche Korrelationen bei den Bedarfen der Bevorratungsmaterialien vorliegen, ähnlich schlecht abschneiden wird wie Heuristik NLP/UBB/ASL, weil beide Heuristiken sehr ähnlich sind (unabhängige Komponentenbedarfe annehmen und keinen gleichen Servicelevel für die Komponenten einstellen).

(4) Bei den Simulationsexperimenten wurden unabhängige Endproduktbedarfe angenommen. Welchen Einfluß haben Korrelationen zwischen den Endproduktbedarfen? Die Untersuchung von Eynan (1996) - siehe Abschnitt 2.4.1, Seite 47 - bzw. unsere Intuition lassen uns vermuten, daß bei einer negativen Korrelation der Endproduktbedarfe die entwickelten Heuristiken im Vergleich zu Überplanungstechnik noch besser abschneiden, d.h. eine noch größere Verbesserung der Zielfunktionswerte (ASL bzw. E(*eü*)) erreicht werden kann.

(5) Wie empfindlich reagieren die Heuristiken auf Fehlschätzungen bei den Eingangsparametern (z.B. bei der Varianz der Endproduktbedarfe)?

(6) Als Basis für den Vergleich von Heuristiken wäre eine systematische Entwicklung bzw. Sammlung von "Standardvergleichsfällen" wünschenswert.

(7) Wenn bei einer ATO-Fertigung vom Typ II die Standardbauteile nicht den wertmäßigen Hauptanteil stellen, können die Heuristiken für Typ I nicht angewendet werden. In der vorliegenden Arbeit wurden keine Optimierungsmodelle bzw. Heuristiken für eine ATO-Fertigung vom Typ II entwickelt.

(8) Wir haben in unserer Arbeit nur Einperiodenmodelle betrachtet. Die Entwicklung von Mehrperiodenmodellen wird wohl eine der größten Herausforderungen sein.

....

Die obige Aufzählung zeigt eindrucksvoll, wie wenig wir noch über das der Arbeit zugrundeliegende Planungs- bzw. Entscheidungsproblem wissen, und kann auch als eine Bestätigung der Ansicht von Lingnau (1994, S. 2), daß die Beschäftigung mit dem Problem der Variantenvielfalt aus produktionsplanerischer Sicht im Gegensatz zur produktionstechnisch orientierten Sichtweise erst im Anfang begriffen ist, gesehen werden.

6 Anhang

6.1 Ein- und Ausgabeformat von OSATO-I

Das Programm OSATO-I muß von einer WindowsNT4.0- oder Windows95-Konsole mit dem Namen einer Textdatei aufgerufen werden, die alle Eingangsdaten enthält.

Diese Textdatei darf nur eine Folge von bestimmten Schlüsselwörtern und Zahlen enthalten, die durch beliebig viele Leerzeichen, Tabulatorzeichen oder Zeilenendezeichen getrennt werden können. Innerhalb der Schlüsselwörter und Zahlen (auch nach einem Vorzeichen) dürfen jedoch die obigen Zeichen nicht auftreten.

Die Reihenfolge der Schlüsselwörter und Zahlen darf jedoch nicht beliebig sein, sondern muß einer bestimmten Grammatik entsprechen, die im Folgenden mit Hilfe der "Erweiterten Backus-Naur-Form (EBNF)" nach Wirth (1996) beschrieben wird. Die EBNF wurde für unsere Zwecke um das Wiederholungssymbol $\{...\}_x$ erweitert, das besagt, daß das zwischen den geschwungenen Klammern stehende genau x-Mal auftreten muß. Weiters wurde die Möglichkeit der Anführung von Kommentaren eingeführt – alles was zwischen dem Symbol "//" und dem Zeilenende steht, gehört nicht zu den Grammatikregeln.

Falls die Eingabedatei nicht der unten stehenden Grammatik folgt, bricht OSATO-I nach dem Auftreten des ersten Grammatikfehlers die Programmausführung mit einer Fehlermeldung ab.

EINGABEDATEI =

"PROBLEM"

PROBLEM

"VERSUCHE"

VERSUCHE

"ENDE"

.

```
PROBLEM =
    "A_ENDP" integer+          //Anzahl Endprodukte m; m > 0
    "DB_ENDP" {float}m         //Deckungsbeiträge der Endprodukte = u - w
    "BM_ENDP" {float+}m        //mittlere Bestellmengen für die Endprodukte o
    "E_ENDP" {float+}m         //Erwartungswerte der Endproduktbedarfe E(D)
    "KOV_M" (K_VEKTOR | K_MATRIX)
    "A_BVM" integer+           //Anzahl der Bevorratungsmaterialien (BVM) d; d > 0
    "HK_BVM" {float+}d         //variable Herstellkosten der BVM v
    "LK_BVM" {float+}d         //Lagerkosten der BVM q
    "STUECKL" {float+}d x m    //Stücklistenmatrix b; zeilenweises Einlesen
    .

K_VEKTOR =
    "0"                        //Kennzeichen für unabhängige Endproduktbedarfe
    {float+}m                  //Varianzen der Endproduktbedarfe VAR(D)
    .

K_MATRIX =
    "1"                        //Kennzeichen für abhängige Endproduktbedarfe
    {float+}m x m              //Kovarianzmatrix der Endproduktbedarfe Cov(D);
                               //zeilenweises Einlesen
    .
```

VERSUCHE =

"A_VERS" integer$^+$ //Anzahl Versuche *vers*

{VERSUCH}$_{vers}$

.

VERSUCH = SIMULATION | OTIMIERUNG.

SIMULATION = //Schätzung des Zielfunktionswertes für
//bestimmte Werte für die Planbedarfe **p** der BVM

SIM_MODUS //Simulationsmodus bzw. Zielfunktion

"A_SW" integer$^+$ //Anzahl Simulationswiederholungen
//mit unterschiedlichen Zufallszahlen

"A_REAL_SIM" integer$^+$ //Anzahl der Realisation von **D** zur Schätzung
//des Zielfunktionswertes = Stichprobengröße *n*

"PLANB_BVM" {float$^+$}$_d$ //Werte von **p**, für die der Zielfunktionswert
//ermittelt werden soll

.

SIM_MODUS =

"SIM_ASL" | //Simulation (Schätzung) von ASL

"SIM_FIFO1" | //Simulation (Schätzung) des E(*eü*) bei einer FIFO-
//Allokation der BVM mit den Bestellmengen **o**

"SIM_FIFO2" | //Simulation (Schätzung) des E(*eü*) bei einer FIFO-
//Allokation der BVM, wobei $\underset{k=1,..,m}{\forall} o_k \to 0$

"SIM_PRIO" //Simulation (Schätzung) des E(*eü*) bei einer Alloka-
//tion der BVM nach Endproduktprioritäten

.

OTIMIERUNG =	//heuristische Suche nach Werten für **p**, die einen //möglichst hohen Zielfunktionswert liefern
OPT_MODUS	//Optimierungsmodus bzw. Heuristik
"A_OW" integer$^+$	//Anzahl Optimierungswiederholungen //mit unterschiedlichen Zufallszahlen

"A_REAL_OPT" integer$^+$	//Anzahl der Realisation von **D** zur Schätzung
	//des Zielfunktionswertes = Stichprobengröße *n*
	//während der Optimierung

("NO_SIM" |	//keine Simulation (Schätzung) von Zielfunktions-
	//werten für jenes p, das sich aus der Optimierung
	//ergibt

SIM_MODI_O	//Simulationsmodus für die Schätzung von
	//Zielfunktionswerten für jenes p, das sich aufgrund
	//der Optimierung ergibt

"A_SW" integer$^+$	//Anzahl Simulationswiederholungen //mit unterschiedlichen Zufallszahlen
"A_REAL_SIM" integer$^+$	//Anzahl der Realisation von **D** zur Schätzung //des Zielfunktionswertes = Stichprobengröße *n*
)	
"MGB_BVM" float$^+$	//maximales Gesamtbudget *g* für die Summe der //Herstellkosten der vorausproduzierten BVM
"SW_PLANB_BVM" $\{float^+\}_d$	//Startwerte von **p** für die Lösungssuche in den //Heuristiken

SIM_MODI_O =

"SIM_ASL" |	//Simulation (Schätzung) von ASL
"SIM_FIFO1" |	//Simulation (Schätzung) des E(*eü*) bei einer FIFO- //Allokation der BVM mit den Bestellmengen **o**
"SIM_FIFO2" |	//Simulation (Schätzung) des E(*eü*) bei einer FIFO- //Allokation der BVM, wobei $\forall_{k=1,\ldots,m} \; o_k \to 0$
"SIM_PRIO" |	//Simulation (Schätzung) des E(*eü*) bei einer Alloka- //tion der BVM nach Endproduktprioritäten

"SIM_ALL"	//Ausführen von Simulationen mit den Modi
	//SIM_ASL, SIM_FIFO1, SIM_FIFO2 und
	//SIM_PRIO

OPT_MODUS =

"NLP_SIM_ASL_vS" |

"NLP_SIM_ASL_vN" |

"EVO_SIM_ASL" |

"NLP_SIM_FIFO1_vS" |

"NLP_SIM_FIFO1_vN" |

"EVO_SIM_FIFO1" |

"NLP_SIM_FIFO2_vS" |

"NLP_SIM_FIFO2_vN" |

"EVO_SIM_FIFO2" |

"NLP_SIM_PRIO_vS" |

"NLP_SIM_PRIO_vN" |

"EVO_SIM_PRIO"

integer^{+} = "0" | digit {digit0}.

digit = "1" | "2" | "3" | "4" | "5" | "6" | "7" | "8" | "9".

digit0 = "0" | digit.

float^{+} = integer^{+} ["." {digit}].

float = ["-"] float^{+}.

Wenn nur Simulationen und Optimierungen mit der Zielfunktion ASL ausgeführt werden, sind manche der obigen Eingangsdaten (Deckungsbeiträge und Bestellmengen der Endprodukte, Lagerkosten der BVM) für die Berechnungen eigentlich nicht notwendig, aber es müssen nach der obigen Grammatik trotzdem Werte dafür eingegeben werden, die aber keinen Einfluß auf die Berechnungsergebnisse haben und somit beliebig gewählt werden können, solange sie der obigen Grammatik entsprechen. Die Bestellmengen der Endprodukte haben nur eine Auswirkung auf die Berechnungsergebnisse, wenn eine Allokation der BVM nach FIFO1 erfolgt (also mit den Bestellmengen).

Bevor wir zu den Ausgangsdaten von OSATO-I kommen, wird ein Beispiel für eine gültige Eingabedatei von OSATO-I angeführt. Abbildung 6.1 zeigt den Ausdruck der Eingabedatei "bsp.txt", die auf dem einfachen Beispiel mit zwei Endprodukten und drei Komponenten (Bevorratungsmaterialien) von Abschnitt 1.4.1, Seite 10, beruht.

OSATO-I arbeitet die in der Eingabedatei spezifizierten Versuche (Simulationen bzw. Optimierungen) ab und erzeugt zwei Ausgabedateien mit den Dateinamenerweiterungen ".agg" bzw. ".det", in die die Statistikdaten der Versuche geschrieben werden. Für unser obiges Beispiel erzeugt OSATO-I die Dateien "bsp.txt.agg" bzw. "bsp.txt.det". Während in der "agg"-Datei für jede Optimierungswiederholung bzw. jeden Simulationsversuch die wichtigsten Ausgabedaten in jeweils einer Zeile aggregiert werden, enthält die "det"-Datei die detaillierten Ergebnisse jeder Simulationswiederholung zur Schätzung der Zielfunktionswerte.

```
PROBLEM

A_ENDP       2
DB_ENDP      10 10
BM_ENDP      1 1
E_ENDP       100 100
KOV_M        0 100 100

A_BVM        3
HK_BVM       20 20 20
LK_BVM       2 2 2

STUECKL
1 0
1 1
0 1

VERSUCHE
A_VERS       2

SIM_FIFO2
A_SW         5
A_REAL_SIM 500000
PLANB_BVM  110 220 110

NLP_SIM_FIFO2_vS
A_OW         3
A_REAL_OPT 300000
SIM_FIFO2
A_SW         5
A_REAL_SIM 500000
MGB_BVM      8800
SW_PLANB_BVM 110 220 110

ENDE
```

Abbildung 6.1: Beipiel einer Eingabedatei von OSATO-I

In die "agg"-Datei wird pro Optimierungswiederholung bzw. pro Simulationsversuch eine Zeile mit folgenden Datenfeldern geschrieben:

- VersNr: Versuchsnummer - die Versuche werden von eins weg fortlaufend numeriert
- VersModus: Versuchsmodus
- SimModus: Simulationsmodus
- OwNr: Nummer der Optimierungswiederholung - die Optimierungswiederholungen werden von eins weg fortlaufend numeriert; bei einem Simulationsversuch enthält das Feld den Wert -1
- EndstatusOpt: Endstatus des eingesetzten Optimierungsalgorithmus; bei einem Simulationsversuch enthält das Feld den Wert -1
- ZeitOpt: benötigte Zeit in Sekunden für die Optimierungswiederholung; bei einem Simulationsversuch enthält das Feld den Wert -1
- ErgOpt: erreichter Zielfunktionswert der Optimierungswiederholung; bei einem Simulationsversuch enthält das Feld den Wert -1
- PlanbBVM1 ... PlanvBVM*d*: *d* Felder, die die Planbedarfe der Bevorratungsmaterialien angeben, bei dem sich der erreichte Zielfunktionswert eingestellt hat; bei einem Simulationsversuch enthalten die Felder jene **p**-Werte, für die die entsprechende Zielgröße ermittelt wurde
- HKgesBVM: maximal erlaubtes Gesamtbudget *g* das für den Optimierungsversuch vorgegeben wurde; bei einem Simulationsversuch enthält das Feld das benötigte Budget (das OSATO-I aufgrund der Eingangsdaten errechnet) für die Beschaffung bzw. Produktion der vorgegebenen Planbedarfe der BVM.
- AnzSimW: Anzahl der Simulationswiederholungen pro Optimierungswiederholung bzw. Simulationsversuch
- MwASL: Mittelwert der ASL-Werte der Simulationswiederholungen der Optimierungswiederholung bzw. des Simulationsversuchs

- K95ASL: Maßzahl für die Genauigkeit von MwASL; entspricht der Kenngröße *lkr* (siehe Gleichung (4.83)) bei einer Sicherheitswahrscheinlichkeit von 95 %; das Feld enthält den Wert -1, wenn nur eine Simulationswiederholung gemacht wurde
- K99ASL: wie K95ASL nur bei einer Sicherheitswahrscheinlichkeit von 99 %
- MwMenge: Mittelwert der Gesamtanzahl der verkauften Endprodukte der Simulationswiederholungen der Optimierungswiederholung bzw. des Simulationsversuchs; das Feld enthält den Wert -1, wenn nur ASL ermittelt bzw. nach ASL optimiert wurde
- K95Menge: Maßzahl für die Genauigkeit von MwMenge; entspricht der Kenngröße *lkr* (siehe Gleichung (4.83)) bei einer Sicherheitswahrscheinlichkeit von 95 %; das Feld enthält den Wert -1, wenn nur eine Simulationswiederholung gemacht, nur ASL ermittelt bzw. nach ASL optimiert wurde
- K99Menge: wie K95Menge nur bei einer Sicherheitswahrscheinlichkeit von 99 %
- MwEU: Mittelwert des Erlösüberschusses der Simulationswiederholungen der Optimierungswiederholung bzw. des Simulationsversuchs; das Feld enthält den Wert -1, wenn nur ASL ermittelt bzw. nach ASL optimiert wurde
- K95EU: Maßzahl für die Genauigkeit von MwEU; entspricht der Kenngröße *lkr* (siehe Gleichung (4.83)) bei einer Sicherheitswahrscheinlichkeit von 95 %; das Feld enthält den Wert -1, wenn nur eine Simulationswiederholung gemacht, nur ASL ermittelt bzw. nach ASL optimiert wurde
- K99EU: wie K95EU nur bei einer Sicherheitswahrscheinlichkeit von 99 %
- ZeitSim: benötigte Zeit in Sekunden für die Simulationswiederholungen

In die "det"-Datei wird pro Simulationswiederholung einer Optimierungswiederholung bzw. eines Simulationsversuchs eine Zeile mit folgenden Datenfeldern geschrieben:

- VersNr: Versuchsnummer
- OwNr: Nummer der Optimierungswiederholung; bei einem Simulationsversuch enthält das Feld den Wert -1
- SimModus: Simulationsmodus

- SwNr: Nummer der Simulationswiederholung; die Simulationswiederholungen werden von eins weg fortlaufend numeriert;
- ASL: ASL-Wert für die **p**-Werte, die sich aus der Optimierung ergaben bzw. für einen Simulationsversuch vorgegeben wurden
- MwMenge: Mittlere Anzahl der verkauften Endprodukte für die **p**-Werte, die sich aus der Optimierung ergaben bzw. für einen Simulationsversuch vorgegeben wurden; das Feld enthält den Wert -1, wenn nur ASL ermittelt bzw. nach ASL optimiert wurde
- MwEU: Mittlerer Erlösüberschuß für die **p**-Werte, die sich aus der Optimierung ergaben bzw. für einen Simulationsversuch vorgegeben wurden; das Feld enthält den Wert -1, wenn nur ASL ermittelt bzw. nach ASL optimiert wurde
- MwLK: Mittlere Lagerhaltungskosten für die **p**-Werte, die sich aus der Optimierung ergaben bzw. für einen Simulationsversuch vorgegeben wurden; das Feld enthält den Wert -1, wenn nur ASL ermittelt bzw. nach ASL optimiert wurde
- StabwEU: Standardabweichung des Erlösüberschusses für die **p**-Werte, die sich aus der Optimierung ergaben bzw. für einen Simulationsversuch vorgegeben wurden; das Feld enthält den Wert -1, wenn nur ASL ermittelt bzw. nach ASL optimiert wurde
- MwMengeEndpr1 ... MwMengeEndpr *m*: *m* Felder, die die mittlere Anzahl der Verkaufsmengen pro Endprodukt für die **p**-Werte, die sich aus der Optimierung ergaben bzw. für einen Simulationsversuch vorgegeben wurden, angeben; die Felder enthalten jeweils den Wert -1, wenn nur ASL ermittelt bzw. nach ASL optimiert wurde

6.2 Bevorratungsmaterialien der Produktfamilie "Kleine Mähwerke"

In der folgenden Tabelle ist das Ergebnis der Aggregation und Selektion (ABC-Analyse) der Bevorratungsmaterialien der Produktfamilie "Kleine Mähwerke" der Landmaschinen AG ersichtlich (siehe Abschnitt 4.3.4.2.1).

aggregierte Stucklistenmatrix											ABC-Analyse		
k i	1	2	3	4	5	6	7	8	9	10	v_i in ATS	Jahresbedarfswert in ATS	relativer Anteil in % kumuliert
1	1	0	0	0	0	0	0	0	0	0	10.306,05	4.981.257	15,0
2	0	1	1	0	0	0	0	0	0	0	1.557,64	1.965.222	20,9
3	1	0	0	0	0	0	0	0	0	1	3.101,11	1.876.171	26,6
4	0	0	0	0	0	0	0	0	1	0	10.182,68	1.697.113	31,7
5	0	10	10	0	8	8	10	10	0	0	83,04	1.661.354	36,7
6	0	1	1	0	0	0	1	1	0	0	952,62	1.654.383	41,7
7	0	1	1	0	1	1	1	1	0	0	707,59	1.462.353	46,1
8	0	0	0	0	0	0	0	0	0	1	11.275,87	1.371.898	50,2
9	2	2	2	0	0	0	2	2	2	0	281,85	1.345.364	54,3
10	0	0	1	0	0	0	0	0	0	0	1.685,78	1.306.480	58,2
11	0	1	0	0	0	0	0	0	0	0	2.379,34	1.157.945	61,7
12	0	10	10	0	8	8	10	10	10	0	50,99	1.105.123	65,0
13	0	1	1	0	1	0	1	0	0	0	511,53	878.127	67,7
14	0	0	1	0	1	1	1	1	0	0	506,36	800.049	70,1
15	0	0	0	0	1	1	0	0	0	0	2.358,55	778.322	72,4
16	0	0	1	0	1	0	1	0	0	0	628,00	772.440	74,8
17	0	0	0	1	0	0	0	0	0	0	9.636,73	754.877	77,1
18	12	10	10	0	8	8	10	10	10	12	24,41	706.263	79,2
19	1	1	0	0	0	0	0	0	0	0	565,86	548.884	80,8
20	0	0	0	0	0	0	1	1	0	0	1.137,00	540.075	82,5
21	0	0	0	0	0	1	0	1	0	0	1.411,46	494.011	83,9
22	0	1	1	0	1	1	0	1	1	0	212,30	431.323	85,2
23	0	1	2	0	0	0	0	0	0	0	167,96	342.079	86,3
24	0	0	0	1	1	1	1	1	0	0	315,11	278.348	87,1
25	15	9	9	0	9	9	9	9	0	12	10,19	278.289	88,0
26	1	1	1	1	1	1	1	1	1	1	95,13	277.462	88,8
27	1	1	1	0	1	1	1	1	1	0	84,56	229.721	89,5
28	0	0	0	1	1	1	0	0	0	0	518,17	211.586	90,1
29	1	1	1	0	1	1	1	1	1	1	68,25	193.717	90,7
30	0	0	0	0	0	1	0	1	1	0	361,43	186.739	91,3
31	1	1	1	0	1	0	1	0	0	1	78,94	183.272	91,8

32	0	1	1	0	1	1	1	1	1	0	78,34	174.959	92,3
33	0	0	0	0	0	0	0	1	0	0	558,08	152.541	92,8
34	1	1	1	1	1	1	1	0	1	1	50,95	134.678	93,2
35	1	1	1	0	1	1	1	1	0	1	48,94	130.752	93,6
36	0	0	0	0	2	4	2	4	0	0	51,44	118.826	94,0
37	1	1	1	0	0	0	0	0	0	0	63,13	110.162	94,3
38	1	1	1	1	1	1	1	1	0	1	39,21	107.828	94,6
39	0	0	0	0	0	0	1	2	0	0	139,00	104.018	94,9
40	0	0	0	0	0	0	1	1	1	0	162,00	103.950	95,3
41	3	2	2	3	2	2	2	2	2	2	16,25	103.887	95,6
42	2	1	1	0	1	0	1	0	0	2	30,31	88.707	95,8
43	0	0	0	0	1	0	0	0	0	0	347,03	87.915	96,1
44	1	0	0	0	1	1	1	1	0	1	58,14	81.977	96,3
45	0	0	0	0	0	0	1	0	0	0	351,28	70.841	96,6
46	2	1	1	0	1	0	1	0	0	1	23,61	66.226	96,8
47	0	0	1	0	0	0	1	1	1	0	46,70	66.158	97,0
48	0	4	4	0	0	0	0	4	0	0	10,00	61.400	97,1
49	1	1	1	1	1	1	1	1	1	0	20,90	58.415	97,3
50	3	12	12	2	9	9	11	11	11	3	2,13	57.808	97,5
51	1	1	1	0	0	0	0	0	0	1	27,43	51.203	97,6
52	0	1	1	0	1	0	1	1	1	0	21,15	45.614	97,8
53	1	2	2	1	1	1	1	1	2	1	10,46	45.449	97,9
54	4	0	0	0	0	0	0	0	2	4	15,71	43.255	98,0
55	2	0	0	0	2	4	2	4	4	2	10,32	43.206	98,2
56	0	0	0	0	0	1	0	0	0	0	537,18	41.184	98,3
57	0	1	1	0	1	1	1	0	1	0	19,08	37.397	98,4
58	0	1	1	0	1	1	1	3	0	0	13,25	34.627	98,5
59	0	2	2	2	2	2	2	2	2	0	6,94	32.086	98,6
60	0	0	0	2	2	4	2	4	4	0	8,83	27.667	98,7
61	6	0	0	0	0	0	0	0	0	1	8,50	25.684	98,8
62	0	0	0	2	2	2	2	2	2	0	10,77	22.617	98,8
63	10	6	6	16	14	18	18	22	8	14	0,68	21.259	98,9
64	0	0	0	0	1	2	0	0	0	0	52,00	21.147	99,0
65	2	2	0	0	0	0	0	0	0	2	9,57	20.895	99,0
66	2	2	2	1	1	1	1	1	1	2	4,07	19.468	99,1
67	2	2	2	1	7	7	7	7	0	2	2,00	18.893	99,2
68	60	60	60	0	60	60	60	60	0	80	0,10	16.273	99,2
69	1	1	1	3	1	1	1	1	1	1	5,13	15.766	99,2
70	4	6	2	12	6	8	8	12	4	4	0,88	13.661	99,3
71	0	0	0	2	2	2	2	2	6	0	4,93	13.640	99,3
72	0	0	0	0	0	1	0	1	2	0	18,71	12.785	99,4
73	2	1	2	0	3	4	2	4	3	2	1,90	11.989	99,4
74	0	4	4	2	2	2	2	2	0	0	1,47	10.016	99,4
75	0	5	5	26	2	4	2	4	0	0	0,93	9.909	99,5

76	1	4	4	2	4	5	4	5	3	1	0,98	9.681	99,5
77	3	5	5	0	5	5	5	5	0	2	0,80	9.621	99,5
78	3	3	6	6	3	0	3	0	0	3	0,92	8.979	99,6
79	0	2	2	0	2	4	2	4	6	0	1,49	8.692	99,6
80	0	2	2	4	4	4	4	4	0	0	1,39	8.419	99,6
81	1	2	2	2	3	3	3	5	5	1	0,96	6.797	99,6
82	5	2	2	0	1	2	1	2	1	5	0,97	6.664	99,6
83	0	0	0	0	4	4	4	0	0	0	3,01	6.401	99,7
84	4	2	2	2	2	2	2	2	2	4	0,79	5.564	99,7
85	1	0	1	1	1	1	1	1	1	1	2,21	5.370	99,7
86	2	1	1	0	1	1	1	1	1	2	1,50	5.148	99,7
87	10	2	2	2	2	2	2	2	0	10	0,49	5.118	99,7
88	0	0	0	2	2	0	2	0	0	0	4,65	4.960	99,7
89	2	2	2	0	2	1	2	1	3	2	0,89	4.889	99,8
90	0	4	4	2	2	2	2	2	4	0	0,64	4.787	99,8
91	0	0	0	0	1	1	1	1	0	0	5,92	4.766	99,8
92	0	4	4	4	4	4	4	0	4	0	0,56	4.566	99,8
93	0	0	0	0	2	2	2	2	2	0	2,34	4.547	99,8
94	0	0	0	0	0	1	1	0	2	0	7,14	4.367	99,8
95	12	6	6	13	8	11	8	11	21	12	0,16	4.294	99,8
96	4	10	10	0	0	0	0	0	0	6	0,28	4.278	99,9
97	4	0	0	0	0	0	0	0	4	4	1,34	4.136	99,9
98	16	16	16	14	14	10	14	10	16	16	0,09	3.915	99,9
99	4	2	2	0	2	2	2	1	1	2	0,63	3.908	99,9
100	1	1	1	1	1	1	0	1	1	1	1,33	3.611	99,9
101	2	2	2	2	2	2	2	2	2	4	0,58	3.524	99,9
102	0	5	5	0	4	8	5	5	5	0	0,30	3.343	99,9
103	10	2	2	6	4	4	4	24	10	12	0,17	3.339	99,9
104	0	0	0	4	4	5	4	5	17	0	0,49	3.291	99,9
105	1	1	1	4	1	1	1	1	1	1	1,02	3.215	99,9
106	1	1	1	1	1	1	0	2	1	1	1,06	3.168	100,0
107	4	0	0	0	0	0	0	0	0	6	1,02	2.717	100,0
108	0	2	2	0	0	2	0	2	0	0	0,69	2.224	100,0
109	8	0	0	4	0	0	0	0	0	2	0,39	1.725	100,0
110	1	1	1	0	1	1	1	1	0	0	0,64	1.632	100,0
111	0	1	1	12	0	2	0	2	7	2	0,37	1.595	100,0
112	0	4	4	2	2	2	2	2	10	0	0,16	1.357	100,0
113	0	0	0	0	0	2	0	3	2	0	0,83	1.085	100,0
114	3	0	0	0	3	2	3	2	2	3	0,19	801	100,0
115	0	0	0	4	0	2	0	2	0	0	0,61	618	100,0

Tabelle 6.1: Aggregationsergebnis und ABC-Analyse

7 Literaturverzeichnis

Arnold, B. (1996): Customizing - Erfolgsfaktor für PPS. Standardsoftware-Lösungen der Marktführer, München.

Bagchi, U./Gutierrez, G. (1992): Effect of Increasing Component Commonality on Service Level and Holding Cost, in: Naval Research Logistics, Vol. 39, No. 6, S. 815-832.

Baker, K. R./Magazine, M. J./Nuttle, H. L. W. (1986): The Effect of Commonality on Safety Stocks in a Simple Inventory Model, in: Management Science, Vol. 32, No. 8, S. 982-988.

Benders, J. F. (1962): Partitioning procedures for solving mixed-variables programming problems, in: Numer. Mathem., Vol. 4, S. 238-252.

Bertrand, J. W. M./Zuijderwijk, M./Hegge, H. M. H. (2000): Using hierarchical pseudo bills of material for customer oder acceptance and optimal material replenishment in assemble to order manufacturing of non-modular products, in: International Journal of Production Economics, Vol. 66, S. 171-184.

Bottema, A./van der Tang, L. (1992): A Product configurator as key decision support system (Baan-Triton), in: H. J. Pels and J.C. Wortmann (Eds.), Integration in Production Management Systems, Amsterdam.

Büchel, A. (1982): An Overview of Possible Procedures for Stochastic MRP, in: Engineering Costs and Production Economics, Vol. 6, S. 43-51.

Büchel, A. (1983): Stochastic Material Requirements Planning for Optional Parts, in: International Journal of Production Research, Vol. 21, No 4., S. 511-527.

Carson, C. (1996): Knowledge-Based Product Configuration, in: PC AI, Vol. 10, No. 1.

Carson, C. (1997): Intelligent Sales Configuration, in: PCAI, Vol. 11, No. 1, S. 31-34.

Chu, C. H./Hayya, J.C. (1988): "Buffering decisions under a MRP environment: a review", Omega 18, 325 - 337.

Clay, P. (1990): Advanced Available-to-Promise Concepts/Techniques, in: APICS International Conference Proceedings, S. 381-387.

Corsten, H./Gössinger, R. (2001): Advanced Planning Systems - Anspruch und Wirklichkeit, in: PPS Management, 6. Jg. (2001), H. 2, S. 32-39.

Da Silveira, G./Borenstein, D./Fogliatto, F. S. (2001): Mass customization: Literature review and research directions, in: International Journal of Production Economics, Vol. 72, S. 1-13.

Deák, I. (1986): Computing Probabilities of Rectangles in Case of Multinormal Distribution, in: Journal of Statistical Computation and Simulation, Vol. 26, S. 101-114.

Deák, I. (1998): Regression Estimators Related to Multinormal Distributions: Computer Experiences in Root Finding, in: K. Matri and P. Kall (Eds.), Stochastic Programming Methods and Technical Applications, Springer Verlag, Berlin - Heidelberg.

Desai, P./ Kekre, S./ Radhakrishnan, S./ Srinivasan, K. (2001): Product Differentiation and Commonality in Design: Balancing Revenue and Cost Drivers, in: Management Science, Vol. 47, No. 1, S. 37-51.

Dinitz, M. (1990): A Rules-Based System Performs Features and Options System, in: IIE Solutions, Vol. 22, No. 11.

Erens, F./Hegge, H./van Veen, E. A./Wortmann, J. C. (1992): Generative bills-of-material: an overview, in: H. J. Pels and J. C. Wortmann (Eds.), Integration in Production Management Systems, Amsterdam, S. 93-113.

Erens, F.J./Hegge, H.M.H. (1994): Manufacturing and sales co-ordination for product variety, in: International Journal of Production Economics, Vol. 37, No. 1, S. 83-99.

Erens, F./Verhulst, K. (1997): Architectures for product families, in: Computers in Industry, Vol 33, S. 165-178.

Everdell, R. C. (1983): Planning bills of material: Tools for master scheduling, in: APICS National Conference Proceedings, Chicago, S. 265-268.

Eynan, A. (1996): The impact of demands' correlation on the effectiveness of component commonality, in: International Journal of Production Research, Vol. 34, No. 6, S. 1581-1602.

Fleischmann, B. (1988): Operations-Research-Modelle und -Verfahren in der Produktionsplanung, in: Zeitschrift für Betriebswirtschaft, 58. Jg., H.3, S. 347-372.

Fleischmann, B./Meyr, H./Wagner, M. (2000): Advanced Planning, in: H. Stadtler u. C. Kilger (Eds.), Supply Chain Management and Advanced Planning. Concepts, Models, Software and Case Studies, Berlin - Heidelberg - New York.

Frontline Systems Inc. (1999): Solver User's Guide. Dynamic Link Library Version 3.5, P.O. Box 4288, Incline Village, NV 89450.

Frontline Systems Inc. (2000): "http://www.frontsys.com", 12. April 2000.

Fu, H. /Fong, D. K. H. (1998): A note on the convexity of the objective function for a simple common component inventory problem, in: International Journal of Production Economics, Vol. 55, No. 2, S. 143-148.

Gerchak, Y./Henig, M. (1986): An Inventory Model with Component Commonality, in: Operations Research Letters, Vol. 5, S. 157-160.

Gerchak, Y./Henig, M. (1989): Component Commonality in Assemble to Order Systems: Models and Properties, in: Naval Research Logistics, Vol. 36, No. 1, S. 61-68.

Gerchak, Y./Magazine, M.J./Gamble, A.B. (1988): Component Commonality with Service Level Requirements, in: Management Science, Vol. 34, No. 6, S. 753-760.

Glaser, H. et al. (1991): PPS - Produktionsplanung und -steuerung, Wiesbaden.

Graves, S. C. (1988): Safety Stocks in Manufacturing Systems, in: Journal of Manufacturing and Operations Management, Vol. 1, No. 1, S. 67-101.

Grupp, B. (1995): Aufbau einer optimalen Stücklistenorganisation. Offene Stücklisten, Variantengenerator, PPS-Rahmen, CAD-Connection, Praxisbeispiele, Renningen-Malmsheim.

Harris, F. H./Pinder, J. P. (1995): A Revenue Management Approach to Demand Management and Order Booking in Assemble-to-Order Manufacturing, in: Journal of Operations Management, Vol. 13, No. 4, S. 299-309.

Hegge, H.M.H/Wortmann, J.C. (1991): Generic bill-of-material: a new product model, in: International Journal of Production Economics, Vol. 23, No. 1/3, S. 117-128.

Hegge, H.M.H. (1992): A generic bill-of-material using indirect identifications of products, in: Production Planning & Control, Vol. 3, No. 3, S. 336-342.

Heinen, E. (1991): Industriebetriebslehre. Entscheidungen im Industriebetrieb, 9. Auflage, Wiesbaden.

Heinrich, C. E. (1989): Das MRPII-Planungskonzept (Manufacturing Resource Planning) und dessen Realisierung mit Standardsoftware, dargestellt am System R/2 der SAP AG, in: G. Zäpfel (Ed.), Neuere Konzepte der Produktionsplanung und -steuerung, Linz, S. 95-112.

Hillier, F. S./Lieberman, G. J. (1997): Operation Research. Einführung, 5. Auflage, München - Wien.

Inderfurth, K. (1996): Lagerhaltungsmodelle, in: Handwörterbuch der Produktionswirtschaft, 2. Auflage, Stuttgart, S. 1024-1037.

Jönsson, H./Silver, E. (1989a): Optimal and Heuristic Solutions for a Simple Common Component Inventory Problem, in: Engineering Costs and Production Economics, Vol. 16, S. 257-267.

Jönsson, H./Silver, E. A. (1989b): Common Component Inventory Problems with a Budget Constraint: Heuristics and Upper Bounds, in: Engineering Costs and Production Economics, Band 18, S. 71-81.

Jönsson, H./Silver, E. A. (1990): On the Commonality Problem in Multi-Stage Inventory Control Systems, in: G. Fandel u. G. Zäpfel (Eds.), Modern Production Concepts, Berlin - Heidelberg - New York, S. 302-318.

Kern, G. M./Guerrero, H. H. (1990): A Conceptual Model for Demand Management in the Assemble-to-Order Environment, in: Journal of Operations Management, Vol. 9, No.1, S. 65-84.

Kestel, R. (1995): Variantenvielfalt und Logistiksysteme. Ursachen-Auswirkungen-Lösungen, Wiesbaden.

Kim, K./ Chhajed, D. (2000): Commonality in product design: Cost saving, valuation change and cannibalization, in: European Journal of Operational Research, Vol. 125, No. 3, S. 602-621.

King, B. E./ Benton, W. C. (1987): Alternative Master Production Scheduling Techniques in an Assemble-to-Order Environment, in: Journal of Operations Management, Vol. 7, Nos. 1 and 2, S. 179-201.

Kleinman, N. L./Spall, J. C./Naiman, D. Q. (1999): Simulation-Based Optimization with Stochastic Approximation Using Common Random Numbers, in: Management Science, Vol. 45, No. 11, S. 1570-1578.

Kneppelt, L. R. (1984): Product Structuring Considerations for Master Production Scheduling, in: Production and Inventory Management, Vol. 25, No. 1, S. 83-99.

Kreyszig, E. (1982): Statistische Methoden und ihre Anwendungen, 7. Auflage, Göttingen.

Kurbel, K. (1998): Produktionsplanung und -steuerung. Methodische Grundlagen von PPS-Systemen und Erweiterungen, 3. Auflage, München - Wien.

Landvater, D. V./Gray C. D. (1989): MRP II Standard System. A Handbook for Manufacturing Software Survival, Oliver Wight Publications, Essex Junction, VT.

Lehner, F. et al. (1991): Organisationslehre für Wirtschaftsinformatiker. München - Wien.

Lieberman, M. (1990): MRP II for Assemble-To-Order Manufactures, in: P&IM review & APICS news, Vol. 10, No. 12, S. 38-41.

Lin, N.-P./Krajewski, L. (1992): A Model for Master Production Scheduling in Uncertain Environments, in: Decision Sciences, Vol. 23., No. 4., S. 839-861.

Lin, N.-P. et al. (1994): The effects of environmental factors on the design of master production scheduling systems, in: Journal of Operations Management, Vol. 11, No. 4, S. 367-384.

Lingnau, V. (1994): Variantenmanagement. Produktionsplanung im Rahmen einer Produktdifferenzierungsstrategie, Berlin.

Mather, H. (1986): Design, bills-of-material, and forecasting - the inseparable threesome, in: Production and Inventory Management, First Quarter, 1986, S. 90-107.

McDermott, C. M./Stock, G. N. (1994): The Use of Common Parts and Designs in High-Tech Industries: A Strategic Approach, in: Production and Inventory Management Journal, Vol. 35, No. 3, S. 65-69.

Missbauer, H. (1998): Bestandsregelung als Basis für eine Neugestaltung von PPS-Systemen, Heidelberg.

Mülder, W./ Störmer, W. (1995): Personalzeiterfassung und Betriebsdatenerfassung, 2. Auflage, Luchterhand Verlag, Neuwied.

Murthy, D. N. P/Ma, L. (1991): MRP with uncertainty: a review and some extensions, in: International Journal of Production Economics, Vol. 25, No. 1/3.

NAG - Numerical Algorithms Group Ltd (1998): C Library Mark 5 Documentation, Online-Dokumentation, Oxford UK.

Neumann, K./Morlock, M. (1993): Operations Research, München - Wien.

Pherson, D./Fillebeen, H./Savigné, P. (1994): Configuring and Pricing with Expert Systems, in: International Journal of Advanced Manufacturing, Vol. 9, No. 4, S. 253-262.

Piller, F. T. (1998): Kundenindividuelle Massenproduktion, München - Wien.

Prékopa, A. (1980): Logarithmic Concave Measures and Related Topics, in: M. A. H. Dempster (Eds.), Stochastic Programming, Academic Press, New York, S. 63-82.

Proud, J. F. (1994): Master Scheduling. A Practical Guide to Competitive Manufacturing, Oliver Wight Publications, Essex Junction.

Reader, J. (1996): Configurator goes live for Wynn Marine, in: Assembly automation, Vol. 16, No. 2, S. 37-39.

Robinson, S. (1994): Successful Simulation. A Practical Approach to Simulation Projects, McGraw-Hill, London u.a.

Rohde, J./Meyr, H./Wagner, M. (2000): Die Supply Chain Planning Matrix, in: PPS Management, 5. Jg. (2000), H. 1, S. 10-15.

Rosenberg, O. (1996): Variantenfertigung, in: Handwörterbuch der Produktionswirtschaft, 2. Auflage, Stuttgart.

Sabin, D. /Weigel, R. (1998): Product Configuration Frameworks -- A Survey, in: IEEE Intelligent Systems & their Applications, Vol. 13, No. 4.

Sari, F. J. (1982): The Planning Bill of Material - All It's Cracked Up to Be?, in: APICS 25th Annual Conference Proceedings, S. 324-327.

Schrage, L. E. (1997): Optimization modeling with LINDO, Brooks/Cole Publishing Company, Pacific Grove - London u. a.

Stadtler, H. (1999): Supply Chain Management und Supply Chain Planning. In: OR-News, 5 (März 1999), S. 35-37.

Stadtler, H./Kilger, C. (2000): Supply Chain Management and Advanced Planning. Concepts, Models, Software and Case Studies, Berlin - Heidelberg - New York.

Tong, Y. L. (1990): The Multivariate Normal Distribution, Springer-Verlag, New York.

Tsubone, H./ Matsuura, H./ Satoh, S. (1994): Component part commonality and process flexibility effects on manufacturing perfomance, in: International Journal of Production Research, Vol. 32, No. 10, S. 2479-2493.

van Donselaar, K./Wijngaard, J. (1987): Commonality and Safety Stocks, in: International Journal of Production Economics, Vol. 12, Issue 1-4, S. 197-204.

van Houtum, G. J./Inderfurth, K./Zijm, W. H. M. (1996): Materials coordination in stochastic multi-echelon systems, in: European Journal of Operational Research, No. 95, S. 1-23.

van Veen, E. A. (1992): Modelling product structures by generic bills-of-material, Amsterdam.

van Veen, E. A./ Wortmann, J.C.(1987): Generic Bills of Material in Assemble-to-Order Manufacturing, in: International Journal of Production Research, Vol. 25, No. 11, S. 1645-1658.

Vollmann, T. E./Berry, W. L./Whybark, D. C. (1988): Manufacturing Planning and Control Systems, Homewood, IL, Dow Jones Irwin.

Vollmann, T. E./Berry, W. L./Whybark, D. C. (1997): Manufacturing Planning and Control Systems, 4. Auflage, New York u. a.

Walleigh, R. (1989): Product Design for Low-Cost Manufacturing, in: The Journal of Business Strategy, July-August, S. 37-41.

Wemmerlöv, U. (1984): Assemble-to-Order Manufacturing: Implications for Materials Mangement, in: Journal of Operations Management, Vol. 4, No. 4, August 1984, S. 347-368.

Wight, O. (1984): MRP II - Unlocking America's Productivity Potential, Essex Junction, VT, Oliver Wight Limited Publications, Essex Junction, VT.

Wijngaard, J./Wortmann, J.C. (1985): MRP and inventories, in: European Journal of Operational Research, No. 20, S. 281-293.

Wirth, N. (1996): Algorithmen und Datenstrukturen mit Modula-2, 5. durchges. Auflage, Stuttgart.

Wright, J. R. et al. (1993): A Knowledge-Based Configurator that Supports Sales, Engineering, and Manufacturing at AT&T Network Systems, in: AI Magazine, Vol. 14, No. 3, S. 69-80.

Yu, B./Skovgaard, H. J. (1998): A Configuration Tool to Increase Product Competitiveness, in: IEEE Intelligent Systems & their Applications, Vol. 13, No. 4, S. 34-41.

Zäpfel, G. (1982): Produktionswirtschaft, Berlin - New York.

Zäpfel, G. (1989a): Strategisches Produktionsmanagement, Berlin - New York.

Zäpfel, G. (1989b): Taktisches Produktionsmanagement, Berlin - New York.

Zäpfel, G. (1996): Grundzüge des Produktions- und Logistikmanagements, Berlin - New York.

Zhang, A. X. (1997): Demand Fulfillment Rates in an Assemble-To-Order System with Multiple Products and Dependent Demands, in: Production an Operations Management, Vol. 6, No. 3, S. 309-324.

Zhao, X./Lee, T. S. (1993): Freezing the Master Production Schedule for Material Requirements Planning Systems under Demand Uncertainty, in: Journal of Operations Management, Vol. 11, No. 2, S. 185-205.

Zimmermann, G. (1988): Produktionsplanung variantenreicher Erzeugnisse mit EDV, Springer-Verlag, Berlin - Heidelberg - New York.

GPSR Compliance

The European Union's (EU) General Product Safety Regulation (GPSR) is a set of rules that requires consumer products to be safe and our obligations to ensure this.

If you have any concerns about our products, you can contact us on ProductSafety@springernature.com

In case Publisher is established outside the EU, the EU authorized representative is:

Springer Nature Customer Service Center GmbH
Europaplatz 3
69115 Heidelberg, Germany

Batch number: 10815974

Printed by Printforce, the Netherlands